数学之美

黄朝凌　袁 力　王丽丽 ◎ 著

科学技术文献出版社
SCIENTIFIC AND TECHNICAL DOCUMENTATION PRESS
·北 京·

图书在版编目（CIP）数据

数学之美 / 黄朝凌，袁力，王丽丽著. —北京：科学技术文献出版社，2023.8（2024.11重印）

ISBN 978-7-5235-0393-5

Ⅰ.①数… Ⅱ.①黄… ②袁… ③王… Ⅲ.①数学—普及读物 Ⅳ.①O1-49

中国国家版本馆CIP数据核字（2023）第121965号

数学之美

策划编辑：郝迎聪　王梦珂　责任编辑：张　丹　邱晓春　责任校对：王瑞瑞　责任出版：张志平

出 版 者　科学技术文献出版社
地　　址　北京市复兴路15号　邮编　100038
编 务 部　（010）58882938，58882087（传真）
发 行 部　（010）58882868，58882870（传真）
邮 购 部　（010）58882873
官方网址　www.stdp.com.cn
发 行 者　科学技术文献出版社发行　全国各地新华书店经销
印 刷 者　北京虎彩文化传播有限公司
版　　次　2023年8月第1版　2024年11月第3次印刷
开　　本　787 × 1092　1/16
字　　数　313千
印　　张　17.25
书　　号　ISBN 978-7-5235-0393-5
定　　价　68.00元

前言

判天地之美，析万物之理，察古人之全。

——庄子

亦欲以究天人之际，通古今之变，成一家之言。

——司马迁

美国数学协会前会长弗朗西斯·苏出版过一本书叫作《数学的力量》，书中讲过这样一个故事：一个美国少年从 14 岁开始游走在犯罪的边缘，结果在 19 岁时被判入狱 32 年。在入狱 7 年之后，这个少年给苏写了一封信，描述了他对数学的热爱，自学大学数学课程及对它们的理解。此后，苏与这位罪犯保持着长久的交流。苏不禁自问："这个失去自由的人为什么还要学习数学？数学能带给我们什么？"在书的背面有这样一句话"数学和人生之间有着千丝万缕的联系，迈入数学殿堂最大的收获，是塑造健全的心智和人格，为人生打开更多的可能。"苏曾经写道："一个脱离了数学情怀的社会，就如同一个缺少了音乐会、公园和博物馆的城市。和数学擦肩而过，你的生命就彻底失去了与美妙思想同歌共舞的机会，也失去了一个观察世界的绝佳角度。理解数学之美将是一场与众不同、令人心醉神迷的体验，每个人都不应该放弃享受数学的权利。"对此，笔者是深信不疑的。作为一名普通的数学教师，常常会思考这样的问题：我们为什么要学习数学？数学能带给我们什么？如何将数学的普遍意义传递给学生？

数学的学习和研究是一件不太容易的事情，但是学习和研究数学的过程却是快乐的。一直以来我们孜孜以求，希望能在数学与数学教育上做一些力所能及的事情。数学的学习与研究有时候是需要讲究方法论的，从哲学的角度去考虑数学的方方面面，对数学的理解是很有必要的，而数学的美学是一个不容忽视的课题。为什么要写这样一本书？因为对数学的热爱，对教育的热爱，希望将笔者所知道的关于数学的方方面面知识展现给学生。正因为如此，将对数学之美的理解写成文字，让学生能够从中受益，于是便萌生了撰写《数学之美》这本书的想法。

对于大多数人来讲数学往往是抽象、艰涩、枯燥的，让人敬而远之。但是数学是有用的，它在几乎所有学科中都有很重要的应用。因此，学习数学是一件无法避免的事情。数学又是美的，只是数学的美过于深沉与厚重。集雕塑家、数学家、文学家于一身的罗素指出“数学不仅拥有真理，而且还拥有至高的美，一种冷峻而严肃的美，正像雕塑所具有的美一样”。在数学家眼中，漂亮和优美是数学定理的内核。英国数学家哈代曾经说过：“唯有优美的数学才能长存于世。”尽管数学世界里也有芜杂和混乱，但经过一代代数学家的打磨和思考，数学定理优雅的结构和证明逐渐清晰地呈现在世人面前。我们希望通过学习数学，体会数学之美，再通过教育将数学的美传递下去，从而激发学生对数学的兴趣和热爱，更好地促进数学教育的发展。数学的美究竟藏身何处？是大自然的启示还是人的内心体验？要认识数学的美，就必须认识美学意义。必须搞清楚什么是美？什么是美学？如何审美？在此基础上，我们要掌握更多的数学知识，才能体会到数学的美妙之处，而一旦体会到数学的美，又能更好地促进人们去发现和创造数学美。数学的美在于它打开了人类心灵的窗户，不断启迪着人类的智慧，为人类认识世界提供了太多的可能。

2018 年，笔者黄朝凌在首都师范大学访学的时候，偶遇了黎景辉教授。黎教授主要从事自守型式理论方面的研究，对“相对迹公式”概念的形成有独到的贡献。自 1978 年起，黎教授先后在中山大学、华东师范大学、上海师范大学、北京大学讲学。黎教授撰写了许多专著，如《代数群引论》、《二阶矩阵群的表示与自守形式》、《模曲线导引》、《拓扑群引论》及《代数 *K* 理论》等。当时他穿着一件两个胳膊肘都破了一个洞的白衬衫，面对来自复旦大学、南京大学和上海交通大学的老师和学生，仍然保持着从容。笔者想这就是一部分中国数学工作者的真实写照，他们在数学王国里忘我地遨游，不停地探索，却并不在乎自己穿着什么，或者吃着什么。笔者希望自己是这样的人，也希望自己的学生中有许多这样的人。

本书从美学的最基本问题谈起：什么是美？人为什么需要美？如何审美？美的形式有哪些？进而试图阐释数学的本质、数学的重要意义及数学美的各种形式。最后，笔者选取了 16 个我们认为能够展现数学美的课题，详细地阐述了每个课题从问题的萌芽、发展到学科的成熟。希望能够以此说明数学美的存在，并希望读者能够从中感受到数学的美。

谨以此书送给我们的学生们，希望他们能够从本书中体会到数学的美，并愿意将自己的才华与精力用来创造数学美。对于学生来讲，有时候知道数学的思想和方法是很重要的，而美的事物往往能够唤醒人们内心的那份热爱。本书的写作目的是帮助读者理解数学与数学之美，从而更进一步地理解数学之用，为今后的学习和工作打下数理逻辑的基础。

本书撰写过程中得到了湖北文理学院领导和老师们的大力支持，尤其得到教务处处长聂军教授和王海涛老师，以及数学与统计学院刘浩书记、王成勇院长、姚威副书记、丁凌副院长和张旻嵩副院长的鼎力支持。本书出版还得到湖北文理学院和汉江师范学院资助。林霜同学利用 GeoGebra 5.0 软件绘制了本书中的几何图形，冉馥菘同学利用 Sai2 设计软件绘制了本书中的其他图。张敏捷副教授、陈仕军副教授阅读了部分章节并提出了修改意见，这里一并表示感谢。

由于笔者水平有限，虽然竭尽全力，但书中不足之处在所难免，特别是对数学之美的阐述不甚完美，欢迎读者提出宝贵意见。

黄朝凌　袁　力　王丽丽
2023 年 5 月 20 日

目录

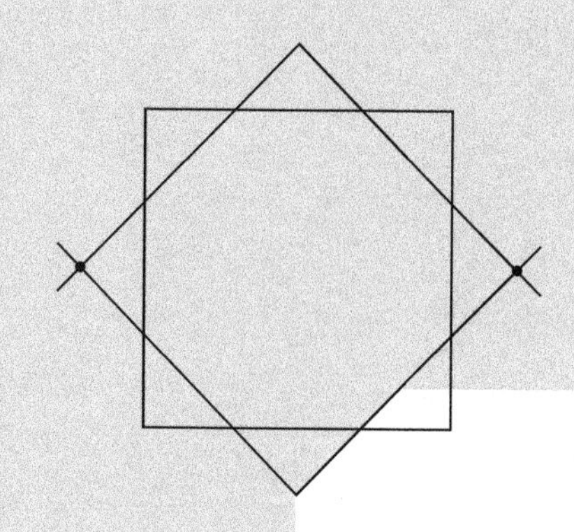

Mathematics possesses not only truth, but supreme beauty–a beauty cold and austere, without appeal to any part of our weaker nature, without the gorgeous trappings of painting or music, yet sublimely pure, and capable of a stern perfection such as only the greatest art can show. The true spirit of delight, the exaltation, the sense of being more than man, which is the touchstone of the highest excellence, is to be found in mathematics as surely as in poetry.

— Bertrand Russell

数学不仅是真理，而且具有至高无上的美——一种冷酷而朴素的美，不具有我们虚弱本性的任何部分，没有绘画或音乐的华丽装饰，却崇高纯洁，能够达到苛刻的完美，就像最伟大的艺术才能表现出来的一样。真正的快乐、高尚的精神与超越人类的感觉，是最优秀的试金石，只有在数学和诗歌中才能被发现。

——伯特兰·罗素

第一讲 美学概论与数学之美

一 美学概论

何为美？人为什么需要美？如何审美？美的形式有哪些？这些问题都是美学这门学科需要研究的问题。德国哲学家亚历山大・戈特利布・鲍姆嘉通于1750年首次提出美学概念，并称其为“Aesthetica”。鲍姆嘉通在《美学》中给美学所下的定义是：“Aesthetica（作为自由艺术的理论、认识论之下的理论、美的思维的艺术、类理性的艺术）是感性认识的科学。”鲍姆嘉通将感性认识区分为与感官相关的外在感性和与心灵相关的内在感性。内在感性潜藏在心灵深处，只有通过深入的研究才能发掘出来，外在感性具有普遍可传达性，可以成为知识对象，从而成为一门学科。笔者认为美学是研究人对自然世界和人类社会中存在的美的感知有关方面的一门学科。美学研究的对象包括事物美的现象与本质及人对美的事物的反映——艺术的现象与本质及人的审美经验和审美心理等方面。因为美和感性认识只有在艺术中才能得到最集中和最纯粹的表现，黑格尔等将美学研究的对象严格限定为艺术，把美学等同于艺术哲学。作为艺术哲学的美学，是一种以处理艺术问题为核心的美学，主要思考艺术美的构成，艺术审美的心理结构，艺术在整个人类文化中的位置，艺术的风格类型等问题①。

1. 美的具体内涵

何为美？这是美学所研究的基本问题。回答什么是美并不容易，每位哲学家对这个问题都有着自己的看法，通过它可以辐射世界的本源性问题的讨论。从古到今，从西方到东方，对“美”的解释是复杂的。古希腊的柏拉图认为“美是理念”；俄国的车尔尼雪夫斯基认为“美是生活”；黑格尔认为“美是理念的感性显现”；中国古代的道家认

① 彭锋．美学导论[M].上海：复旦大学出版社，2010.

为“天地有大美而不言”。马克思主义者认为美是一种客观存在，是能引起人们情感共鸣的客观事物的一种共同的本质属性，是审美主体对审美客体美的感知、体验和再现。因此，首先美是物质的，是客观存在的，但是美依赖于审美主体的审美活动，美在审美关系当中才能存在，它既离不开审美主体，又依赖于审美客体；其次美是人的主观感受，是美的事物作用于人，而引起人的情感共鸣的产物。不同的审美主体面对同样美的事物，所产生的美的感受是不一样的，甚至同一个审美主体面对同样的美的事物，但是时间、环境和心境不同，所产生的美的感受也是不一样的。有时候甚至会出现将美的看成不美的，而不美的看成美的现象。美的表现应该具有普遍性，但普遍性本身不美，只有在个别的具体的事物中表现出来，才是美的[①]。

对于美的界定和论述就是美的理论，历史上关于美的理论最有影响力的就是“美在比例”。按照这种理论，所有美的事物都可以分析出某种数的比例。例如，黄金分割就被认为是所有美的事物所共有的比例，这种构想源于毕达哥拉斯学派。“美在比例”的思想对西方艺术产生了极大的影响，主要体现在绘画、雕塑和建筑艺术上。另一个影响广泛的美的理论是“美在和谐”，强调美的多样统一性，主张美是事物的多种成分之间的相互调和，趋于统一之后的状态，在音乐中人们更能够体会到这一点。

对于普通人来讲，美并没有那么复杂。清晨照射在房间的一缕阳光，傍晚夕阳西下的天边；春日五颜六色的野花，夏日轻抚面颊的山风，秋日漫山遍野的红叶，冬日遍地皑皑的白雪；一首伤感的音乐、一幅优美的山水画、一座雄伟壮观的建筑等，这些都会引起我们心灵的触动，都是美的事物。所谓“一朝一夕一红尘，一树一花一世界”，世间万物皆为美。法国著名雕塑家罗丹语“世界从不缺少美，而是缺少发现美的眼睛。对于我们的眼睛，不是缺少美，而是缺少发现”就是这个道理。

2. 审美活动

如何审美？审美活动是人的一种以意象世界为对象的人生体验活动，是人类的一种精神文化活动。审美能力是一个人认识、感受、鉴赏和评价美的能力，是对美的领悟能力和鉴赏能力。康德在其代表作《判断力批判》中从认识论的视角探讨了审美活动（感性），以鉴赏判断作为审美判断力的核心，从而使“审美”正式进入到了美学的研究中。他指出只有人才有审美活动，美只适用于人，人只有通过审美才能实现人的全面本质。审美能力和我们每个人的成长环境、教育背景及过往的阅历都有关系。审美是美对人的

① 蒋才姣. 从“美是理念的感性显现”看黑格尔的形象论 [J]. 南华大学学报（社会科学版），2008，9(3)：87-89.

感性触动，更是人对美的主体回响。审美关乎人的心理、感官、情感和想象，是对心灵与道德的指引，它对人生活的观念、存在的理解、价值的追求有着无可取代的重要意义。审美是人自身对美的愉悦感受，是人自身本质力量的完善和满足，是人的自我意识的确证[①]。审美活动包含几个重要的概念，一个就是审美对象，所谓审美对象是指一切具有审美价值的事物，它可以是自然界中一切具有美的要素的事物，也可以是人类创造出来的具有审美价值的事物。审美对象是唤起审美经验的对象，不管这个对象是美的还是丑的，只要它能够唤起审美经验，就是审美对象。另外一个概念就是审美经验，所谓审美经验是审美主体在审美活动中感受审美对象时所产生的愉快的心理体验，是人的内在心理生活与审美对象之间相互交流、相互作用的结果。最有代表性的审美经验理论是所谓的无利害性理论。所谓“无利害的”，就是“不涉及任何外在目的”，审美的愉快与任何利益的考虑无关。

3. 美的形式

美的形式有哪些？一般认为美从内在形式上可以分为自然美、社会美和艺术美。自然美是各种自然事物呈现的美，是社会性与自然性的统一。它的社会性指自然美的根源在于实践，它的自然性指自然事物的某些属性和特征是形成自然美的必要条件。自然美包括日月星辰、江河湖海、山水花鸟、草木鱼虫及自然现象等呈现出来的美的状态与形式。中国人对自然的推崇由来已久，历来就有“天人合一”的思想，崇尚“道法自然”。“登山则情满于山，观海则意溢于海。”（刘勰《文心雕龙·神思》）；“悲落叶于劲秋，喜柔条于芳春。”（陆机《文赋》）；“感时花溅泪，恨别鸟惊心。”（杜甫《春望》）；“而风中雨中有声，日中月中有影，诗中酒中有情，闲中闷中有伴，非唯我爱竹石，即竹石亦爱我也。”（郑板桥《郑板桥集·竹石》）。

社会美是指现实生活中社会事物的美。作为美的三种主要形态之一，其本身既有独立的审美性质，又可为艺术美的创造提供灵感与材料，同时还具有鲜明的客观性与主观性[②]。李晓飞认为自然与社会存在的分割线就是人的存在，人作为社会的主体，社会的一切物质与精神财富都是通过人进行有意识的创造而产生出来的，因此他认为：“人的美是社会美的核心”[③]。人的美有外在美和内在美之分。人的外在美主要是指人的长相、样貌、穿着打扮及形象所表现出来的美。《诗经·卫风·硕人》描写卫庄公夫人庄姜云

① 崔佳. 马克思审美思想研究：审美实践的人性意蕴及其现代性批判 [D]. 长春：东北师范大学，2020.

② 王晶. 浅析社会美 [J]. 现代企业教育，2014(6)：143-144.

③ 李晓飞. 人的美是社会美的核心 [J]. 艺海，2019(10)：153-155.

"手如柔荑，肤如凝脂，领如蝤蛴，齿如瓠犀，螓首蛾眉，巧笑倩兮，美目盼兮。"及"袅娜少女羞，岁月无忧愁"，"媚眼含羞合，丹唇逐笑开。风卷葡萄带，日照石榴裙。"无不向人们展示了美少女的形象。值得注意与思考的是需要区别社会美及用其他艺术形式所展现出来的社会美。《蒙娜丽莎》是意大利文艺复兴时期画家列奥纳多·达·芬奇创作的油画，该画作主要表现了女性的典雅和恬静的典型形象，以及女性深邃与高尚的思想品质，反映了文艺复兴时期人们对于女性美的审美理念和审美追求。它以油画的艺术形式展现了人体美。人体大致呈现了轴对称性，而人体肺部结构图也展现了非常漂亮的对称美，但是笔者认为它不是人的美，而是自然美，因为人体是自然界进化的产物。

人的外在美固然能够引起人们的审美情趣，但是人的美重在内在美，表现为人的理想信念、价值取向、品格修养及性格特征等方面所展现出来的美。我国春秋时期的大臣伍举曰："夫美也者，上下、内外、大小、远近皆无害焉，故曰美。"美学家苏格拉底曾深刻地指出："正是人类在智力和心灵上的才能构成了把人和动物区别开来的不能逾越的鸿沟。"雕塑大师罗丹说"人体最大的美，在于它是心灵的镜子，即我们在人体中崇仰的不只是如此美丽的外形，而是好像使人体透明发亮的内在的光芒。"[①] 杂交水稻之父袁隆平院士一生致力于杂交水稻技术的研究、应用与推广，为我国粮食安全、农业科学发展和世界粮食供给做出了杰出的贡献。他一生获得包括共和国勋章、马哈蒂尔科学奖及法国最高农业成就勋章等荣誉四十余项。他一心为民、勇攀高峰、严于律己、淡泊名利的高尚情操感动世人。七一勋章获得者张桂梅一生从事教育事业，为落后地区的教育事业鞠躬尽瘁；她勇挑重担，选择到条件艰苦的学校任教；她爱生如子，将自己几乎所有的东西都献给了学生；她勇于跟病魔作斗争，她身患数种疾病，仍然坚持在教学一线；她一次次地获奖，却又一次次地将奖金捐给社会……，她以普通教师的身份为教育事业做出了杰出的贡献。

艺术美主要指人类创作出来的艺术形式的美，包括建筑、文学、音乐、舞蹈、绘画、书法等。黑格尔认为美只能在形象中展现，因为只有形象才是外在的显现，使生命的客观唯心主义对于我们变成可观照，可用感官接受的东西[②]。艺术美的理念隐含在形象之中，通过形象显现出来。所以相对于艺术的理念来说，形象既是表现理念的形式，又是理念的内容[③]。艺术是如何产生的？争论由来已久。人作为高级动物，首先要解决的问题就是生存，生存离不开劳动。因此德国的毕歇尔对艺术产生的观点是可信的。他

① 王熙儒．人体内在美浅议 [J]. 西南大学学报（社会科学版），1997(3)：124–126.

② 黑格尔．美学：第 1 卷 [M]. 朱光潜，译．北京：商务印书馆，1979.

③ 蒋才姣．从"美是理念的感性显现"看黑格尔的形象论 [J]. 南华大学学报（社会科学版），2008，9(3)：87–89.

在《劳动与节奏》中指出“劳动、音乐和诗歌最初是三位一体地联系着的，它们的基础是劳动。”暨南大学教授蒋述卓讲：“是什么动力驱使原始人堆砌成高高的祭坛，雕凿出惊心动魄的动物以及神的面具，绘制出光彩夺目的岩画与洞穴壁画呢？是生命，是在原始生产条件与经济生活下形成的原始人的生命本能。”[①] 敦煌莫高窟壁画艺术集建筑、绘画、雕塑于一体，以佛教艺术为主体，是中国佛教艺术发展历程的典型缩影。其中保存着许多与劳动有关的场景，如莫高窟第 23 窟“雨中耕作图”和莫高窟第 33 窟“耕地与收割图”[②] 都反映了以劳动为主题的艺术形式，耕地、播种、收割、运载、打场、扬场、粮食入仓等情节，形象地勾画出了当时农业生产过程和农民的劳动生活。另外一方面，爱情是人类本质的精神需求，自古以来，关于爱情的艺术形式不胜枚举。一直以来，以孟姜女哭长城、梁山伯与祝英台、许仙与白娘子、莺莺张生红娘子、杜十娘怒沉百宝箱、牛郎织女等为内容的各种艺术形式包括文学、戏曲、影视等深深地影响着中国人的情感。不管是雕塑《丘比特之吻复活的灵魂》(安东尼奥·卡诺瓦)，抑或是绘画《亲吻》(古斯塔夫·克里姆特)，还是电影《乱世佳人》《泰坦尼克号》都反映着爱情这一主题，给人心灵的震撼。更有甚者，让人深受触动久久难以忘怀的是那些描写爱情的诗词：“十年生死两茫茫，不思量，自难忘。”(苏轼《江城子·乙卯正月二十日夜记梦》)、“浮世三千，吾爱有三，日月与卿，日为朝，月为暮，卿为朝朝暮暮。”、“宝髻松松挽就，铅华淡淡妆成。青烟翠雾罩轻盈，飞絮游丝无定。”(司马光《西江月》)、“问世间，情是何物，直教生死相许？”(元好问《摸鱼儿·雁丘词》)。正如李泽厚在《美的历程》一书开篇提到“那人面含鱼的彩陶盆，那古色斑斓的青铜器，那琳琅满目的汉代工艺品，那秀骨清像的北朝雕塑，那笔走龙蛇的晋唐书法，那道不尽说不完的宋元山水画，还有那些著名的诗人作家们屈原、陶潜、李白、杜甫、曹雪芹……的想象画像，它们展示的不正是可以使你直接感触到这个文明古国的心灵历史么？时代精神的火花在这里凝冻、积淀下来，传留和感染着人们的思想、情感、观念、意绪，经常使人一唱三叹，流连不已。”

4. 艺术作品的内容

艺术作品作为美的主要存在，是人类的精神产物，是一种人创造的客观存在。列斐伏尔将艺术作品的内容分为生物内容、感性内容和实践内容。生物内容赋予艺术作品以必需的生动的因素，艺术作品包含对完美的自然的追求，对强化感觉感受的自发要求，

① 蒋述卓．试论原始宗教艺术的产生 [J]. 文艺理论研究，1992(6)：23-31.

② 刘文．敦煌壁画农耕图研究 [D]. 兰州：西北师范大学，2022.

以及对满足或者快乐的自发要求。感性内容不仅仅是由人的身体器官的强烈活动和感性的兴奋，还包括温柔、忧郁、希望、勇敢等十分微妙的情感。感性内容是可以分析和认识的，这在某种程度上类似于思维与存在的关系。实践内容是指艺术作品与具体的社会实践相联系，这种联系有直接的、也有间接的，有通过媒介的，也有不通过媒介的。某些艺术作品总是与某一时代所采用的技术相联系，与生产力发展的一定水平有关。艺术作品是人占有自然的最高级、加工最多的和最集中的形式，劳动是这种占有的基础[①]。

5. 艺术美的形式

有学者认为，将艺术作品的内容和形式人为割裂开来是不科学的，因为艺术作品是统一的整体。这里只是简单地分析艺术作品存在的外在表现形式。包括建筑、文学和音乐等。

(1) 建筑

中国建筑历史悠久。成书于春秋时期的《易 · 系辞》中就有记载:“上栋下宇，以待风雨。”建筑属于造型艺术，线的因素体现着中华民族的审美特征。飞檐在建筑中的广泛应用，便是线条艺术的深刻体现，如图 1-1 所示。飞檐为中国建筑民族风格的重要表现之一，檐部上翘，从使用角度来讲，不但有利于排泄雨水，而且扩大了采光面；从艺术形式上讲，使得建筑物具有向上腾飞之感。在《诗经 · 小雅 · 斯干》中就有描述我国传统建筑飞檐形态的诗句“如跂斯翼，如矢斯棘，如鸟斯革，如翚斯飞，君子攸跻”。飞檐是我国传统建筑中结构构件与艺术构件完美统一的典型代表，同时也是中国几千年传统建筑艺术中的一个闪光点[②]。

图 1-1　飞檐

① 列斐伏尔 . 美学概论 [M]. 杨成寅，姚岳山，译 . 北京：朝花美术出版社，1957.

② 赖振中 . 中国传统建筑飞檐艺术研究 [D]. 长沙：湖南大学，2018.

从新石器时代的半坡遗址等处来看，方形的土木建筑体制便已开始，自此成为中国后世主要建筑形式，图 1-2 是位于湖北省襄阳市的唐城，体现了古建筑方形体制的建筑风格。春秋战国时期，人们对建筑的审美要求达到高峰，美轮美奂的建筑热潮盛极一时①。

图 1-2 襄阳唐城

中国建筑还有另外一种举世瞩目的存在形式——军事工程，用来抵御外来侵略。例如，西安城墙，南京城墙，客家土楼等。在这些伟大工程中尤以万里长城最为宏伟壮观。长城是一道高大坚固连绵不断的长垣，以城墙为主体，是一种大量的城、障、亭、标相结合的防御体系。长城修筑的历史可上溯到西周时期，秦灭六国统一天下后，秦始皇连接和修缮战国长城，始有万里长城之称。今天人们所看到的长城多是明朝修筑。1987 年 12 月，长城被列入《世界遗产名录》。时至今日，长城的实用功能早已不复存在，但是长城的美学价值依然长存。长城每年吸引着海内外无数游客前来游览，欣赏它的美。从苍茫的西北戈壁，至浩瀚的东部海滨，长城涉大河巨川，穿崇山峻岭，跨危崖绝谷，过荒漠草原，腾挪跌宕，气象万千。长城之美首先在于它的阳刚之美——雄伟、刚健、宏大、粗犷。其次，长城之美还在于它深厚的精神内涵。一部长城史，就是一部华夏劳动人民的苦难史，也是华夏人们抵御外部侵略的血泪史。长城无愧于"中国的脊梁""民族魂魄"的称号②。

中国古建筑当以皇家建筑最为著名，大多以规模宏大、平面展开、相互连接与配合的建筑群为主要特征。

① 李泽厚 . 美的历程 [M]. 北京：生活 · 读书 · 新知三联书店，2009.

② 杨辛，章启群 . 关于长城的美学思考 [J]. 北京大学学报（哲学社会科学版），1996(2)：71-74.

建筑与数学的关系是相当密切的，从原始部落小屋的建造到技术先进的高楼大厦，再到遍布于城市角落的雕塑设计，建筑师们一直依赖于数学，并受到数学的启发。数学为稳定、耐用和实用性建筑的建造提供支持，同时为建筑提供各种各样的无形属性。15世纪，文艺复兴时期的建筑师们使用射影几何来定义视觉感知；17世纪，巴洛克建筑师开发了复杂的重叠几何平面。200年后，数学家们将这些巴洛克式的几何构造命名为“布尔运算”。20世纪40年代，建筑师受到非欧几何的启发，勒·柯布西耶提出了模量，一种用于建筑设计的理想比例系统。20世纪70年代，克里斯托弗·亚历山大用图论提出了一种通用的设计“模式语言”，建筑师们用集合论分析城市基础设施①。除了使用价值之外，建筑当然还有其美学价值，建筑的美学价值是形式化的，可以通过视觉和触觉感知，数学在建筑中的表现似乎是无形的，或者说用感官感知却不是那么明显的，但是这并不能否认数学在建筑中的美学表现。

建筑中的数学美学首先表现在数学的几何特征上。数学的立方体、圆柱体、棱锥、球形、椭圆形及三角形等结构在建筑上比比皆是。数学概念能给建筑师带来灵感。例如，广州的广州塔外形酷似双曲面；埃及金字塔是四棱锥；路易·布莱为艾萨克·牛顿爵士设计的纪念碑采用了球形的设计；博尔斯·威尔逊为柏林水论坛的设计形状像标志性分形——门格海绵；联合国在荷兰的莫比乌斯工作室形状酷似莫比乌斯带。西尔维·杜维诺伊认为，在古典文化中，建筑和数学有着相似的美感，因此紧密相连。数学规则和理论的概念美在寻找艺术美的经典中得到了回应②。

除了有形的几何特征外，数学在建筑中的美感还来自于无形的抽象概念，如比例，黄金分割又被称为“神圣的比例”，是在艺术和建筑中使用最多的比例。把一条线段分割为两部分，使较大部分与全长的比值等于较小部分与较大的比值，则这个比值即为黄金分割数，容易计算出这个比值是$\frac{\sqrt{5}-1}{2}$，近似值为0.618。本书在后面还会提到黄金分割这一美妙的现象。图1-3充分展现了几何图形与比例在建筑中的运用。

数学在建筑中另外一个美学体现就是瓷砖的设计。这或许由来已久，因为据考证瓷砖的历史应该可以追溯到公元前4000年，当时埃及人已开始用瓷砖来装饰各种类型的房屋。瓷砖对建筑的装饰形态各异，对提升建筑的美学价值意义重大，而数学在瓷砖对建筑的装饰作用中大概体现在数学的几何形状及排列上，如图1-4所示。

① SRIRAMAN B. Handbook of the mathematics of the arts and sciences[M]. Berlin: Springer-verlag, 2021.

② 同①。

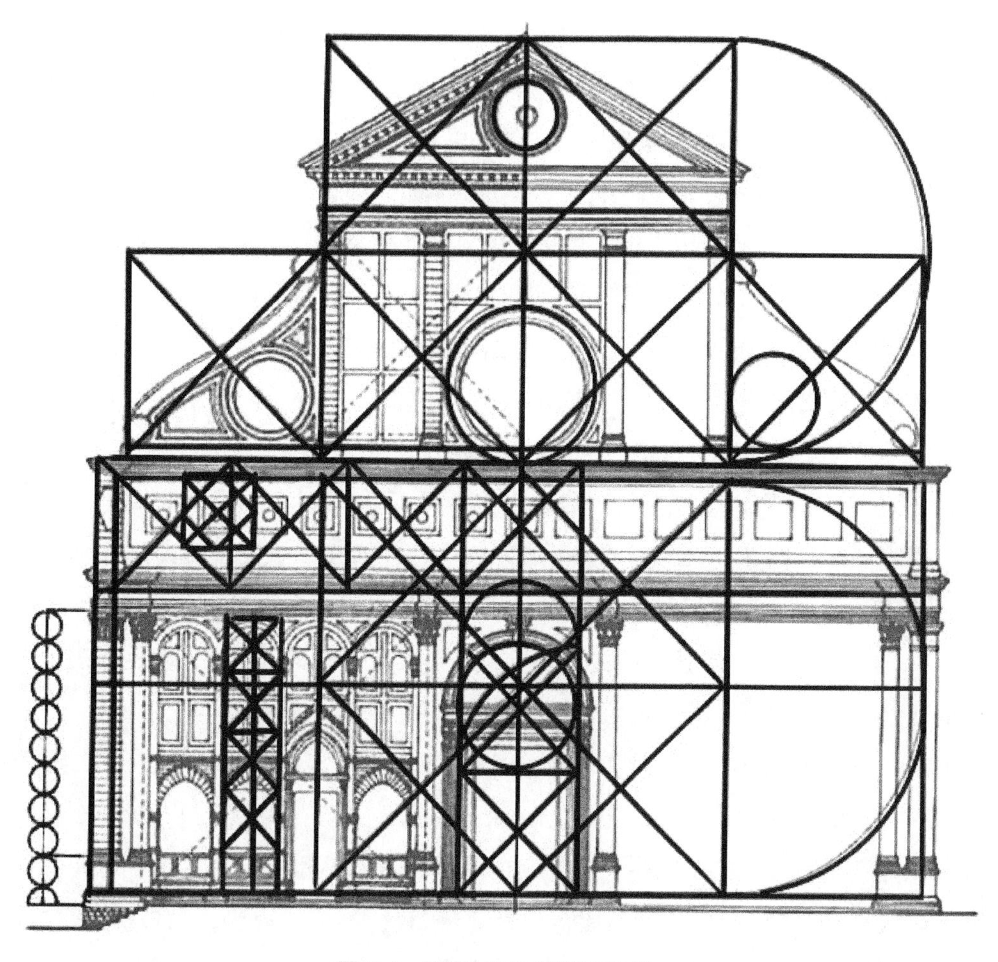

图 1-3 建筑中的几何图形与比例

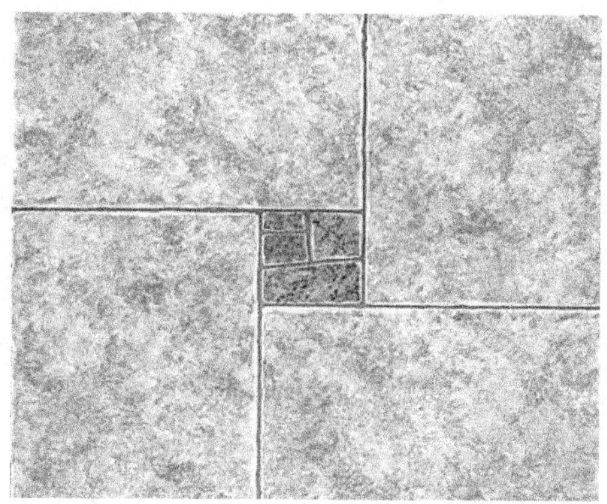

图 1-4 六边形瓷砖与瓷砖的数学排列

（2）文学

中国文学有着数千年的悠久历史，有先秦散文，汉赋，唐诗，宋词，元曲，明、清小说等诸多形式。它以优秀的历史、多样的形式、众多的中国作家、丰富的作品、独特的风格、鲜明的个性、诱人的魅力而成为世界文学宝库中光彩夺目的瑰宝。中国经典诗词语录浩若烟海，在特定情境下总会想起那些流淌在人们血液里的诗词歌赋。当游子漂泊在外，想家了，会吟唱“举头望明月，低头思故乡”，抑或者“独在异乡为异客，每逢佳节倍思亲”，抑或者“但愿人长久，千里共婵娟”；想起母亲了，会想起“慈母手中线，游子身上衣”；而当想去做一件重要的事情，但是困难重重，心里没有底气，于是会对自己打气说：“大将南征胆气豪，腰横秋水雁翎刀”，抑或是“我自横刀向天笑，去留肝胆两昆仑”；朋友要去远方了，为他送行时弥漫着依依不舍的情愫，会说“劝君更尽一杯酒，西出阳关无故人”，抑或是“海内存知己，天涯若比邻”，也可能是“桃花潭水深千尺，不及汪伦送我情”。规劝晚辈努力读书，可以告诫他“少壮不努力，老大徒伤悲”。看到瀑布，会想到“飞流直下三千尺，疑是银河落九天”。感觉到春天来了，会想到“竹外桃花三两枝，春江水暖鸭先知”，抑或是“天街小雨润如酥，草色遥看近却无。最是一年春好处，绝胜烟柳满皇都”；生气了，会想到“怒发冲冠凭栏处……”，这些都是中国人独有的文化现象，处处体现了中国古诗词的美，体现了中华文化的魅力。

值得一提的是，2018 年 8 月 8 日晚，山东卫视播出了《国学小名士》（第二季）第一期。13 岁的贺莉然以一敌百，与现场一百多位选手“以花为令”进行比拼，在 5 分钟内，双方选手共背出 127 句带“花”字的诗词，贺莉然最终获胜。诸如“花间一壶酒，独酌无相亲”“解落三秋叶，能开二月花”“有约不来过夜半，闲敲棋子落灯花”“名花倾国两相欢，常得君王带笑看”“采莲南塘秋，莲花过人头”“五月天山雪，无花只有寒”“他年我若修花史，列作人间第一香”“待到秋来九月八，我花开后百花杀”“花自飘零水自流，一种相思，两处闲愁”等。我们不禁要感叹为什么中国古诗词中有这么多有关花的句子？古人通常将自然之美作为创作客体。而“花”是人们在万千世界中最常见、最易接触到的审美客体，为此，“花”以其独特的表象成为诗词创作者的最爱，争相以“花”抒发感情、感叹命运[①]。我国古代诗词中的“花”意象表现了语言韵味无限的审美特点，是人们审美心理的物化。不同的花被诗人赋予了不同的含义，意象极为丰富：梅花高洁、莲花君子、牡丹富贵、桃花明媚、菊花隐士。鉴赏花的诗词，仿佛能看到每一朵花上都凝结着诗人情感的雨露，散发着历史的清香，缓缓地传递至今[②]。

春秋战国时期，是我国古代散文蓬勃发展的阶段，出现了许多优秀的散文著作。其

① 张瑜. 古代诗词中“花”意象的美学分析 [J]. 开封教育学院学报，2018，38(8)：38–39.

② 赵莹. 中国古诗词中的花意象 [J]. 北方文学（下旬刊），2018(2)：66–67.

中《论语》是最为杰出的代表，对中国人的影响极其深远。像“君子食无求饱，居无求安，敏于事而慎于言，就有道而正焉，可谓好学也已。”“学而时习之，不亦说乎？有朋自远方来，不亦乐乎？人不知而不愠，不亦君子乎？”每个中国人都能信手拈来，体现了中国人的哲学内蕴，展现了中国人的文学意境。

汉赋是在汉代涌现出的一种有韵的散文，它的特点是散韵结合，专事铺叙。从赋的形式上看，在于“铺采摛文”；从赋的内容上说，侧重“体物写志”。汉赋的内容可分为5类：一是渲染宫殿城市；二是描写帝王游猎；三是叙述旅行经历；四是抒发不遇之情；五是杂谈禽兽草木。

唐诗是我国优秀的文学瑰宝之一，也是全世界文学宝库中的一颗灿烂的明珠。唐诗的形式基本上有六种：五言古体诗、七言古体诗、五言绝句、七言绝句、五言律诗、七言律诗。本讲遴选几首优美的唐诗，与读者共同欣赏它们的美。

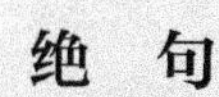

绝 句

唐 杜甫

两个黄鹂鸣翠柳，一行白鹭上青天。
窗含西岭千秋雪，门泊东吴万里船。

两只黄鹂在翠绿色的柳树间鸣叫，一行白鹭直冲向蔚蓝的天空。透过窗户可以看见西岭千年不化的积雪，门前停泊着自万里外东吴来的船。这首诗描写了早春景象，四句四景，四景放在一起又融为一幅生机勃勃的图画，在欢快明亮的景象内，寄托着诗人的时光流逝、孤独失落之意。

暮江吟

唐 白居易

一道残阳铺水中，半江瑟瑟半江红。
可怜九月初三夜，露似真珠月似弓。

残阳的霞光洒在江面上，波光粼粼；江水一半碧色，一半红色。九月初三的夜晚是多么可爱，植物上的露珠像珍珠一样，天边的月亮恰似一张弯弓。这首诗描写了傍晚夕阳照射下的江面上呈现出的两种不同的颜色，江面波光粼粼、瞬息变化的绚烂景象。通过对“露”和“月”的视觉形象描写，表现了秋夜一派和谐宁静的意境。给读者展示了夕阳西下的无限美景，最可爱的是那九月初三之夜，露珠似颗颗珍珠，新月恰似弯弓。

笔者认为在所有读过的唐诗中,《春江花月夜》是最为优美的。单就诗的名字来讲，给人一种非常优美的和谐画面，短短五个字，将自然界中的五个非常常见的对象——春、江、花、月、夜有机的融为一个整体，点明了诗人是在春天一个有月亮的夜晚，来到江边。当吟诵这首诗时，更给人呈现出一种波澜壮阔的美景，直击人的内心。第一句“春江潮水连海平，海上明月共潮生”，就足以让人内心泛起阵阵涟漪。“滟滟随波千万里，何处春江无月明”，波光粼粼的江面延续千万里，春天的江水到处弥漫着明月的光芒。“江天一色无纤尘，皎皎空中孤月轮”，一定是一个非常晴朗的夜晚，天空中皎洁的月亮独自挂在天上，孤独之感油然而生。“何处相思明月楼”、“应照离人妆镜台”、“可怜春半不还家”及“不知乘月几人归”呼应着“孤月轮”，写出了离人的相思之苦。“江畔何人初见月？江月何年初照人？”江边哪一个人首先见到了月亮，江上的月亮又是哪一年开始照在人的身上？“人生代代无穷已，江月年年望相似”，人生一代一代无穷无尽，江上的月亮年年相似。诗人一定是一位哲学家，要不然怎能写出这么有哲理的诗句？整首诗句句不离江和月，将江、月、花和夜融为一体，一幅生动活泼的江色、月色、花色和夜色在字里行间流淌。而在这绝佳的景色掩映之下却是离人的相思之苦。

值得一提的是，关于《春江花月夜》的艺术形式有多种。歌曲《春江花月夜》是一首 2014 年由白杨作曲，根据唐代诗人张若虚的作品《春江花月夜》改编的流行歌曲。另外，作为古典民乐代表作之一的《春江花月夜》，又名《夕阳箫鼓》，琵琶曲的曲谱最早见于鞠士林（约 1736—1820 年）所传《闲叙幽音》。目前，有古筝版、琵琶版及民乐版等各种版本。其中，多以民乐版最为波澜壮阔。开篇古筝反复拨动琴弦，撩动心弦，让人有种心烦意乱之感。随后，笛声想起，笛子与古筝此起彼伏，婉转悠扬之声在耳边回响。虽然眼前没有诗人描写的那种《春江花月夜》的优美景象，但是笛声与古筝就像江与月一样交相辉映，恬静之感油然而生。在曲子的后半部分，古筝之声一会儿急促，一会儿婉转，一会儿悠扬，变幻莫测，宛如天上的月亮一会儿黯淡无光，一会儿若隐若现，一会儿明亮照人，又好比江水一会儿汹涌澎湃，一会儿波澜不惊，一会儿风平浪静。

春江花月夜

唐 张若虚

春江潮水连海平，海上明月共潮生。

滟滟随波千万里，何处春江无月明！
江流宛转绕芳甸，月照花林皆似霰；
空里流霜不觉飞，汀上白沙看不见。
江天一色无纤尘，皎皎空中孤月轮。
江畔何人初见月？江月何年初照人？
人生代代无穷已，江月年年望相似。
不知江月待何人，但见长江送流水。
白云一片去悠悠，青枫浦上不胜愁。
谁家今夜扁舟子？何处相思明月楼？
可怜楼上月徘徊，应照离人妆镜台。
玉户帘中卷不去，捣衣砧上拂还来。
此时相望不相闻，愿逐月华流照君。
鸿雁长飞光不度，鱼龙潜跃水成文。
昨夜闲潭梦落花，可怜春半不还家。
江水流春去欲尽，江潭落月复西斜。
斜月沉沉藏海雾，碣石潇湘无限路。
不知乘月几人归，落月摇情满江树。

宋词是继唐诗之后的又一种文学体裁，其句子长短不齐，便于抒发感情。宋词基本分为：婉约派、豪放派两大类。婉约派的代表人物有南唐后主李煜（《菩萨蛮》）、宋代女词人李清照（《一剪梅》）等，豪放派的代表人物有辛弃疾（《破阵子》）、苏轼等。

江城子·乙卯正月二十日夜记梦

宋 苏轼

十年生死两茫茫，不思量，自难忘。千里孤坟，无处话凄凉。纵使相逢应不识，尘满面，鬓如霜。

夜来幽梦忽还乡，小轩窗，正梳妆。相顾无言，惟有泪千行。料得年年肠断处，明月夜，短松冈。

武陵春·春晚

宋 李清照

风住尘香花已尽，日晚倦梳头。物是人非事事休，欲语泪先流。
闻说双溪春尚好，也拟泛轻舟。只恐双溪舴艋舟，载不动许多愁。

元曲原本来自所谓的“蕃曲”“胡乐”，首先在民间流传，被称为“街市小令”或“村坊小调”。元曲有严密的格律定式，每一曲牌的句式、字数、平仄等都有固定的格式要求。但虽有定格，又并不死板，允许在定格中加衬字，部分曲牌还可增句。元曲将传统诗词、民歌和方言俗语揉为一体，形成了诙谐、洒脱、率真的艺术风格，对词体的创新和发展带来极为重要的影响。代表人物和作品有马致远的《天净沙（秋思）》和张养浩的《山坡羊（潼关怀古）》等。

明清是中国小说史上的繁荣时期。从明代始，小说这种文学形式充分显示出其社会作用和文学价值，打破了正统诗文的垄断，在文学史上，取得与唐诗、宋词、元曲并列的地位。清代则是中国古典小说盛极而衰并向近现代小说转变的时期。代表性作品有《三国演义》、《水浒传》、《西游记》和《红楼梦》等。

诗歌属于人文科学范畴，而一般认为数学属于自然科学范畴。它们之间差异明显，联系似乎不那么明显，但是数学与诗歌的表现形式却是一样的，那就是语言。语言本身是有内在逻辑的，而逻辑却是数学的精神内核。因此，数学与诗歌之间有着千丝万缕的联系。埃米莉·格罗绍尔兹认为：“诗歌与数学的关系就像数学与科学的关系一样”。[①]格律诗是诗歌的重要形式。它是按照严格的格式和规则写成的诗歌，字数、行数、句式、音韵都有严格的规定，本质上讲这种格式规则就是数学的范式。例如，五言绝句，由4句组成，每句5个字；七言绝句，由4句组成，每句7个字；五言律诗，由8句组成，每句5个字；七言律诗，由8句组成，每句7个字。一般标准律句六种，包括五言“仄仄平平仄/平平仄仄平/仄平平仄仄/平仄仄平平/平平平仄仄/仄仄仄平平”，七言“平平仄仄平平仄/仄仄平平仄仄平/平仄仄平平仄仄/仄平平仄仄平平/仄仄平平平仄仄/平平仄仄仄平平”。用诗歌的形式来表达数学及用数学的形式来创作诗歌的例子比比皆是。例如，下面这首诗《丢番图墓志铭》用分数很好地概括了丢番图光辉而又遗憾的一生。

① GROSHOLZ E R. Great circles：the transits of mathematics and poetry[J]. New York：Springer-verlag，2018.

丢番图墓志铭

行人啊，请稍驻足
这里长眠着丢番图
上帝赋予他一生的六分之一
享受童年的幸福
再过十二分之一，两颊长胡
又过了七分之一，燃起结婚的蜡烛
贵子的降生盼了五年之足
可怜那迟到的儿
只活到父亲寿命的半数
便进入冰冷的坟墓
悲伤只有通过数学来消除
四年后，他自己也走完了人生旅途

下面一首词却反映了同余数问题，也就是所谓的“物不知数”问题。宋朝数学家秦九韶于 1247 年《数书九章》卷一、二《大衍类》对“物不知数”问题做出了完整系统的解答。

天仙子

元宵十五闹纵横，来往观灯街上行。我见灯下红光映。绕三遭，数不真，从头儿三数无零。五数时四瓯不尽，七数时六盏不停。端的是几盏明灯?

而用数学的形式来创作诗歌的例子有圆周率诗、四面体诗、算术基本定理诗、维兰内拉诗、鲁比克魔方诗、斐波那契诗等[①]，这里介绍 2015 年乔安妮·格罗尼所写算术基本定理诗，以飨读者。众所周知，所谓算术基本定理是关于正整数因数分解的一个陈述，所有大于 1 的正整数都可以唯一分解成素数幂的积的形式。所谓算术基本定理诗是一种诗歌形式，其中素数行都由一个独特的短语组成，合数行是根据该行位置的因数分

① SRIRAMAN B. Handbook of the mathematics of the arts and sciences[M]. Berlin：Springer-verlag，2021.

解构造的，其中与该因数分解中的素数相对应的短语按顺序出现，并由代表乘法和指数的单个单词连接。

我们是最后的幸存者

乔安妮·格罗尼

我们呼吸着肮脏的空气

珊瑚礁死了

我们呼吸着肮脏的空气，因为我们呼吸着肮脏的空气

暴风雨是极端的

我们呼吸着肮脏的空气，以及珊瑚礁死了

气候变化首先影响穷人

我们呼吸着肮脏的空气，因为珊瑚礁死了

珊瑚礁死了，因为我们呼吸着肮脏的空气

我们呼吸着肮脏的空气，以及暴风雨是极端的

我们开车而不是走路

我们呼吸着肮脏的空气，因为我们呼吸着肮脏的空气，以及珊瑚礁死了

干旱是一个连环杀手

我们呼吸着肮脏的空气，以及气候变化首先影响穷人

珊瑚礁死了，以及暴风雨是极端的

我们呼吸着肮脏的空气，因为我们呼吸着肮脏的空气，因为我们呼吸着肮脏的空气，

北极熊会怎么样？

我们呼吸着肮脏的空气，以及珊瑚礁死了，因为我们呼吸着肮脏的空气

垃圾成堆增长

我们呼吸着肮脏的空气，因为我们呼吸着肮脏的空气，以及暴风雨是极端的

珊瑚礁死了，以及气候变化首先影响穷人

在这首诗中，格罗尼用“以及”表示乘法，用“因为”表示取幂，用来表示每个素数

行短语如表 1–1 所示。例如，诗的第 5 行（标题算作第 1 行）是短语“暴风雨是极端的”。

表 1–1 《我们是最后的幸存者》中素数行短语

素数行	短语
2	我们呼吸着肮脏的空气
3	珊瑚礁死了
5	暴风雨是极端的
7	气候变化首先影响穷人
11	我们开车而不是走路
13	干旱是一个连环杀手
17	北极熊会怎么样？
19	垃圾成堆增长

其余行由合数构造。例如，第 12 行由 $12=2^2\times3$ 生成，因此这一行包含短语 2（表示 2^2 中的底数），然后是“因为”，表示取幂，接着是短语 2 的重复语句（表示 2^2 中的指数），然后是“以及”，表示乘法，最后是短语 3。

在素因数分解指数是合数的情况下，诗人会简单地使用这首诗前面的合数产生的那一行。例如，《我们是最后的幸存者》的第 16 行是由 16 的素因数分解，也就是 2^{2^2} 组成，因此，这一行是“我们呼吸着肮脏的空气，因为我们呼吸着肮脏的空气，因为我们呼吸着肮脏的空气。”

（3）音乐

音乐之起源无从考证，应该古来有之，抑或是有了人类便有了音乐。音乐可以敞开封闭的心灵，排解忧郁苦闷的心情，放松身心，丰富人的想象力。音乐对人的神经具有放松和抚慰的作用，它能够缓解高度紧张的精神状态[①]，这或许是音乐伴随人类一直存在的根本原因。《礼记》是儒家经典之一，主要记载了先秦时期礼仪制度的产生、内容及变迁。《乐记》是《礼记》中的一篇，是先秦儒学的美学思想的集大成者。《乐记》中有云：“凡音之起，由人心生也。人心之动，物使之然也。感于物而动，故形于声；声相应，故生变；变成方，谓之音；比音而乐之，及干戚羽旄，谓之乐也。乐者，音之所由生也，其本在人心之感于物也。是故其哀心感者，其声噍以杀；其乐心感者，其声啴以缓；其喜心感者，其声发以散；其怒心感者，其声粗以厉；其敬心感者，其声直以

① 苏日娜．从音乐的存在形式上理解其美学价值 [J]. 音乐创作，2018，325(9)：98–99.

廉；其爱心感者，其声和以柔。”大意是：音乐是人的内心所产生的，而人心的变动是外部事物造成的。心有感于外部事物才会有所改变；按照一定的方法、规律进行变化，这就叫作音；随着音的节奏用乐器演奏之，再加上舞蹈，就叫作音乐。故音产生乐。由外部事物所感而生哀痛心情时，其声急促且由高到低，由强到弱；心生欢乐时，其声舒慢而宽缓；心生喜悦时，其声发扬而且轻散；心生愤怒时，其声粗猛严厉；心生敬意时，其声正直清亮；心生爱意时，其声柔和动听。所以，音乐的美学价值之一就在于它是人对外在事物的一种反映，而当人听到音乐的时候会产生某种共鸣。

《我的祖国》是电影《上甘岭》的插曲，1956 年由著名词作家乔羽作词。上甘岭战役是抗美援朝战争中异常艰苦的战役。1952 年秋，美国在“三八线”附近发动了大规模进攻，企图夺取上甘岭阵地，志愿军某部八连在连长张忠发的率领下坚守阵地，浴血奋战，打退了敌人一次次进攻，在坑道里坚守了整整 24 天，最终赢得战役的胜利。在影片中，当坚守最困难的时候，只剩下一个苹果，同志们将它一一传给每一位同志吃一小口，此时女护士领着战士们唱起了《我的祖国》。当歌声响起，就将人们的思绪拉回到遥远的过去，仿佛看到儿时的家乡稻花阵阵，河上喊号的艄公、船上迎风飘扬的白帆，从而唤起人们内心深处对家乡故土、祖国山河的热爱①。60 多年过去了，《我的祖国》成了中国人爱国的象征，人们在不同的场合大声地合唱着这首歌曲。无论在什么地方，也无论是在什么场合，当旋律响起的时候，总会让人眼含热泪，总会想起伟大的祖国！

2018 年大年初一，央视专题栏目《经典咏流传》的舞台上，一位年近九旬的女士颤巍巍地扶着钢琴坐下。10 秒之后，感觉全世界都安静了下来。她关节变形的手指轻抚琴键，一曲《梁祝》从她的指尖缓缓流出。翩然翻飞的蝴蝶在舞台上幻化，那个美好传说再次上演，一抹香魂从这位老艺术家的手中复活。这位艺术家就是巫漪丽女士，她祖籍广东河源，1931 年出生于上海，中国第一代钢琴演奏家、中国钢琴启蒙人之一。她 6 岁开始学琴，9 岁起师从世界钢琴大师李斯特的再传弟子、意大利著名音乐家梅百器先生。18 岁便成为上海滩优秀的钢琴演奏家；1954 年，任中央乐团第一任钢琴独奏，首创及首演《梁祝》小提琴协奏曲钢琴部分，近 70 年来这首曲子影响了无数的中国人，当旋律响起的时候人们总是会想起梁山伯与祝英台的凄美爱情故事。

如果有人问：“哪首曲子是你认为是最为悲伤的曲子？”恐怕很多中国人会异口同声地回答说是《二泉映月》。二胡名曲《二泉映月》是中国民间音乐家华彦钧（阿炳）的

① 侯婷．红色歌曲的审美赏析：以《我的祖国》《义勇军进行曲》《十送红军》为例 [J]. 黄河之声，2019，535(10)：20.

代表作。这首名曲于20世纪50年代初由音乐家杨荫浏先生根据阿炳的演奏，录音记谱整理，灌制成唱片后很快风靡全国[①]。这首乐曲自始至终流露的是一位饱尝人间辛酸和痛苦的盲人的思绪情感，曲调婉转悠扬，如怨如慕，如泣如诉，余音袅袅，不绝如缕。有时低沉有时高亢，有时恰似明月高悬心静如水，有时波涛汹涌义愤难平；有时让人心生怨恨却又无可奈何，有时却让人意犹未尽浮想联翩。这首曲子意境无限深邃，作品展示了独特的民间演奏技巧与风格，显示了中国二胡艺术的独特魅力，它拓宽了二胡艺术的表现力，是中国民族音乐文化宝库中一首享誉海内外的优秀作品，我国民族音乐文化宝库的一颗璀璨明珠，曾获"20世纪华人音乐经典作品奖"。阿炳一生坎坷，虽遭生活磨难和种种打击，受尽辛酸凌辱，但他性格倔强，身残志坚，视音乐为生命，博采众长，创作了许多具有浓郁民族风格和永久艺术魅力的乐曲[②]。

通常人们认为音乐是艺术的一种，属于人文学科范畴，而数学是理性思维的产物，属于自然学科范畴，但是音乐与数学也有着密切的联系。众所周知，在音乐简谱中，人们熟悉的音符do至si用数字1到7来表示。钢琴键在一个八度中共13个键，由8个白键与5个黑键组成。其中5个黑键又分成2个一组和3个一组，正好和斐波那契数列中连续的5个数字——2，3，5，8，13重合。音乐呈现给人们的是声音，而声音的传播是一种波，它们与正弦函数密切相关，音乐的音高与正弦函数的频率有关，音强与正弦函数的振幅有关，而音色与正弦函数的形状有关。事实上，音乐与数学之间还有着更为深层次的联系。维特科沃尔指出：和声统治着音乐和射影空间[③]；德米特里·蒂莫奇科指出：可以通过几何空间来看待西方音乐的音调性[④]。从某种角度讲，音乐的优美或许展现的是数学的优美。

作为本小节的结束，笔者介绍一首有关数学的歌曲《二阶有限单群》。

二阶有限单群

爱的道路永远不会平坦
但我对你的爱是连续的
你是我心灵锁链的上限

① 耿孝鹏.二胡独奏曲《二泉映月》的内涵探析[J].科技信息，2011(6)：265.

② 张静波.《二泉映月》的创作源泉与艺术成就[J].南通师范学院学报（哲学社会科学版），2003，19(3)：139-143.

③ WITTKOWER R. Brunelleschi and "proportion and perspective" [M]. London：Thames & Hudson，1978.

④ SRIRAMAN B. Handbook of the mathematics of the arts and sciences[M]. Berlin：Springer-verlag，2021.

你是我的选择公理，你知道这是真的

但最近我们的关系并没有那么明确
没有你我就失去作用
我会证明我的命题，我相信你会发现
我们是一个二阶有限单群

我正在失去我的单位元
我每天都在做张量
不失一般性
我假设你也有同感

因为每次我看到你，你都是商
我映射到忠实的像
当我们一一对应的时候，你会明白我的意思
因为我们是一个有限的二阶单群

我们的等价关系是稳定的，
主要的爱情包裹坐在里面
但后来你在我们两种形式之间造成了隔阂
现在一切都变得如此复杂

当我们第一次见面时，我们是连通的
我的心是敞开的，但是稠密的
我们的系统已经定向
从某种意义上说，有一个有限的极限

我生活在秩为一的映射的核中
我的定义域，它的像看起来很蓝，
因为我看到的都是零，这是一个残酷的陷阱

但我们是一个二阶有限单群

我不是班上最光滑的算子，
但我们是镜子的两面，我和你，
所以让我们把遗忘函子作用于过去
并且是有限单群，有限单群，
让我们做一个二阶有限单群

如你所见，我已经证明了我的命题，
所以，让我们都保持结合和自由
由此推论，这表明你和我
完全不可分割。证明完毕。

这里笔者并不打算分析这首歌曲的旋律，而是专注于它的歌词。在这首歌曲中，至少出现了29个数学名词：如有限单群、选择公理、极限、上界、函数、等价、一一对应等。很明显这首歌是一首歌颂爱情的歌曲，它将两个人的爱情用数学语言表达出来，没有数学基础的人是很难明白这首歌曲所涉及的数学内涵，而让那些懂得数学的人陷入痴狂。这首将数学融入爱情歌曲中的作品就像两个人的爱情一样让人有种缠绵悱恻的感觉。

二 数学的美学

（一）什么是数学？

谈数学美，首先要了解什么是数学。数学是一门复杂的学科体系，要想给数学下一个准确的定义并不是一件容易的事情，但是可以根据数学的内在属性和外在表现来理解究竟什么是数学。

毕达哥拉斯［Pythagoras，约公元前580年至约公元前500(490)年］是古希腊数学家、哲学家。毕达哥拉斯学派“万物皆数”的命题，是从音乐研究中得出来的结论。他们发现，决定不同谐音的是某种数量关系，与物质构成无关。相传这个发现来源于一家打铁铺，毕达哥拉斯听到打铁声音的变化，过去一看究竟，发现不同重量的铁发出不同的谐音。由此得出，谐音跟“铁”本身没关系，但是跟“铁”的数量有关系。为了论证这一发现，毕达哥拉斯专门研究了琴弦，发现同一琴弦中不同发音与不同张力之间的数学关系。由此证明了“数”本位的哲学。万物皆数，虽然有其偏颇之处，但是它揭示了引起现象界不同的数与量的关系。他们坚信万物之间的关系，都可以归结为整数与整数之间的比例关系。直到有一天，其中一个学员发现了$\sqrt{2}$。这是一个动摇信仰的发现，西帕苏斯提出$\sqrt{2}$不能表示任何整数之比。其他的学员经受不住世界观崩塌的打击，把西帕苏斯这个“罪魁祸首”丢到了海里。但是这件事并不算完，他们把数看作是构成宇宙的基本因素，正是由于数的和谐才构成了宇宙的和谐，而美就是从这一和谐当中应运而生的。所以，无论是节奏还是对称或者是多样的统一等所有依据数的秩序构成的形式都是美的。

公元前 4 世纪的希腊哲学家亚里士多德将数学定义为“数量的科学”。亚里士多德认为“一般数学命题不是研究脱离具有广延的量和数而独立存在的那些对象，而是研究具有大小的量和数的那些对象，不是作为具有大小的和可分的物体。显然还可能存在一些命题和论证，它们涉及可感的量，但不是作为可感的量，而是具有一定质的量。这就是说，数学是研究数和具有大小的量。”“数的各个部分之间绝不可能存在共同边界，它们总是分离的。因此，数是一种离散的数量。……另一方面，线是一种连续的数量，因为可以找到连接各部分的共同边界。”他把数量区分为离散的和连续的以后，认为研究数及其属性（如奇偶性、对称、比例等）的学科叫作算术。研究量及其属性（如对称、相交、相等、平行等）的学科叫作几何学。因为这两个学科的对象具有某些共同的性质，可以归结为一门科学，所以数学是研究数量及其性质的科学[①]。显然，这种理解已经不符合现代数学的特征，因为我们知道实数是连续变化的，而量的科学也不仅仅局限于几何学。

笛卡儿（1596—1650 年）是西方近代哲学奠基人之一，也是一流的数学家和科学家。根据著名的数学史学家亨克·博斯（Henk Bos，1940—）的说法，笛卡儿的数学是哲学家的数学。从最早的文献记载来看，在他充满智慧的一生中，数学是他灵感的源泉，也是他哲学思想的来源。反过来，他的哲学思想也深深地影响到他的数学风格和数学过程。笛卡儿最伟大的贡献之一是他与费马独立地创立了解析几何，但是他们的解析几何并不是凭空产生的，他的灵感源自希腊的几何传统和文艺复兴时期的代数传统[②]。笛卡儿认为：“凡是以研究顺序（Order）和度量（Measure）为目的的科学都与数学有关”。

① 林夏水．亚里士多德的数学哲学 [J]. 自然辩证法通讯，1988(4)：17-24.

② 格兰特，克莱纳．数学史上的转折点 [M]. 黄朝凌，孙艳琴，译．北京：中国农业出版社，2019.

19 世纪末期，恩格斯这样来论述数学："纯数学的对象是现实世界的空间形式与数量关系。"根据恩格斯的论述，数学可以定义为："数学是研究现实世界的空间形式与数量关系的科学。"

格奥尔格·康托尔（Cantor，Georg Ferdinand Ludwig Philipp，1845—1918 年）是德国数学家，集合论的创始人。对数学无限的现代理解几乎是康托尔一手创造的。他认为潜在的无限与现实的无限之间旧的区别是值得怀疑的："事实上，潜在无限的概念只是来源于现实的无限，因为潜在无限的概念总是指向其存在所依赖的逻辑上优先的实际无限的概念。"[①] 19 世纪晚期，康托尔曾经提出："数学是绝对自由发展的学科，它只服从明显的思维，就是说它的概念必须摆脱自相矛盾，并且必须通过定义而确定地、有秩序地与先前已经建立和存在的概念相联系。"康托尔对数学的定义体现了数学内在逻辑性的特征。

20 世纪 50 年代，苏联一批有影响的数学家试图修正前面提到的恩格斯的定义来概括现代数学发展的特征："现代数学就是各种量之间的可能性，一般来说是各种变化着的量的关系和相互联系的数学。"从 20 世纪 80 年代开始，又出现了对数学的定义做符合时代特征的修正的新尝试。主要是一批美国学者，将数学简单地定义为关于"模式"的科学："数学这个领域已被称作模式的科学，其目的是要揭示人们从自然界和数学本身的抽象世界中所观察到的结构和对称性。"

笔者认为数学是研究数量关系、结构形式、变化过程、空间形式及信息处理等范畴内在规律的一门学科。数学是人类对事物的抽象结构与模式进行严格描述、推导的一种通用手段，可以应用于现实世界的任何问题，所有的数学对象本质上都是人为定义的。从这个意义上，数学属于形式科学，而不是自然科学。毫无疑问，数学并不是生来就有的，它是人类认识自然界的产物，伴随着人类认识自然界和改造自然界能力的发展而发展。在"饥即求食，饱即弃余，茹毛饮血，而衣皮苇"的社会，恐怕是没有数学的。它反映着人类对自然规律认识的最高表达形式。

数学呈现在人们面前的首先是语言，我们称之为数学语言。数学语言是一整套的符号系统。例如：

运算符号：$+$，$-$，$\times$，$\div$，$\otimes$，$\oplus$，Σ，Π，$\amalg$，$\int$，∂，∇；

代数符号：$\angle$，$\perp$，∞，$\leqslant$，$\geqslant$，$\neq$，$\approx$，$\cong$，$\propto$，$\lhd$，$\rhd$，$\begin{vmatrix} a & b & c \\ d & e & f \\ g & h & e \end{vmatrix}$，$\begin{bmatrix} a & b & c \\ d & e & f \end{bmatrix}$；

几何符号：$\angle$，$\perp$，$\approx$，$\cong$，$(-,-)$，$\triangle$；

① RUCKER R. Infinity and the mind：the science and philosophy of the infinite[M]. Boston：Birkhäuser，1982.

逻辑推理符号：$\exists$，$\forall$，$\vee$，$\wedge$，$\Rightarrow$，$\Leftarrow$，$\Leftrightarrow$；

集合运算符号：$\in$，$\notin$，$\cup$，$\cap$，$\subset$，$\supset$，$\subseteq$，$\supseteq$，$\not\subset$，$\varnothing$；

函数符号：$f(x)$，$\sin x$，$\cos x$，$\tan x$，$\cot x$，$\sec x$，$\csc x$，e^x，$\ln x$。

但是数学语言却不是杂乱无章的，也不像人类语言那样随意性强，数学语言既有其既定的外在的严格界定又有内在的逻辑。正因为数学语言的这种特性，显示出了数学无与伦比的优美。数学语言是数学理论的载体，也是数学思维的载体。离开了数学语言，数学的表达、研究与传播都将会受到极大的影响。北京大学数学系教授范后宏指出，数学语言有三大特征，分别是形式逻辑的自洽、不可思议的魔力、所展现出来的数学美[①]。数学语言的每一个符号都有确定的含义，当然这种确定不具有唯一性，数学公式往往揭示了数学的内在规律，同时数学语言不可能引起形式逻辑上的矛盾。例如，三角函数的和差化积公式，反映了三角函数两个角的函数和与差转化为三角函数的积的规律，公式内涵丰富、结构优美、应用广泛。

$$\sin\alpha+\sin\beta=2\sin\frac{\alpha+\beta}{2}\cos\frac{\alpha-\beta}{2}, \tag{1-1}$$

$$\sin\alpha-\sin\beta=2\cos\frac{\alpha+\beta}{2}\sin\frac{\alpha-\beta}{2}, \tag{1-2}$$

$$\cos\alpha+\cos\beta=2\cos\frac{\alpha+\beta}{2}\cos\frac{\alpha-\beta}{2}, \tag{1-3}$$

$$\cos\alpha-\cos\beta=-2\sin\frac{\alpha+\beta}{2}\sin\frac{\alpha-\beta}{2}, \tag{1-4}$$

$$\tan\alpha+\tan\beta=\frac{\sin(\alpha+\beta)}{\cos\alpha\cos\beta}, \tag{1-5}$$

$$\tan\alpha-\tan\beta=\frac{\sin(\alpha-\beta)}{\cos\alpha\cos\beta}, \tag{1-6}$$

$$\cot\alpha+\cot\beta=\frac{\sin(\alpha+\beta)}{\sin\alpha\sin\beta}, \tag{1-7}$$

$$\cot\alpha-\cot\beta=-\frac{\sin(\alpha-\beta)}{\sin\alpha\sin\beta}, \tag{1-8}$$

$$\tan\alpha+\cot\beta=\frac{\cos(\alpha-\beta)}{\cos\alpha\sin\beta}, \tag{1-9}$$

$$\tan\alpha-\cot\beta=-\frac{\cos(\alpha+\beta)}{\cos\alpha\sin\beta}。 \tag{1-10}$$

很多时候，数学语言不仅仅揭示了数学本身的规律，也揭示了自然规律，揭开了大

① 范后宏 . 数学思想要义 [M]. 北京：北京大学出版社，2018.

自然的神秘面纱，更重要的是它们是人们改造自然、造福人类的重要利器。$E=mc^2$ 是爱因斯坦的质能方程，在经典物理学中，质量和能量是两个完全不同的概念，它们之间没有确定的当量关系，一定质量的物体可以具有不同的能量。在狭义相对论中，能量概念有了推广，爱因斯坦的质能方程揭示了质量和能量确定的当量关系，为人类利用核能奠定了基础。

方程 $i\hbar\frac{\partial}{\partial t}\Psi=\hat{H}\Psi$ 称作薛定谔方程，是由奥地利物理学家薛定谔在 1926 年提出的量子力学中的一个基本方程，也是量子力学的一个基本假定。方程的左边 $i\hbar\frac{\partial}{\partial t}\Psi$ 是波函数在时间上的变化。方程的右边是 Ψ 的哈密顿量，描述的是波函数在空间中的能量分布，包括了粒子的动能和势能。将薛定谔方程右边展开就得到方程

$$i\hbar\frac{\partial}{\partial t}\Psi=-\frac{\hbar^2}{2m}\nabla^2\Psi+V\Psi,$$

这个方程等式右边第一项 $-\frac{\hbar^2}{2m}\nabla^2\Psi$ 表示粒子的动能在空间中的分布，$V\Psi$ 表示粒子的势能。这里 ∇^2 表示 $\frac{\partial^2}{\partial x^2}+\frac{\partial^2}{\partial y^2}+\frac{\partial^2}{\partial z^2}$，描述 Ψ 在空间中的分布。基于能量守恒定律，时间上的能量变化必然等于空间上的能量，所以上述等式成立。

（二）数学的重要作用

纵观古今，数学在人类文明发展史上起到了非常重要的作用，它既是理性思考的必然产物，又是认识世界的必然选择。数学与自然科学的关系密不可分，同样与人文科学的关系也极为密切。在艺术方面，绘画与几何学、音乐与傅里叶分析都有着重要的联系[①]。从浩瀚的宇宙到微小的原子核，从自然界到人类社会，从物质到生命，数学都有广阔的用武之地：元素周期表的建立、天体的运行规律、无线电波的发现、双螺旋结构的构建、艺术中的离散结构、神经科学的认知、生物进化的动力系统等[②]。

数学的重要作用，可以从数学文化的层面加以认知。凡是涉及数学的思想、精神、方法、观点、数学的美学理论、数学教育、数学与社会的联系、数学与各种文化的关系、数学家的生平及数学的历史[③]等都属于数学文化范畴。尤其是数学史，它是数学文化的重要组成部分。数学史是研究数学科学发生、发展及其规律的科学。它不仅追溯数

① SRIRAMAN B. Handbook of the mathematics of the arts and sciences[M]. Berlin：Springer-verlag，2021.

② 张顺燕．数学科学与艺术 [M]. 北京：北京大学出版社，2014.

③ 卢介景．数学史海揽胜 [M]. 北京：煤炭工业出版社，1989.

学的内容、思想和方法的演变，而且还探索影响演变的各种因素，以及历史上数学的发展对人类文明所带来的影响。数学史的研究不仅包括具体的数学内容，而且涉及历史学、哲学、逻辑学、文化及宗教等社会科学与人文科学，是一门交叉性学科[①]。

从现代数学角度来看，数学不仅仅研究数量与空间，还研究结构与变化、确定与不确定、现实与未知、逻辑与形式等。数学研究在某种程度上是对历史上科学传统的深化与发展。数学文化为今日的数学科学研究提供经验教训和历史借鉴，为明确数学研究方向，为当今数学及与数学相关的科技发展提供依据。自远古以来，在世界范围内的艺术和建筑辉煌中有意或无意地使用数学的例子比比皆是，而现代艺术、计算和科学对数字世界的认识再次揭示了这种普遍性。在自然和物理学中，与数学之间新的联系不断地建立起来。例如，在微观层面，一个非常抽象的数学分支拓扑学与细胞生物学相关；在宏观层面，另一个抽象的数学分支遍历理论成为动力系统建模的主要理论[②]。

著名数学家柯朗在其著作《数学是什么》的序言中写道“今天，数学教育的传统地位陷入严重的危机。数学教学有时竟变成一种空洞的解题训练。数学研究已出现一种过分专门化和过于强调抽象的趋势，而忽视了数学的应用及与其他领域的联系。”[③]这可能是数学越来越完善，而数学研究越来越专门化，但这并不能否认数学在其他领域的应用是广泛的。

（三）数学美

数学的发展是伴随着人类的发展而不断发展的，数学及它的历史是人类灿烂文化的一部分。数学反映着人类对自然规律认识的最高表达形式，它来源于自然，但又高于自然，是人抽象思维的产物，数学的产生是人的一种实践活动。运用马克思的观点，当数学实践活动达到真与善的统一就是数学美。

诚然，数学的任何一部分都深深地镌刻着人类的痕迹，体现了人类的智慧，但是数学无疑与自然息息相关，黄金分割与斐波那契数列就是典型的例子。早在中世纪的欧洲，斐波那契就发现美妙的植物叶片、花瓣、松果壳瓣从小到大的序列即是以 0.618：1 的近似值排列的。现代科学家还发现，当大脑呈现的“贝塔”脑电波，其低频率与高频率之比是 0.618 的近似值时，人的身心最具快感。甚至，当大自然的气温在 23℃与人的

① GRANT H，KLEINER I. Turning points in the history of mathematics[M]. New York：Birkhauser，2015.

② SRIRAMAN B. Handbook of the mathematics of the arts and sciences[M]. Berlin：Springer-verlag，2021.

③ 柯朗，罗宾 . 什么是数学：对思想和方法的基本研究 [M]. 左平，张饴慈，译 . 3 版 . 上海：复旦大学出版社，2012.

体温 37℃之比为 0.618 时，这时候的气温最使人感到舒适[①]。黄金分割，作为斐波那契数列的内蕴数学结构，在艺术创作中更是比比皆是。无论是人还是物，遵循黄金分割比例的线条和构图总是能带给人最舒适的观感。名画中的人物之所以栩栩如生，一方面归功于几何透视和平面投影法的成功运用，另一方面就是黄金分割的恰到好处，让一切看起来都和谐自然。达·芬奇的名画《蒙娜丽莎》就是运用黄金分割的传世之作。古希腊时代著名的雕塑《米洛斯的维纳斯》、智慧女神雅典娜和太阳神阿波罗塑像，是故意延长双腿，使肚脐到脚底的高度与全身高度之比为 0.618[②]。凡此种种都说明了一个颠扑不破的真理，那就是艺术之美的背后都隐藏着数学之美的身影。

设线段的总长是 1，黄金分割数为 x，根据黄金分割的定义有

$$x=\frac{1-x}{x},$$

稍加整理便是

$$x=\frac{1}{1+x},$$

于是

$$x=\frac{1}{1+x}=\frac{1}{1+\frac{1}{1+x}}=\cdots,$$

或者

$$x=\frac{1}{1+\frac{1}{1+\frac{1}{1+\cdots}}}。$$

与之有着异曲同工之妙的是印度天才数学家拉马努金等式：

$$\left(\sqrt{\frac{5+\sqrt{5}}{2}}-\frac{\sqrt{5}+1}{2}\right)e^{2\pi/5}=\frac{1}{1+\frac{e^{-2\pi}}{1+\frac{e^{-4\pi}}{1+\frac{e^{-6\pi}}{1+\cdots}}}}。\tag{1-11}$$

斐波那契数列，因数学家莱昂纳多·斐波那契（Leonardo Fibonacci）以兔子繁殖为例子而引入，故又称为“兔子数列”，指的是这样一个数列：

$$0, 1, 1, 2, 3, 5, 8, 13, 21, 34, \cdots$$

① 张雄．黄金分割的美学意义及其应用 [J]. 陕西教育学院学报，1998(3)：62-66.

② 同①．

在数学上，斐波那契数列以递推的方法给出定义：

$$F(0)=0, F(1)=1, F(n)=F(n-1)+F(n-2), (n \geqslant 2, n \in \mathbf{N}^*)。$$

斐波那契数列又称黄金分割数列，是因为它有一个奇妙的性质，前后两数之比的极限就是黄金分割数。如果我们按斐波那契数列取边长分别为 1，1，2，3，5，8，13，21 的正方形，然后以各正方形的一个顶点为圆心，以边长为半径画出四分之一的圆，再连接所有曲线，最后便形成黄金螺旋线（图 1–5）。

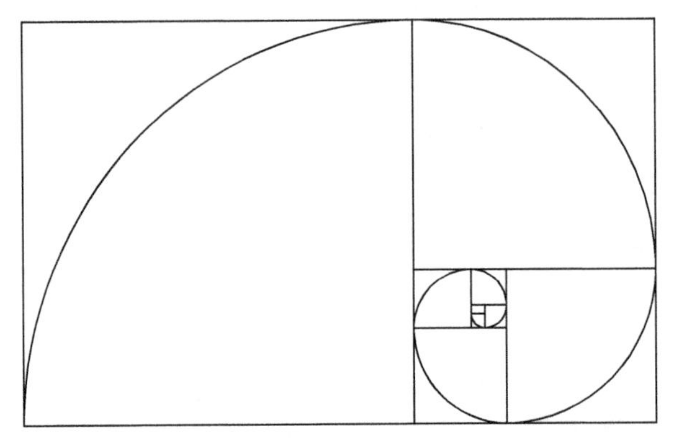

图 1–5　黄金螺旋线

在自然界中这种曲线似乎随处可见。海螺的外壳、向日葵的种子、台风的流动、水中的漩涡，包括 DNA 的双螺旋结构，甚至银河系的俯视图也呈现出这样的形状。原因就是它们在生长过程中，始终保持着与辐射线等角度的发展方向，最终就必然形成一种螺旋线的外形。所有螺旋线结构的数学描述里，都包含着数字 e。唯一的区别仅仅是 e 的多少次方不同。大自然在各种微观、宏观、生命和非生命体现象中都透露出对 e 的喜爱。从这个意义上说，数学是大自然绘画和创作的工具。并不是说自然界真的存在这样的曲线，以及真的存在无理数 e，这只是人类认识自然的再加工。

不管是自然影响着数学的发展与走向，还是数学是人类智慧的产物，数学无疑是美的。集雕塑家、数学家、文学家于一身的罗素指出“数学不仅拥有真理，而且还拥有至高的美，一种冷峻而严肃的美，正像雕塑所具有的美一样”。近代自然科学之父伽利略认为展现在我们眼前的宇宙就像一本用数学语言写成的书，如果我们不掌握数学的符号语言，就像在黑暗的迷宫里游荡，什么也认识不清。被誉为“计算机之父”的冯·诺依曼认为数学方法已经渗透于并支配着自然科学的各个分支。美国数学史家克莱因说：“数学不仅是一种方法、一门艺术或一种语言，数学更主要是一门有着丰富内容的知识体系，其内容对自然科学家、社会科学家、哲学家、逻辑学家和艺术家都十分有用。”数学展现在人们面前的形式或是语言，或是符号，或是线条，抑或是各种的图、表等，因此数学的美体现了语言、绘画、建筑及雕塑等美的形式，但是数学美却远远不及语言、绘画、建筑和雕塑等美表现得直接，也远远不及它们那样易于接受，正如罗素所说："数学的美是'冷峻而严肃的美'，数学的美，过于深沉与厚重，但数学的美无处不在。"法国著名雕塑家罗丹说："世界上并不缺少美，而是缺少发现美的眼睛。"笔者希望通过我们的努力让更多的人能够发现数学的美，体会数学的美，从而创造数学的美，这便是本书的价值所在。接下来探讨数学美的形式。

1. 逻辑美

首先来看一个简单的问题。给三个聪明人各戴了一顶帽子，并且告诉他们，他们帽子的颜色可能是红色的，也可能是蓝色的，没有其他颜色，且三人中至少有一个人的帽子是红色的。三人互相看了看，没有人能很快地说出自己戴的是什么颜色的帽子。三人又冥思苦想了一阵，几乎同时都猜到了自己戴了什么颜色的帽子。你知道他们三人各戴了什么颜色的帽子吗？

现在来分析一下这个问题。首先根据信息"至少有一人的帽子是红色的"，因此所有的可能是：三顶红色，或者两顶红色一顶蓝色，或者一顶红色两顶蓝色。注意到信息"三个人相互看了看，没有人能很快地说出自己戴的是什么颜色的帽子"，这说明某个人看到的不可能是两顶蓝色，因为如果某个人看到的是两顶蓝色，那自己戴的一定是红色，所以排除第三种可能。同时，也不可能是两顶红色一顶蓝色，因为戴红帽子的人看到的是一蓝一红，他会这样想：如果我戴的是蓝帽子，另一个戴红帽子的人应该立刻判断出自己戴的是红帽子，说明我戴的一定是红帽子。这样，在一蓝两红的情况下，戴红帽子的人能比较容易地猜出自己戴的是红帽子。因此三人都戴红色的帽子。

下面再看一个古老的数学问题。所谓素数是指除了 1 和自身以外没有其他因数的大于 1 的整数。例如：2，3，5 都是素数，那到底有多少个素数呢？答案是无穷多个。关于这个问题的证明方法很多，希腊数学家欧几里得在公元前 300 年左右给出的证明最为经典。

定理 1.1 (1) 任意一个大于 1 的正整数总是可以分解成素数的乘积。

(2) 素数有无穷多个。

证明 (1) 设 m 是一个大于 1 的正整数，如果 m 是素数，就不用证明什么。如果 m 不是素数，则 m 可以分解成两个比 m 小的数的乘积 $m=m_1m_2$，如果它们都是素数，就不用再证明什么。如果它们是合数，就可以分解成更小的整数的乘积，不断继续上面的过程，就可以将 m 分解成素数的乘积。

(2) 假设只有 k 个素数，设它们是 $p_1, p_2, \cdots, p_k$。记 $n=p_1p_2\cdots p_k+1$，则 n 大于

$p_1, p_2, \cdots, p_k$，故 n 是合数且大于 1。根据 (1)，它可以分解成素数的乘积。因此存在一个素数 $p|n$，如果 $p=p_i$，则 $p|n-p_1p_2\cdots p_k=1$，这是一个矛盾。所以 p 不是任何的 p_i，这与假设是矛盾的。所以素数不可能是有限个。

下面来欣赏埃尔米特大约在 1860 年给出的简单证明。

定理 1.2 对于任何 $n>1$ 的整数，如果 p 是 $n!+1$ 的素因数，那么 $p>n$。因此，对于任何 $n>1$ 的整数，一定存在比 n 大的素数 p，于是有无限多个素数。

证明 采用反证法。如果 $p \leqslant n$，则 p 能整除 $n!$。因为 p 是 $n!+1$ 的素因数，所以 p 能整除 $n!+1-n!$，即 p 能整除 1，这是不正确的，因为 p 是素数，所以 $p>n$。

对于任何大于 1 的整数 n，则 $n!+1>n$。如果 $n!+1$ 是素数则取 $p=n!+1$，如果 $n!+1$ 不是素数，一定是合数，则一定存在一个素数 p 整除 $n!+1$，根据前面一个结论，$p>n$。所以素数有无限多个。

从上面 2 个简单的例子可以看到通过逻辑推理可以得到人们无法看到的结果，从自然科学的发展来看，有时候逻辑推理甚至可以得到人们无法想象的结论，如引力波的存在、黑洞的存在等。这些例子都深刻地揭示了数学的逻辑美。

2. 形式美

在庞大的数学体系中有着无数个公式，这些公式揭开了自然界的神秘面纱，向世人展示了数学公式的优美，也展示了人类的智慧，充分体现了数学的美学形式和美学价值。或许只有数学的形式美才是最容易理解和接受的数学美的形式。这里列举几个，以飨读者。

(1) 数的运算呈现出的形式美

学过数制的人都知道，数制有多种，比较常见的有二进制、十进制、十六进制。那为什么人类一直以来不约而同地使用十进制呢？有学者认为这或许跟人类的手指数量有关。一直以来，人们对数的认识在不断地发展，研究整数的数学分支——数论是最古老的数学分支，而如今数论仍然是数学的热门研究领域之一。数呈现出了无数的内在规律，人类对数的认知仍然没有尽头。下面列举的一些有关数的运算规律，展现出了数的运算的形式美。

(Ⅰ) 这一组数的运算是由 1 组成的整数的平方，随着数位的增加，其结果呈现规律性的变化，数位增加一位，结果增加两位，并且结果数字从 1 增加再减少。

$$1\times1=1$$

$$11\times11=121$$

$$111\times111=12321$$

$$1111 \times 1111 = 1234321$$

$$11111 \times 11111 = 123454321$$

$$111111 \times 111111 = 12345654321$$

$$1111111 \times 1111111 = 1234567654321$$

$$11111111 \times 11111111 = 123456787654321$$

$$111111111 \times 111111111 = 12345678987654321$$

（Ⅱ）

$$1 \times 8 + 1 = 9$$

$$12 \times 8 + 2 = 98$$

$$123 \times 8 + 3 = 987$$

$$1234 \times 8 + 4 = 9876$$

$$12345 \times 8 + 5 = 98765$$

$$123456 \times 8 + 6 = 987654$$

$$1234567 \times 8 + 7 = 9876543$$

$$12345678 \times 8 + 8 = 98765432$$

$$123456789 \times 8 + 9 = 987654321$$

（Ⅲ）

$$0 \times 9 + 1 = 1$$

$$1 \times 9 + 2 = 11$$

$$12 \times 9 + 3 = 111$$

$$123 \times 9 + 4 = 1111$$

$$1234 \times 9 + 5 = 11111$$

$$12345 \times 9 + 6 = 111111$$

$$123456 \times 9 + 7 = 1111111$$

$$1234567 \times 9 + 8 = 11111111$$

$$12345678 \times 9 + 9 = 111111111$$

（Ⅳ）这一组数是 999999 分别与 1 到 10 的自然数相乘其结果呈现的规律变化。发现每个结果都有 5 个 9，个位数由 9 递减到 0，同时结果的最高位和个位组成的数恰好是 9 与对应自然数相乘的结果。

$$999999 \times 1 = 0999999$$

$$999999 \times 2 = 1999998$$

$$999999 \times 3 = 2999997$$

$$999999 \times 4 = 3999996$$

$$999999 \times 5 = 4999995$$

$$999999 \times 6 = 5999994$$

$$999999 \times 7 = 6999993$$

$$999999 \times 8 = 7999992$$

$$999999 \times 9 = 8999991$$

$$999999 \times 10 = 9999990$$

（Ⅴ）这一组数的运算是 1 到 9 的平方的分解所呈现的规律。

$$0+1+0=1=1 \times 1=1^2$$

$$1+2+1=2+2=2 \times 2=2^2$$

$$1+2+3+2+1=3+3+3=3 \times 3=3^2$$

$$1+2+3+4+3+2+1=4+4+4+4=4 \times 4=4^2$$

$$1+2+3+4+5+4+3+2+1=5+5+5+5+5=5 \times 5=5^2$$

$$1+2+3+4+5+6+5+4+3+2+1=6+6+6+6+6+6=6 \times 6=6^2$$

$$1+2+3+4+5+6+7+6+5+4+3+2+1=7+7+7+7+7+7+7=7 \times 7=7^2$$

$$1+2+3+4+5+6+7+8+7+6+5+4+3+2+1=8+8+8+8+8+8+8+8=8 \times 8=8^2$$

$$1+2+3+4+5+6+7+8+9+8+7+6+5+4+3+2+1=9+9+9+9+9+9+9+9+9=9 \times 9=9^2$$

（Ⅵ）这一组是不同个数的 1 与其具有相同个数的 8 的整数相乘所呈现的规律。

$$1 \times 8 = 8$$

$$11 \times 88 = 968$$

$$111 \times 888 = 98568$$

$$1111 \times 8888 = 9874568$$

$$11111 \times 88888 = 987634568$$

$$111111 \times 888888 = 98765234568$$

$$1111111 \times 8888888 = 9876541234568$$

$$11111111 \times 88888888 = 987654301234568$$

$$111111111 \times 888888888 = 98765431901234568$$

$$1111111111 \times 8888888888 = 9876543207901234568$$

（Ⅶ）这一组是数 12345679 乘以 9，再乘以 1 到 9，所呈现出来的变化规律。

$$12345679 \times 9 \times 1 = 111111111$$

$$12345679 \times 9 \times 2 = 222222222$$
$$12345679 \times 9 \times 3 = 333333333$$
$$12345679 \times 9 \times 4 = 444444444$$
$$12345679 \times 9 \times 5 = 555555555$$
$$12345679 \times 9 \times 6 = 666666666$$
$$12345679 \times 9 \times 7 = 777777777$$
$$12345679 \times 9 \times 8 = 888888888$$
$$12345679 \times 9 \times 9 = 999999999$$

上述形式取自《数学奇观》[①]。有关数的运算的优美形式还很多，希望读者自己去发现一些其他优美的形式。

（2）不等式呈现的形式美

不等式是数学中非常经典的内容之一，一些重要的不等式充分体现了数学的优美，本书列举一二，以飨读者，其证明都不会太难，请读者自行考虑。

琴生不等式： 设 $f(x)$ 是区间 $[a, b]$ 上的凸函数，则对任意的 $x_1, x_2, \cdots, x_n \in [a, b]$，下面不等式成立：

$$\frac{\sum_{i=1}^{n} f(x_i)}{n} \geqslant f\left(\frac{\sum_{i=1}^{n} x_i}{n}\right), \tag{1-12}$$

当且仅当 $x_1 = x_2 = \cdots = x_n$ 时等号成立。

琴生不等式的美学价值在于当函数是凸函数时，函数值的算术平均数不小于自变量平均数的函数值。我们还有对偶地形式，也就是说 $f(x)$ 是区间 $[a, b]$ 上的凹函数的时候，上面不等式要反号。利用琴生不等式容易证明下面的均值不等式。

均值不等式： 设 x_1，x_2，$\cdots$，x_n 是大于 0 的数，则调和平均数小于或等于几何平均数，小于或等于算术平均数，小于或等于平方平均数，即下面不等式成立：

$$\frac{n}{\sum_{i=1}^{n} \frac{1}{x_i}} \leqslant \sqrt[n]{\prod_{i=1}^{n} x_i} \leqslant \frac{\sum_{i=1}^{n} x_i}{n} \leqslant \sqrt{\frac{\sum_{i=1}^{n} x_i^2}{n}}。 \tag{1-13}$$

柯西不等式： 设 x_1，x_2，$\cdots$，x_n 和 y_1，y_2，$\cdots$，y_n 是 2 组数，则下面不等式成立，

$$\left(\sum_{i=1}^{n} x_i^2\right)\left(\sum_{i=1}^{n} y_i^2\right) \geqslant \left(\sum_{i=1}^{n} x_i y_i\right)^2。 \tag{1-14}$$

① 波萨门蒂．数学奇观：让数学之美带给你灵感与启发 [M]. 涂泓，译．上海：上海科技教育出版社，2016.

对于定积分也有类似柯西不等式的不等式，称之为施瓦茨不等式，对于给定的欧氏空间，柯西不等式总是是成立的，只不过其表现形式不一样。下面的不等式是柯西不等式在非负数的推广形式。

赫尔德不等式：设 $p>1$，$\frac{1}{p}+\frac{1}{q}=1$，设 x_1，x_2，…，x_n 和 y_1，y_2，…，y_n 是 2 组非负实数，则

$$\left(\sum_{i=1}^{n}x_i^p\right)^{\frac{1}{p}}\left(\sum_{i=1}^{n}y_i^q\right)^{\frac{1}{q}}\geqslant\sum_{i=1}^{n}x_i y_i。\tag{1-15}$$

闵可夫斯基不等式：

$$\left[\sum_{i=1}^{n}(x_i+y_i)^p\right]^{\frac{1}{p}}\leqslant\left(\sum_{i=1}^{n}x_i^p\right)^{\frac{1}{p}}+\left(\sum_{i=1}^{n}y_i^p\right)^{\frac{1}{p}},\tag{1-16}$$

其中，所有的 $x_i>0$，$y_i>0$ 且 $p\geqslant 1$。如果 $p<1$，上述不等式反向。

伯努利不等式：

设所有的 $x_i\geqslant -1$ 且同号，则

$$(1+x_1+x_2+\cdots+x_n)\leqslant(1+x_1)(1+x_2)\cdots(1+x_n)。\tag{1-17}$$

（3）公式呈现出的形式美

定理 1.3（微积分基本定理） 设函数 $f(x)$ 在区间 $[a,b]$ 上可积，且存在原函数 $f(x)$，即 $F'(x)=f(x)$，则

$$\int_a^b f(x)\mathrm{d}x=F(b)-F(a)。$$

微积分基本定理不仅揭示了定积分与不定积分之间的联系，为计算定积分提供了一个十分方便有效的方法，也揭示了微分和积分之间的本质联系——微分和积分是互逆运算。微积分基本定理的思想可以应用到多元函数的积分。如格林公式、高斯公式、斯托克斯公式都表明多元函数在某个区域上的积分可归结为一个只与被积函数及积分区域边界有关的量。

高斯公式：设空间有界封闭区域 Ω，其边界 $\partial\Omega$ 是分片光滑闭曲面。函数 $P(x,y,z)$，$Q(x,y,z)$，$R(x,y,z)$ 及其一阶偏导数在 Ω 上连续，则

$$\iiint_{\Omega}\left(\frac{\partial P}{\partial x}+\frac{\partial Q}{\partial y}+\frac{\partial R}{\partial z}\right)\mathrm{d}V=\oiint_{\partial\Omega}P\mathrm{d}y\mathrm{d}z+Q\mathrm{d}z\mathrm{d}x+R\mathrm{d}x\mathrm{d}y=\oiint_{\partial\Omega}(P\cos\alpha+Q\cos\beta+R\cos\gamma)\mathrm{d}S,\tag{1-18}$$

其中，$\partial\Omega$ 的正侧为外侧，$\cos\alpha$，$\cos\beta$，$\cos\gamma$ 是 $\partial\Omega$ 的外法向量的方向余弦。

高斯公式具有很好的对称性，它揭示了封闭曲面的第一类曲面积分、第二类曲面积分与三重积分之间的联系，深刻地揭示了事物之间的内在联系。

3. 简洁美

简洁是一条重要的美学标准，同时也是一条重要的科学标准。反映到数学上就是数学的简洁美。如何用简单的公式、简单的工具、简单的理论去描绘客观世界的规律性，是数学工作者追求的目标。而成功地刻画客观世界的数学公式、数学方法和数学理论，必将给人们带来智力的满足和精神的享受。下面 5 个定理都展现了数学的简洁美。

定理 1.4（正弦定理） 设三角形$\triangle ABC$的角A，B，C所对应的三条边长度是a，b，c，则

$$\frac{a}{\sin A}=\frac{b}{\sin B}=\frac{c}{\sin C}。$$

定理 1.5（余弦定理） 设三角形$\triangle ABC$的角A，B，C所对应的三条边长度是a，b，c，则

$$c^2=a^2+b^2-2ab\cos C，a^2=b^2+c^2-2bc\cos A，b^2=a^2+c^2-2ac\cos B。$$

定理 1.6（勾股定理） 直角三角形的斜边长的平方等于两条直角边长的平方和，即：

$$勾^2+股^2=弦^2。$$

我们知道正余弦定理和勾股定理是三角形的非常重要的性质。从形式上讲它们非常简洁优美，但是更重要的是它们也非常有用！勾股定理证明方法如此之多也让人叹为观止。

定理 1.7（费马小定理） 对于任何与p互素的整数n，有$n^{p-1}\equiv 1\pmod p$。

如果两个整数a，b被c除余数相同，称这两个数模c同余，记作$a\equiv b\pmod c$。费马小定理是初等数论四大定理（威尔逊定理，数论中的欧拉定理，中国剩余定理，费马小定理）之一，在初等数论中有着非常广泛和重要的应用。有关同余理论读者可以参考第 11 讲。例如，可以用它来计算下面的问题：试求 250 被 7 除的余数。根据费马小定理有

$$2^{50}\equiv(2^6)^8\cdot 2^2\pmod 7\equiv(1)^8\cdot 2^2\pmod 7\equiv 4\pmod 7。$$

值得注意的是费马小定理是下面欧拉定理的特殊形式：

定理 1.8（欧拉定理） 设$p\in\mathbf{N}^*$，$n\in\mathbf{N}^*$，$(n,p)=1$，则$n^{\varphi(p)}\equiv 1\pmod p$。

欧拉定理中$\varphi(p)$表示大于 0 不大于p且与p互素的整数的个数。很显然，当p是素数时，$\varphi(p)=p-1$，此时的欧拉定理就是费马小定理。从形式上看费马小定理和欧拉定理非常简洁，但内涵深刻，意义重大。

4. 对称美

生活中对称的东西常常给人以美感，在数学中有很多内容也具有对称美。例如，人体大致上是轴对称的。几何图形中的圆、球、正三角形、正三棱锥、正方形、正方体都

具有对称美，因此它们常常成为建筑和其他设计元素；其他如对称图形、对称多项式、对称矩阵、对称变换都具对称美。另外，在有关对偶命题、逆命题、逆运算、逆元的讨论中也无不显现着对称美。请读者参考第 6 讲，了解关于对称美的详细论述。

5. 统一美

数学的统一美也叫秩序美，是指数学内容的和谐、匀称、秩序和统一。由于自然界通过力的作用而统一有序地发展着，因而反映物质世界客观规律的数学也必然表示出一定的统一美。

两千多年以来，只有一种几何学——称之为“欧氏几何”，这是为了纪念欧几里得对几何学的贡献。因为它被认为是从物质世界抽象出来的真理所组成，所以被认为是唯一可能的几何学。但是欧氏几何存在着一个明显的缺陷：这种几何学其中的一个公设不像其他公设一样不言而喻。因此，数学家们试图把它作为一个命题（定理），用其余的公设推导出来。几个世纪以来，包括约翰·沃利斯（John Wallis）和埃德里安娜－玛丽·勒让德（Adrien-Marie Legendre）在内的许多人都企图这样做，但都无济于事。在 19 世纪初期，两位年轻的、鲜为人知的匈牙利数学家亚诺斯·鲍耶（Janos Bolyai）和俄罗斯数学家尼古拉·罗巴切夫斯基（Nikolai Lobachevsky）敢于独立地建立一种新几何，它不同于欧氏几何，但在数学上同样有效的几何——“非欧几何”，这种几何基于用另外公设替代欧氏几何中的第五公设，由此拉开了几何学研究的新的序幕①。必须抛弃几何代表着物理空间真理的观念。那么什么是几何学呢？它是各种“几何”的集合——欧氏几何、双曲几何、椭圆几何、射影几何、微分几何、代数几何、逆几何等。每一种几何都是一个独立的数学理论，都是基于它自己的一组假设（公理）而推导（证明）出来的逻辑结果（定理）。1872 年，菲利克斯·克莱因（Felix Klein）提出了爱尔兰根纲领（Erlanger Program），利用群论建立了完全不同的研究几何的方法②。爱尔兰根纲领是指《关于现代几何学研究的比较考察—— 1872 年在爱尔兰根大学评议会及哲学院开学典礼上提出的纲要》。在纲领中，克莱因认为每一种几何学都对应一个变换群，几何学所要做的就是研究某种变换群下的几何不变量。按照这个观点，研究几何图形，其实就是研究图形在某种变换群下的那些不变的性质和量及保持这些性质不变的变换。这种以变换群为工具讨论几何学的思想，化静为动，将当时所有的几何学都统一了起来，并由此引领了其后 50 年间几何学家的研究方向，对数学的发展尤其是几何、群论的发展产生了

① 格兰特，克莱纳. 数学史上的转折点 [M]. 黄朝凌，孙艳琴，译. 北京：中国农业出版社，2019.

② KLINE M. Mathematical thought from ancient to modern times[M]. Oxford：Oxford University Press，1972.

深远影响，同时还对物理学尤其是狭义相对论产生了积极影响[①]。

笔者想用数学的另外一个例子来说明数学的统一之美，那就是解析几何的产生。解析几何是由勒内·笛卡儿（René Descartes）和皮埃尔·德·费马（Pierre de Fermat）于17世纪上半叶独立发明的。“解析几何”这个名词是西尔威斯特·弗朗索瓦·拉克鲁瓦（Sylvestre François Lacroix）于1792年创造的[②]。早期代数是研究数字和以它们为系数的代数式的代数运算理论和方法的数学分支，如数与代数式的运算、方程的解法、不等式的解法等，近代代数还研究代数对象的结构，如群、环、域、模、格及代数（狭义的代数）等的结构。几何是研究空间（常见的是二维和三维）几何图形或者几何体的结构及性质的一门学科。自欧几里得写就《几何原本》以来的两千多年里，欧氏几何是唯一的正统几何，代数与几何似乎没有太大的联系，直到解析几何的产生。解析几何是代数与几何最重要的结合——这种结合对后来的数学发展是非常有效的，使得18世纪数学的发展趋于统一。拉格朗日对此作了如下评论：“As long as algebra and geometry travelled separate paths，their advance was slow and their application limited。But when these two sciences joined company，they drew from each other fresh vitality and thenceforward marched at a rapid pace toward perfection.”[③]（只要代数和几何分道扬镳，它们的发展就会缓慢，它们的应用就会有限。但当这两种科学结合在一起时，它们彼此提供新鲜的活力，随之大步向前，臻于至善。）数学家凯斯·肯迪格（Keith Kendig，1938—）说道：“(Analytic geometry) gave our imagination ‘two ends’—an algebraic one and a geometric one; geometric insight could often be translated into an algebraic one，and vice versa[④].”（解析几何给了我们想象中的“两端”——代数端和几何端；几何洞察力往往可以转化为代数洞察力，反之亦然。）另外一位杰出数学家莫里斯·赫希（Morris Hirsch，1933—）更明确地说道：“If geometry lets us see what we are thinking about，algebra enables us to talk precisely about what we see，and above all to calculate。Moreover，it tends to organize our calculations and to conceptualize them; this，in turn，can lead to further geometrical construction and algebraic calculation.”[⑤]（如果说几何学能让我们看到我们所想到的，那么代数学就能让我们精确地说出我们所看到的。代数最重要的是计算。而且，它倾向于组织我们如何计算，并将其概念化；于是，这又可以导致进一步的几何构造和代数计算。）

① 张冬燕，刘缵武，孙铭娟.《高等数学》中的“爱尔兰根纲领”及其应用[J]. 大学数学，2013，29(5)：4.

② GRANT H，KLEINER I. Turning points in the history of mathematics[M]. New York：Birkhauser，2015.

③ KLINE M. Mathematical thought from ancient to modern times[M]. Oxford：Oxford University Press，1972.

④ KENDIG K M. Algebra，geometry，and algebraic geometry[J]. American mathematical monthly，1983，90：161-174.

⑤ HIRSCH M W. Review of linear algebra through geometry [J]. American mathematical monthly，1985，92：603-605.

解析几何——一座连接代数与几何的桥梁，也在形状与数量、数字与形式、分析与综合、离散与连续之间架起了一座座桥梁。因为正如 19 世纪所展现的那样，实数可以从整数开始严格地建立起来，也因为实数与数轴上的点一一对应是解析几何的基础，所以解析几何在连续和离散之间架起了一座桥梁。这种对应、这种张力，在数学的发展过程中是最有成效的。20 世纪上半叶，最重要的数学家之一的赫尔曼·外尔（Hermann Weyl）注意到这种对应“代表了人类空间直觉的感知和纯粹逻辑方式的构造之间的显著联系”①。在 20 世纪，这种桥梁的搭建变得极其重要，同时也给数学家们提供了强大的工具。例如，解析数论、微分拓扑、几何数论、代数拓扑、代数数论、微分几何和代数几何等学科，这些学科都是通过合并两个不同领域给每一个领域带来了新的力量。罗伯特·朗兰兹（Robert Langlands，1936—）于 20 世纪 60 年代在一系列深刻且深远的猜想中提出了一个宏伟蓝图——朗兰兹纲领，它涉及数学的许多领域，特别是数论、代数和分析②。

6. 奇异美

在数学发展过程中，有时会出现一些令人费解的，甚至是看似矛盾的结果。这些结果往往具有更高层次上的简单性、统一性，这种现象人们称之为奇异美，如欧氏几何与非欧几何之间看起来是矛盾的；连续统假设看起来也是让人费解的；达朗贝尔和欧拉之间发生过振弦之争，数学的逻辑主义、形式主义和直觉主义看似不可调和，但是在各自的系统中却有着各自的统一性。在各个不同的层次上，人们会欣赏到不同的数学美。

莫比乌斯带　一张长方形的纸片有 2 个面，4 条边。将它卷成一个圆柱形就变成了 2 个面和 2 条边。当然，这里需要界定面和边的本质特征。可以这样理解这里的面，在面的一边运动而不翻越边界能到达的地方都认为是同一个面。一张长方形的纸片能否将它变成一个面和一条边呢？这是可以办到的！拿一张长方形的纸条，然后把其中一端扭转 180°，再把两端粘贴在一起。这样得到的纸带只有一个面（单侧曲面），因为在面的任何一点开始运动，可以爬遍整个曲面而不必跨过它的边缘。这样所得到的纸带称之为莫比乌斯带，莫比乌斯带由德国数学家莫比乌斯和约翰·李斯丁于 1858 年发现。

莫比乌斯带的性质不仅是只有一个面，它还有许多奇妙的性质。把一个莫比乌斯带沿中线剪开，居然没有一分为二，而是变成了一个大环。将莫比乌斯带沿着三等分线剪开，会在剪完 2 个圈后又回到原点，形成一大一小相互套连的 2 个环，大环周长是原莫

① GARDINER A. Infinite processes：background to analysis[M]. Berlin：Springer-verlag，1982.

② GELBART S. An elementary introduction to the Langlands program[J]. American mathematical society，1984，10：177-219.

比乌斯带的2倍，小环周长与原莫比乌斯带相同。如果进一步实验，将莫比乌斯带沿4等分线剪开，会发现这样的现象：居然剪出了2个互相连接的纸环，展开2个纸环并拉直，可以看出2个纸环是一样长的。将莫比乌斯带沿5等分线剪开，则可以剪出3个互相链接的纸环，展开3个纸环并拉直，可以看出其中2个环一样长，另一个环长度是其他2个环的一半。将莫比乌斯带沿6等分线剪开，可以剪出3个互相链接的纸环，展开3个环可以看到，3个环一样长。莫比乌斯带有很好的应用，如动力机械的皮带可以做成莫比乌斯带的形状，因为这样皮带就不会只磨损一面了，另外航空发动机的叶片、工业用的电扇叶片及摩天轮的轨道等都是采用了莫比乌斯带形状的一部分。

7. 表达美

有时候数学是形式化了的逻辑语言，数学用简洁的符号语言表达深刻的规律。数学这种表达性展现出了强大的力量，揭示了数学乃至自然界的不同事物之间的联系与规律，也展示出了数学的美。下面以线性方程组为例来说明。n元线性方程组的理论是线性代数的基本内容之一，也是线性代数出现和发展的动机之一。线性方程组的一般形式为：

$$\begin{cases} a_{11}x_1+a_{12}x_2+\cdots+a_{1n}x_n=b_1, \\ a_{21}x_1+a_{22}x_2+\cdots+a_{2n}x_n=b_2, \\ \cdots \\ a_{m1}x_1+a_{m2}x_2+\cdots+a_{mn}x_n=b_m, \end{cases} \tag{1-19}$$

设

$$\boldsymbol{A}=\begin{pmatrix} a_{11} & a_{12} & \cdots & a_{1n} \\ a_{21} & a_{22} & \cdots & a_{2n} \\ \vdots & \vdots & & \vdots \\ a_{m1} & a_{m2} & \cdots & a_{mn} \end{pmatrix}, \quad \boldsymbol{x}=\begin{pmatrix} x_1 \\ x_2 \\ \vdots \\ x_n \end{pmatrix}, \quad \boldsymbol{\beta}=\begin{pmatrix} b_1 \\ b_2 \\ \vdots \\ b_m \end{pmatrix},$$

则线性方程组可以表示为$\boldsymbol{Ax}=\boldsymbol{\beta}$。于是有定理1.9。

定理1.9 当$m=n$且$\boldsymbol{A}$可逆时，线性方程组的解可以简单地表示为$\boldsymbol{x}=\boldsymbol{A}^{-1}\boldsymbol{\beta}$。

这深刻地揭示了矩阵与线性方程组解之间的密切联系。

设

$$\boldsymbol{\alpha}_1=\begin{pmatrix} a_{11} \\ a_{21} \\ \vdots \\ a_{m1} \end{pmatrix}, \quad \boldsymbol{\alpha}_2=\begin{pmatrix} a_{12} \\ a_{22} \\ \vdots \\ a_{m2} \end{pmatrix}, \quad \cdots, \quad \boldsymbol{\alpha}_n=\begin{pmatrix} a_{1n} \\ a_{2n} \\ \vdots \\ a_{mn} \end{pmatrix}, \quad \boldsymbol{\beta}=\begin{pmatrix} b_1 \\ b_2 \\ \vdots \\ b_m \end{pmatrix},$$

则线性方程组可以表示为 $\boldsymbol{\alpha}_1x_1+\boldsymbol{\alpha}_2x_2+\cdots\boldsymbol{\alpha}_nx_n=\boldsymbol{\beta}$。这样，就可以借助于向量讨论线性方程组，事实上，由此可以得到定理 1.10。

定理 1.10 线性方程组有解当且仅当 $\boldsymbol{\beta}$ 可以由 $\boldsymbol{\alpha}_1, \boldsymbol{\alpha}_2, \cdots, \boldsymbol{\alpha}_n$ 线性表示当且仅当 $r\{\boldsymbol{\alpha}_1, \boldsymbol{\alpha}_2, \cdots, \boldsymbol{\alpha}_n\}=r\{\boldsymbol{\alpha}_1, \boldsymbol{\alpha}_2, \cdots, \boldsymbol{\alpha}_n, \boldsymbol{\beta}\}$。

当然还可以采用更为简洁的方式来表示，有时候它也是非常有用的

$$\sum_{i=1}^{n}a_{ji}x_i=b_j, j=1, 2, \cdots, m。\tag{1-20}$$

8. 结构美

事物总是很复杂的，事物之间的复杂性有时候表现在事物之间千丝万缕的联系中，人类认识事物的一种有效方法就是摸索清楚事物之间的内在的和必然的联系。整数集合 $\mathbf{Z}$ 构成一个环，却不是一个域。而有理数的集合 $\mathbf{Q}$ 却是一个域。$\mathbf{Q}$ 中的每个元素都可以通过 $\mathbf{Z}$ 的元素来构造，即每个有理数都可以表示成 $\frac{q}{p}$，其中 p，$q\in\mathbf{Z}$，$p\neq0$，并且它包含 $\mathbf{Z}$（事实上是将 $\mathbf{Z}$ 中的每个元素 m 等同于 $\mathbf{Q}$ 中的元素 $m/1$），同时使得 $\mathbf{Z}$ 中的每个非零元素在 $\mathbf{Q}$ 中都有逆元。将这个过程一般化，就是下面的环的局部化。在代数学的各个分支中总是可以见到局部化的身影，它是重要的思想和方法。

设 R 是一个有单位元 1 的交换环。R 的一个集合 S 称为一个乘法闭子集，如果 $1\in S$，$0\notin S$ 且 S 在乘法运算下封闭。我们在 $R\times S$ 上定义关系 $\equiv$：

$$(a, s)\equiv(b, t)\Leftrightarrow(at-bs)u=0, u\in S。\tag{1-21}$$

容易证明关系 $\equiv$ 是一个等价关系。用 $\frac{a}{s}$ 表示 (a, s) 的等价类，并记

$$RS^{-1}=\left\{\frac{a}{s}\middle|a\in R, s\in S\right\},$$

定义

$$\frac{a}{s}+\frac{b}{t}=\frac{at+bs}{st}, \frac{a}{s}\frac{b}{t}=\frac{ab}{st},$$

容易检验上述定义与代表的选取无关，进而可以证明 RS^{-1} 是一个交换环，称之为 R 对于 S 的分式环。如果将 R 中的元素 a 等同于 RS^{-1} 中的元素 $\frac{a}{1}$，则 $R\subset RS^{-1}$，并且 S 中的元素 s 在 RS^{-1} 中有逆元 $\frac{1}{s}$。当 R 是整环，并且取 $S=R\backslash\{0\}$ 时，RS^{-1} 是一个域，称之为 R 的商域。上面讲到的有理数 $\mathbf{Q}$ 就是 $\mathbf{Z}$ 的商域。将上面的过程总结成如下定理 1.11。

定理 1.11 设 R 是一个交换环。ϑ：$R\to RS^{-1}$，$\vartheta(a)=\frac{a}{1}$ 是典范的环同态，则 (R, ϑ) 满足如下泛性质：对于任意的交换环 T 及环同态 f : $R\to T$ 满足对于任意的 $s\in S$，$f(s)$

可逆，存在唯一的环同态$\overline{f}$：$RS^{-1}\to T$使得$\overline{f}\vartheta=f$。

上面讨论了交换环的情形，运算的交换性质可以简化运算。对于非交换环是否也可以构造它的局部化？答案是肯定的，只是过程稍微复杂一些。

定义 1.1 设R是一个有单位元 1 的环。S是R的乘法闭子集。称S是右可置换的（Right Permutable），如果对于任意的$a\in R$，$s\in S$，$aS\cap sR\neq\varnothing$。称S是右可逆的（Right Reversible），如果对于任意的$a\in R$，如果$s'a=0$对于某个$s'\in S$成立，则存在某个$s\in S$使得$as=0$。称S是一个右分母集（Right Denominator Set），如果S既是右可置换的又是右可逆的。

设R是一个有单位元 1 的环，S是R的一个右分母集。我们在$R\times S$上定义关系≡：

$$(a,s)\equiv(a',s')\Leftrightarrow \text{存在 } b,\ b'\in R \text{ 满足 } sb=s'b'\in S,\ ab=a'b'\in R。$$

这里指出这个等价条件的目的是为了在通分时，如果分母$sb=s'b'\in S$相同，分子ab，$a'b'$也相同。值得注意的是尽管$sb=s'b'\in S$，但b，b'不一定属于S。容易证明关系≡是一个等价关系。用$\frac{a}{s}$表示a，s的等价类，并记

$$RS^{-1}=\left\{\frac{a}{s}\middle|a\in R,s\in S\right\}。$$

设

$$\frac{a_1}{s_1},\ \frac{a_2}{s_2}\in RS^{-1}。$$

由于$s_1S\cap s_2R\neq\varnothing$，故可取$r\in R$，$s\in S$使得$s_2r=s_1s\in S$。进一步地有

$$\frac{a_1}{s_1}=\frac{a_1s}{s_1s},\ \frac{a_2}{s_2}=\frac{a_2r}{s_2r},$$

定义

$$\frac{a_1}{s_1}+\frac{a_2}{s_2}=\frac{a_1s+a_2r}{t},$$

其中，$t=s_2r=s_1s\in S$。由于$s_1R\cap a_2S\neq\varnothing$，取$r'\in R$，$s'\in S$使得$s_1r'=a_2s'$。定义

$$\frac{a_1}{s_1}\frac{a_2}{s_2}=\frac{a_1r'}{s_2s'}。$$

容易检验上述定义的两种运算是合理的，且RS^{-1}对于这两种运算构成一个环。零元为$\frac{0}{1}$，单位元为$\frac{1}{1}$；$s\in S$的逆元为$\frac{1}{s}$。类似于交换环的情形，我们有下面的定理。

定理 1.12 设R是一个含有单位元 1 的环，S是R的一个右分母集。

$$\vartheta\text{：}R\to RS^{-1},\vartheta(a)=\frac{a}{1},$$

是典范的环同态，则 (R, ϑ) 满足如下泛性质：对于任意的交换环 T 及环同态 $f: R\to T$ 满足对于任意的 $s\in S$，$f(s)$ 可逆，存在唯一的环同态 $\overline{f}$：$RS^{-1}\to T$ 使得 $\overline{f}\vartheta=f$。

9. 抽象美

有人认为现代数学的三大显著特征是符号化、公理化和形式化，而这 3 个特征无一不体现了数学的抽象化，而正因为数学的高度抽象化，才使得数学的真理放之四海而皆准。毋庸置疑，集合是现代数学的基础，集合与映射被认为是现代数学的两大基石。集合论的创始人与集大成者是康托尔。集合论的理论是非常艰深难懂的，但是在数学的许多分支中，它起到了非常重要的基础性的作用。在集合论中有一个非常有用，看似正确，却也无法由集合论其他通常公理推导出来，并且与其他公理是相容的公理，称之为选择公理，以此来说明数学的抽象之美。

选择公理 1 由一些非空集合所构成的集族，如果其下标集合是非空的，则它们的积集非空，即，如果 $I\neq\varnothing$，$\{A_i|A_i\neq\varnothing, i\in I\}$ 是一个集族，则 $\prod\limits_{i\in I}A_i\neq\varnothing$。

下面阐述几个与选择公理等价的描述。

定义 1.2 一个非空集合 A 上的一个关系 $\leqslant$ 称为是一个偏序，如果它满足：

(1) $\forall x\in A$，$x\leqslant x$（自反性）；

(2) $\forall x, y, z\in A$，$x\leqslant y$，$y\leqslant z\Rightarrow x\leqslant z$（传递性）；

(3) $\forall x, y\in A$，$x\leqslant y$，$y\leqslant x\Rightarrow x=y$（反对称性）。

此时称 $(A, \leqslant)$ 是一个偏序集。

定义 1.3 一个非空集合 A 上的一个偏序关系 $\leqslant$ 称为一个全序，并且满足：$\forall x$，$y\in A$，则 $x\leqslant y$，$y\leqslant x$ 必有一个成立。

例 1.1 (1) 整数集合、有理数集合或者实数集合对于数的大小关系 $\leqslant$ 是一个全序；

(2) 正整数对于整除关系构成一个偏序，但不是全序；

(3) 一个非空集合 A，A 的所有子集构成的集合 2^A 对于包含关系构成一个偏序。

定义 1.4 (1) 设 $(A, \leqslant)$ 是一个偏序集。A 的非空子集 B 的上界是指元素 $d\in A$ 使得 $\forall b\in B$，有 $b\leqslant d$。

(2) 设 $(A, \leqslant)$ 是一个偏序集。如果 A 的一个非空子集 $(B, \leqslant)$ 是全序，则称 B 是 A 的链。

(3) 设 $(A, \leqslant)$ 是一个偏序集。$a\in A$ 叫作 A 的极大元，如果 $\forall c\in A$，$a\leqslant c\Rightarrow a=c$。

Zorn 引理 设 $(A, \leqslant)$ 是一个非空偏序集。如果 A 中的每个链均有上界，则 A 必定包含有极大元。

定义 1.5 （1）设 $(A, \leqslant)$ 是一个偏序集。B 是 A 的非空子集。$c \in B$ 叫作 B 的最小元，如果对于 $\forall\, b \in B$，均有 $c \leqslant b$。

（2）设 $(A, \leqslant)$ 是一个偏序集。如果 A 每一个非空子集都有最小元，则称 A 是一个良序集。

良序原则 如果 A 是一个非空集合，则 A 一定有一个全序 $\leqslant$，使得 $(A, \leqslant)$ 是一个良序集。

定义 1.6 设 A 是一个集合。记 $\widetilde{A}$ 为 A 中的所有非空集合构成的集族。如果一个映射 ε：$\widetilde{A} \to A$ 满足条件：对于任意的 $X \in \widetilde{A}$，有 $\varepsilon(X) \in X$，则称这个映射是 A 的选择函数。

选择公理 2 任何一个集合都有选择函数。

定理 1.13 设在其他集合公理都成立的条件下，则以下几条是等价的：

（1）选择公理 1 成立；

（2）Zorn 引理成立；

（3）良序原则成立；

（4）选择公理 2 成立；

（5）设 Ω 是一个由非空集合构成的族，则存在一个映射 v：$\Omega \to \bigcup\limits_{A \in \Omega} A$ 使得对于任何一个 $A \in \Omega$，有 $v(A) \in A$；

（6）Zermelo 假定成立，即设 Ω 是一个由非空集合构成的族，并且 Ω 中的任意两个元素无交，则存在集合 C 使得对于每一个集合 $A \in \Omega$，$C \cap A$ 是一个单点集。

上面描述的 6 个论述从表面上看差别非常大，但是让人意想不到的是它们本质上却是一致的。选择公理意义重大，应用广泛，充分体现出了数学的抽象之美。

10. 有用美

毫无疑问，数学是非常有用的。下面将列举数学的 2 种非常有用的方法：反证法和数学归纳法，说明数学的有用美。

反证法是一种重要的间接论证方法，是通过断定与论题相矛盾的判断的虚假来确定原论题的真实性的论证方法，也就是说肯定题设而否定结论，经过逻辑推理导出矛盾，从而得到原命题的真实性。

例 1.2 证明 $\sqrt{3}$ 是无理数。

证明 反证法。假设 $\sqrt{3}$ 是有理数，设 $\sqrt{3} = \dfrac{n}{m}$，n，$m \in \mathbf{Z}$，$m \neq 0$，$(n, m) = 1$，于是 $3m^2 = n^2$，$3 \mid n^2$。由于 3 是素数，故 $3 \mid n$，设 $n = 3n_1$，则 $3m^2 = 9n_1^2$，$3 \mid m^2$，所以 $3 \mid m$。于是 3 是 n，m 的公约数，这与 $(n, m) = 1$ 矛盾，所以 $\sqrt{3}$ 是无理数。

同样，使用反证法可以证明 e 是无理数，只不过需要比较高深一点的数学知识，详细过程可以参考第 14 章高斯与数列。事实上反证法证明命题的方法是非常常见的，如在下面我们证明归纳法原理就是使用反证法。

我们知道自然数列 1, 2, 3, …是一个无穷数列。如果一个命题是与自然数有关，那么该如何证明这样的命题呢？尽管自然数是无穷的，但是有一个基本的规律就是，人们知道第 n 个自然数的后面是 $n+1$，如果能从涉及第 n 个自然数的命题的正确性出发，推导出涉及第 $n+1$ 个自然数的命题的正确性的话，从逻辑上似乎可以断定整个命题的正确性。例如，命题“一个 $n+2$ 边凸多边形的内角和是 $180°\times n$”，我们很容易知道当 $n=1$ 时，一个三角形的内角和是 $180°\times 1$；而当 $n=2$ 时，一个四边形的内角和是 $180°\times 2$。怎么来的？只需要将四边形添加一条对角线使得它成为 2 个三角形。那问题来了，对于一个 $n+2$ 边的凸多边形，是不是可以划分成 n 个三角形？于是可以证明命题“一个 $n+2$ 边的凸多边形的内角和是 $180°\times n$。”一个命题 P 与所有自然数有关，事实上它包含了无限多个命题：P_1，P_2，P_3，…。很容易检验当 n 是确定的数的情形。但是它是无限多个，无法一一检验。如果能在假设命题 P_n 成立（n 是给定的），推导出 P_{n+1} 成立的话，就可以断定整个命题 P 成立。

容易观察到自然数集合 $\mathbf{N}$ 的每个非空子集 S 均包含极小元素（即元素 $b\in S$，使得对每个 $c\in S$，$b\leqslant c$）。

定理 1.14（第一数学归纳法） 如果 S 是自然数集合 $\mathbf{N}$ 的一个子集合，$0\in S$，$\forall n\in S\Rightarrow n+1\in S$，则 $S=\mathbf{N}$。

（第二数学归纳法） 如果 S 是自然数集合 $\mathbf{N}$ 的一个子集合，$0\in S$，$\forall m\in S(m=0, 1, \cdots, n-1)\Rightarrow n\in S$，则 $S=\mathbf{N}$。

证明 如果 $\mathbf{N}-S\neq\varnothing$，设 n 是 $\mathrm{N}-S$ 的极小元素，那么对于每个 $m<n$，有 $m\in S$，不管是第一数学归纳法，还是第二数学归纳法，根据它们的假设，都可以推导出 $n\in S$，这样得到一个矛盾。从而 $\mathbf{N}-S=\varnothing$，$S=\mathbf{N}$。

使用归纳法证明数学命题的例子比比皆是。这里笔者想指出怀尔斯利用数学归纳法证明无穷多个椭圆曲线和无穷多个模形式之间的关系，从而成功地证明了困扰人类长达 358 年的费马最后猜想的例子来说明数学归纳法的神奇力量[①]，读者也可以参考第 12 讲费马最后猜想与代数数论。

① 周明儒．费马大定理的证明与启示 [M]. 北京：高等教育出版社，2007.

定理 1.15（超限归纳法） 设 $(A, \leqslant)$ 是一个良序集。B 是 A 的子集合，并且对于每个 $a \in A$ 均有 $\{c \in A | c < a\} \subset B \Rightarrow a \in B$，则 $B = A$。

证明 假设 $A - B \neq \varnothing$，则存在最小元 $a \in A - B$。由最小元的定义知道

$$\{c \in A | c < a\} \subset B,$$

再由假设推出 $a \in B$，但是 $a \in A - B$，即 $a \notin B$，这样得出一个矛盾。因此，$A - B = \varnothing$，即 $B = A$。得证。

11. 猜想美

科学之所以引无数科学家竞折腰，就在于客观世界所展现出来的令人着迷的未知性。同样地，数学世界也向世人展现出了它那令人神往的未知性，数学猜想是数学家们在探索数学知识过程中对数学规律的一种超前预见，显示了伟大数学先贤们的真知灼见。有的数学猜想经过无数数学家的不懈努力得以证明，从而成为定理，深深地影响了数学，甚至影响着人类的文明进程。有的数学猜想虽然经过无数人的挑战仍然没有解决，静待天才折桂！读者或许听说过费马猜想、四色猜想、庞加莱猜想，这些猜想经过天才们的努力已经得到证明；或许读者听说过黎曼猜想、哥德巴赫猜想，这些猜想至今不曾解决；或许读者听说过费马数猜想、欧拉猜想、高斯猜想，这些猜想已经被证明是错误的；或许一些读者并没有听说过有限维数猜想、同调维数猜想、Cartan 多项式猜想、Auslander–Reiten 猜想、Nakayama 猜想等，因为这些猜想比较小众，涉及更为艰深和狭窄的数学分支。在这里笔者列举几个著名的数学猜想供读者欣赏。

欧拉猜想 对每个大于 2 的整数 n，任何 $n-1$ 个正整数的 n 次幂的和都不是某正整数的 n 次幂，也就是说不定方程

$$\sum_{i=1}^{n-1} a_i^n = b^n,\ n > 2,$$

无正整数解。

1911 年，Norrie 提出一个反例，从而证明猜想是错误的。值得一提的是，1966 年美国一名中学生利用计算机技术直接搜索也找到一个反例，如图 1–6 所示。

COUNTEREXAMPLE TO EULER'S CONJECTURE ON SUMS OF LIKE POWERS

BY L. J. LANDER AND T. R. PARKIN

Communicated by J. D. Swift, June 27, 1966

A direct search on the CDC 6600 yielded

$$27^5 + 84^5 + 110^5 + 133^5 = 144^5$$

as the smallest instance in which four fifth powers sum to a fifth power. This is a counterexample to a conjecture by Euler [1] that at least n nth powers are required to sum to an nth power, $n > 2$.

REFERENCE

1. L. E. Dickson, *History of the theory of numbers*, Vol. 2, Chelsea, New York, 1952, p. 648.

图 1-6　欧拉猜想的反例

以下是寻找上述方程不超过 1000 的解的 C++ 程序，其运行时间是相当可观的。

```
#include<iostream>
#include<cmath>
#include<fstream>
usin g namespace std;
int main(){
    ifstream fin("data.txt");
    ofstream fout("data.txt");
    int a，b，c，d，e，cnt=0;
    for(a=1； a<1000； a++){
      for(b=1； b<1000； b++){
        for(c=1； c<1000； c++){
          for(d=1； d<1000； d++){
            for(e=1； e<1000； e++){
              cout<<a<<' '<<b<<' '<<c<<' '<<d<<'='<<e;
              if(pow(a，5)+pow(b，5)+pow(c，5)+pow(d，5)==pow(e，5)){
                cout<<' '<<"\\aOK"<<endl;
                fout<<a<<' '<<b<<' '<<c<<' '<<d<<'='<<e<<endl;
                cnt++;
              }else{
                cout<<' '<<"NO"<<endl;
              }
```

```
                }
              }
            }
          }
        }
    cout<<cnt<<endl;
    return 0;
}
```

昂利·庞加莱是法国数学家，1854 年 4 月 29 日出生于南锡，1912 年 7 月 17 日卒于巴黎。庞加莱是公认的 19 世纪后半叶和 20 世纪初的领袖数学家，是对于数学和它的应用具有全面知识的最后一个人。罗素认为 19 世纪初法国最伟大的人物就是庞加莱。曾在函数论、数论、微分方程、泛函分析、微分几何、集合论、数学基础等领域做出过杰出贡献的法国数学家阿达马认为庞加莱改变了数学科学的整体状况，在一切方向上打开了新的道路。

庞加莱猜想 任一单连通的、封闭的三维流形与三维球面同胚。

值得注意的是，S.Smale① 指出："Poincaré states his famous problem，but not as a conjecture. The traditional description of the problem as 'Poincaré Conjecture' is inaccutate." 但是既然这是一个传统，同时目前该猜想已经完全地得以证明是正确的，仍然使用庞加莱猜想这个说法。如何理解庞加莱猜想及其重要意义呢？首先需要理解几个关键的概念。

流形是现代数学的一个非常重要的概念。流形在数学上的确切定义涉及豪斯多夫空间、开领域及同胚的概念，这里不详细地叙述了。正如曲线的运动形成曲面一样，n 维流形是把无限多个 $n-1$ 维流形按照一维流形方式放在一起而形成的。所以，流形是局部看起来一样但整体差异很大的结构。曲线是一维流形，典型例子是单位圆弧 S^1：$x^2+y^2=1$。曲面是二维流形，而二维流形典型的例子是单位球面 S^2：$x^2+y^2+z^2=1$ 和轮胎面 T^2。我们可以这样来理解二维流形，好比一个轮胎破了一个洞，我们给它打上一个补丁，即二维圆盘，二维流形就是有无数个二维圆盘作为补丁黏合而成的。当流形的每个局部是三维圆盘，四维圆盘的时候得到的就是三维流形和四维流形了，以此类推。

研究流形主要是研究它的性质，而拓扑学是研究流形的拓扑性质，所谓拓扑性质是

① SMALE S. The story of the higher dimensional Poincar é conjecture (what actually happened on the beaches of rio) [J]. The mathematical intelligencer，1990，12(2)：44–51.

指连续变形之下不变的性质[①]。例如，在球面上，任何一条封闭的曲线都可以连续地收缩为一个点，这就是球面的一个拓扑性质，称之为单连通性。显然球面具有单连通性，而环面不具有单连通性。可以这样理解单连通性：在苹果表面围绕着一个带一个洞的橡皮带，那么可以既不扯断它，也不让它离开表面，使它慢慢移动收缩为一个点；另一方面，如果橡皮带被箍在轮胎面上，那么不扯断橡皮带或者轮胎面，是没有办法把它收缩到一点的。于是苹果表面是“单连通的”，而轮胎面不是。

对于流形，另外一个概念就是封闭性。圆 S^1：$x^2+y^2=1$ 是一维闭流形，球面 S^2：$x^2+y^2+z^2=1$ 和轮胎面 T^2 是二维闭流形，三维球面 S^3：$x^2+y^2+z^2+w^2=1$ 是三维闭流形。

在拓扑学中，同胚是 2 个拓扑空间之间的双连续函数。同胚可以理解成拓扑空间范畴中的同构；也就是说，它们是保持给定空间的所有拓扑性质的映射。如果 2 个空间之间存在同胚，那么这 2 个空间就称为同胚的，从拓扑学的观点来看，两个空间是相同的。圆、三角形、椭圆、纽结等都是一维同胚的流形。拓扑学的基本问题就是按着同胚对 n 维流形进行分类[②]。

有了上面的准备，庞加莱猜想可以形象地理解为：每一个没有破洞的封闭三维物体，都同胚于三维的球面。事实上，最开始的时候，庞加莱猜想是如下的形式：**如果每个闭 n 维流形与 n 维球面具有相同的同伦型，则同胚于 S^n**。1960 年，斯梅尔等证明了五维及以上的庞加莱猜想；1982 年，美国数学家费里德曼与英国数学家唐纳森证明了四维庞加莱猜想[③]。直到2003年，俄罗斯数学家佩雷尔曼提出了解决三维庞加莱猜想的要领。运用汉密尔顿、佩雷尔曼的理论，朱熹平和曹怀东第一次成功处理了猜想中“奇异点”的难题，发表了 300 多页的论文，给出了庞加莱猜想的完全证明。世界著名华人数学家丘成桐指出：这一证明意义重大，将有助于人类更好地研究三维空间，对物理学和工程学都将产生深远的影响。该猜想是一个属于代数拓扑学中带有基本意义的命题，对“庞加莱猜想”的证明及其带来的后果将会加深数学家对流形性质的认识，甚至会对人们用数学语言描述宇宙空间产生影响。

哥德巴赫是德国一位中学教师，也是一位著名的数学家，生于 1690 年，1725 年当选为俄国彼得堡科学院院士。1742 年，哥德巴赫在教学中发现，每个不小于 6 的偶数都是两个素数（只能被 1 和它本身整除的数）之和。例如，6=3+3，12=5+7 等。于是就有了下面的哥德巴赫猜想。

① 胡作玄 . 庞加莱猜想 100 年 [J]. 科学文化评论，2004，1(3)：86–98.

② 同①。

③ 同①。

哥德巴赫猜想 (1)任何一个≥6的偶数，都可以表示成两个奇素数之和。

(2)任何一个≥9的奇数，都可以表示成三个奇素数之和。

实际上第一个问题的正确性可以推出第二个问题的正确性，因为每个大于7的奇数显然可以表示为一个大于4的偶数与3的和。1937年，苏联数学家维诺格拉多夫利用他独创的“三角和”方法证明了每个充分大的奇数可以表示为3个奇素数之和，基本上解决了第二个问题。但是第一个问题至今仍未解决。

有人对33×108以内且大过6的偶数一一进行验算，哥德巴赫猜想(1)都成立。200多年过去了，没有人能够给出严格的数学证明或者否定它。哥德巴赫猜想由此成为数学皇冠上一颗璀璨的“明珠”。

1920年，挪威数学家布朗用筛选法，得到一个结论：每一个比较大的偶数都可以表示为九个素数的积加上九个素数的积，简称“9+9”，这种方法得到数学家们的认可。1924年，德国的拉特马赫证明了“7+7”。1932年，英国的埃斯特曼证明了“6+6”。1957年，我国数学家王元证明了“3+4”，随后，他又证明了“3+3”和“2+3”。1962年，中国的潘承洞和苏联的巴尔巴恩证明了“1+5”，随后王元证明了“1+4”。1965年，苏联的布赫夕太勃和小维诺格拉多夫及意大利的朋比利证明了“1+3”。1966年，我国数学家陈景润证明了“1+2”。时至今日，哥德巴赫猜想仍然没有被证明的迹象，于是有数学家认为，要想证明“1+1”，必须创造新的数学方法，以往的路很可能是走不通的。

黎曼假设

大约在1730年，欧拉在研究调和级数$\sum_{n=1}^{+\infty}\frac{1}{n}$时惊奇地发现，这种级数与素数有关，即：

$$\sum_{n=1}^{+\infty}\frac{1}{n}=\left(1+\frac{1}{2}+\frac{1}{2^2}+\cdots\right)\left(1+\frac{1}{3}+\frac{1}{3^2}+\cdots\right)\left(1+\frac{1}{5}+\frac{1}{5^2}+\cdots\right)\cdots=\prod_{p\text{是素数}}\left(1-\frac{1}{p}\right)^{-1}。\tag{1-22}$$

虽然调和级数发散，但只要稍加改变，便可使其收敛。事实上仅需将级数中的n变成$n^s(s>1)$即可。这样就定义了一个以s为自变量的实值函数，称之为ζ函数

$$\zeta(s)=\sum_{n=1}^{+\infty}\frac{1}{n^s}=\prod_{p\text{是素数}}\left(1-\frac{1}{p^s}\right)^{-1}。\tag{1-23}$$

黎曼首先将ζ函数的定义域从实数扩大到复数

$$\zeta(s)=\sum_{n=1}^{+\infty}\frac{1}{n^s}=\prod_{p\text{是素数}}\left(1-\frac{1}{p^s}\right)^{-1},$$

其中，$s=\sigma+\tau\mathrm{i}$ 是复数，且实部分大于 1，即 $\mathrm{Re}(s)=\sigma>1$。黎曼还证明 ζ 函数可以解析开拓到整个复平面上，使其成为一亚纯函数

$$\zeta(s)=\frac{\Gamma(1-s)}{2\pi\mathrm{i}}\int_C\frac{(-z)^s}{\mathrm{e}^z-1}\frac{\mathrm{d}z}{z}。\tag{1-24}$$

进一步地可以证明

$$\zeta(s)=2^s\pi^{s-1}\sin\frac{\pi s}{2}\Gamma(1-s)\zeta(1-s)。\tag{1-25}$$

由此可算出：当 s 取 $-2, -4, -6, \cdots$ 时 $\zeta(s)=0$，而当 s 取 $-1, -3, -5, \cdots$ 时，$\zeta(s)$ 是非零有理数。黎曼进而研究了 ζ 函数的零点分布，他发现 $\zeta(s)=0$ 实际上只有 2 种情况：平凡零点（全体负偶数）和非平凡零点（或复零点）只出现在 s 的实部介于大于 0 小于 1 的矩形区域中，且有无穷多个。黎曼在对 $\zeta(s)=0$ 对前几个非平凡零点的分析计算之后，惊奇地发现它们都落在 $\sigma=\frac{1}{2}$ 这条垂直的直线上。因此，他进而猜测 $\zeta(s)=0$ 的所有非平凡零点都在直线 $\sigma=\frac{1}{2}$ 上。这就是闻名于世的黎曼假设。由于黎曼假设与黎曼 ζ 函数的零点分布有关，而 ζ 函数的零点分布又与素数在正整数中的分布有关，素数的分布又与许多数学问题甚至与计算机科学、密码学中的问题有关。这一环扣一环的关系，使得研究黎曼假设成了当今世界数学界甚至计算机科学界的一项刻不容缓的任务[①]。

① 颜松远. 素数与零点：黎曼假设研究概况 [J]. 科学（上海），2004，56(6)：9–13.

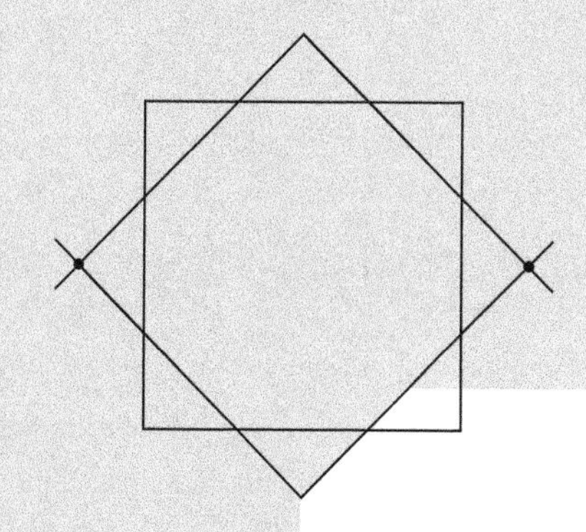

Analysis would lose immensely in beauty and balance and would be forced to add very hampering restrictions to truths which would hold generally otherwise, if imaginary quantities were to be neglected.

— Johann Carl Friedrich Gauss

如果虚数被忽略的话，分析将会极大地失去美感和平衡感，并且会被迫对真理增加诸多限制，以至于真理不再成立。

——约翰·卡尔·弗里德里希·高斯

第二讲 欧拉公式

想必读者有意或者无意听过或见过等式 $e^{i\pi}+1=0$，它被誉为世界上最美的公式。正印证了老子的至理名言“万物之始，大道至简，衍化至繁”，从形式上讲，等式 $e^{i\pi}+1=0$ 仅仅包含了数学中最简单的 7 个形式：0，1，i，π，e，+ 和 =，但却将复杂的无理数、虚数单位等联系在一起，隐含了复杂的数学规律。

与之相关的、更广的是欧拉公式 $e^{i\pi}=\cos x+i\sin x$，因为当取 $x=\pi$ 时，就可以由这个公式得到等式 $e^{i\pi}+1=0$。

1988 年，数学杂志 *The Mathematical Intelligencer* 举办了一个民意调查，列出 24 个定理公式，由参加者选出最优美的公式，结果欧拉公式获得第一名，因此它被誉为数学上最美的定理（the Most Beautiful Theorem in Mathematics）①。斯坦福大学数学家基思·德夫林曾经说过：“就像一首能够捕捉爱情本质的莎士比亚的十四行诗，或像一幅能够将人类形态之美淋漓尽致地展现的绘画一样，欧拉方程到达存在的最深处。（Like a Shakespearian sonnet that captures the very essence of love，or a painting that brings out the beauty of the human form that is far more than just skin deep，Euler's equation reaches down into the very depths of existence.）”为了纪念欧拉对欧拉公式的贡献，瑞士发行了印有欧拉头像与欧拉公式的邮票（图 2–1）。

① WILSON R. Euler's pioneering equation[M]. Oxford：Oxford University Press，2018.

图 2-1　瑞士邮票上的欧拉头像与欧拉公式

欧拉公式 $e^{ix}=\cos x+i\sin x$ 涉及 3 个函数——指数函数 e^x 和三角函数 $\sin x$ 与 $\cos x$。在实数范围内：e^x，$\sin x$ 和 $\cos x$ 的图象如图 2-2 所示，它们的性质是读者熟知的内容。

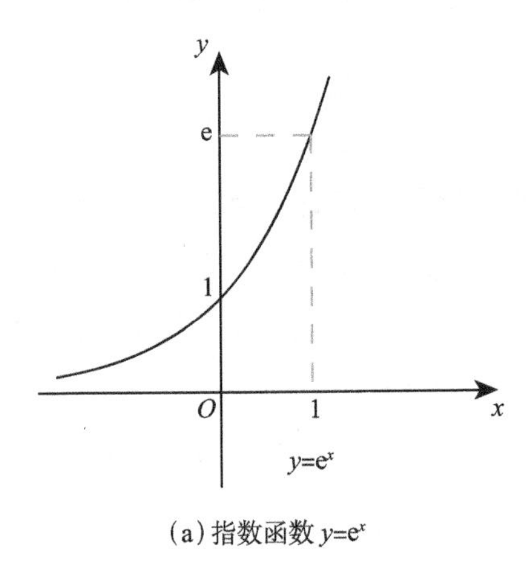

(a) 指数函数 $y=e^x$

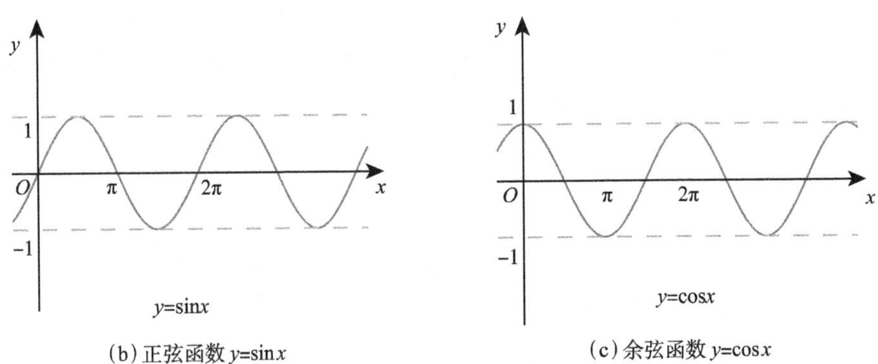

(b) 正弦函数 $y=\sin x$　　(c) 余弦函数 $y=\cos x$

图 2-2　指数函数和三角函数的图象

它们的性质相对比较简单，但是差异是巨大的。$y=e^x$ 是一个在整个实数域上单调递增趋于 $+\infty$ 函数值大于 0 的凹函数，但是 $y=\sin x$ 和 $y=\cos x$ 却是在整个实数域上有界的周期函数。那么差异如此巨大的函数为什么会联系在一起呢？那是因为作为复变函数，$y=e^x$ 的图形就不一样了（图 2-3）。

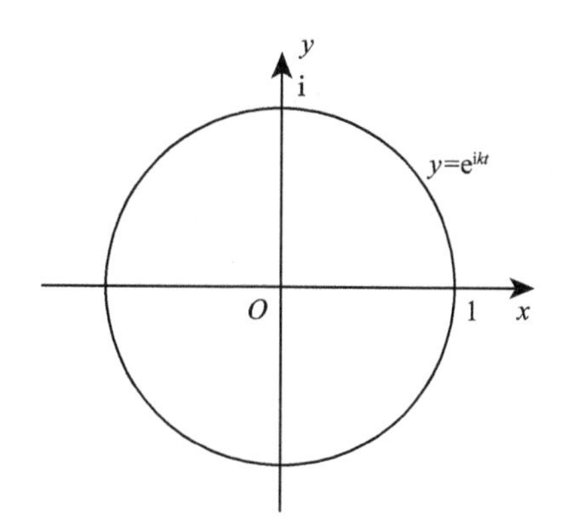

图 2-3　$y=e^x$ 的复平面图形

下面首先给出欧拉发现欧拉公式的过程。通过归纳法，容易推出公式

$$\cos nx \pm i\sin nx = (\cos x \pm i\sin x)^n, \tag{2-1}$$

于是

$$\cos nx = \frac{1}{2}[(\cos x + i\sin x)^n + (\cos x - i\sin x)^n], \tag{2-2}$$

$$\sin nx = \frac{1}{2i}[(\cos x + i\sin x)^n - (\cos x - i\sin x)^n]。 \tag{2-3}$$

让 x 无限小，n 无限大，而 $nx=v$ 是有限值，于是 $\sin x = x = \frac{v}{n}$，$\cos x=1$，这样就得到

$$\cos v = \frac{1}{2}\left[\left(1+\frac{iv}{n}\right)^n + \left(1-\frac{iv}{n}\right)^n\right],\ \sin v = \frac{1}{2i}\left[\left(1+\frac{iv}{n}\right)^n - \left(1-\frac{iv}{n}\right)^n\right]。 \tag{2-4}$$

欧拉让 n 无限大，对于任意的 z，$\left(1+\frac{z}{n}\right)^n$ 可以由 e^z 来替代，于是 $\left(1\pm\frac{iv}{n}\right)^n$ 可以由 $e^{\pm iv}$ 来替代。所以，

$$\cos v = \frac{1}{2}(e^{iv}+e^{-iv}),\ \sin v = \frac{1}{2i}(e^{iv}-e^{-iv})。$$

从上面 2 个式子中解出 e^{iv} 得到

$$e^{iv} = \cos v + i\sin v。$$

上面的过程是不够严谨的，如何保证 x 无限小，n 无限大，而 $nx=v$ 是有限值？对于任意的 z，用 e^z 来替代 $\left(1+\frac{z}{n}\right)^n$ 也是不严谨的。下面从复变量的级数理论推导出这个公式。

设有复数项级数 $u_1+u_2+u_3+\cdots$，如果设 $u_n=a_n+ib_n\,(n=1, 2, 3, \cdots)$，其中所有 a_n，

b_n都是实数，则级数变为$(a_1+\mathrm{i}b_1)+(a_2+\mathrm{i}b_2)+(a_3+\mathrm{i}b_3)+\cdots$。设$S_n$是这个级数的前$n$项和，$R_n=\sum_{i=1}^{n}a_i$，$I_n=\sum_{i=1}^{n}b_i$，则$S_n=R_n+\mathrm{i}I_n$。如果$\lim_{n\to+\infty}R_n$和$\lim_{n\to+\infty}I_n$存在，称级数$\sum u_n$收敛。若级数$|u_1|+|u_2|+|u_3|+\cdots$收敛，则级数$\sum u_n$一定收敛，此时称级数$\sum u_n$绝对收敛。若函数项级数$u_0+u_1z+u_2z^2+u_3z^3+\cdots$的系数是复数，$z$是复变量，称该级数是复数项幂级数。如果对于$z=z_0$，幂级数$u_0+u_1z+u_2z^2+u_3z^3+\cdots$收敛，称$z=z_0$是其收敛点。所有收敛点称为该幂级数的收敛域。记$\rho=\lim_{n\to+\infty}\sqrt[n]{|u_n|}$，则幂级数$\sum_{n=1}^{+\infty}u_nz^n$在$|z|<\frac{1}{\rho}$上绝对收敛，在$|z|>\frac{1}{\rho}$上发散。

实数项幂级数

$$1+x+\frac{x^2}{2!}+\frac{x^3}{3!}+\cdots$$

的收敛域是$(-\infty,+\infty)$，且收敛于函数e^x。下面让x成为复变量z，这样得到复数项幂级数的等式

$$\mathrm{e}^z=1+z+\frac{z^2}{2!}+\frac{z^3}{3!}+\cdots。$$

如果用$\mathrm{i}z$替换z，得到等式

$$\begin{aligned}\mathrm{e}^{\mathrm{i}z}&=1+\mathrm{i}z+\frac{(\mathrm{i}z)^2}{2!}+\frac{(\mathrm{i}z)^3}{3!}+\cdots\\&=\left(1+\frac{z^2}{2!}+\frac{z^4}{4!}+\cdots\right)+\mathrm{i}\left(z-\frac{z^3}{3!}+\frac{z^5}{5!}+\cdots\right)\\&=\cos z+\mathrm{i}\sin z。\end{aligned}\tag{2-5}$$

让z取实数x时，得到公式

$$\mathrm{e}^{\mathrm{i}x}=\cos x+\mathrm{i}\sin x。$$

这个公式给出了实变量指数函数与三角函数之间的关系，当$x=\pi$时，便得到等式$\mathrm{e}^{\mathrm{i}\pi}+1=0$。欧拉公式的好处之一就在于有助于复数的乘法运算，因为对于任意给定的复数

$$z=r(\cos x+\mathrm{i}\sin x),$$

可以表示成

$$z=r(\cos x+\mathrm{i}\sin x)=r\mathrm{e}^{\mathrm{i}x}。$$

例 2.1 利用欧拉公式推导两个角和与差的三角函数公式。事实上，由公式$\mathrm{e}^{\mathrm{i}x}=\cos x+\mathrm{i}\sin x$，得到

$$\begin{aligned}\cos(\alpha+\beta)+\mathrm{i}\sin(\alpha+\beta)&=\mathrm{e}^{\mathrm{i}(\alpha+\beta)}=\mathrm{e}^{\mathrm{i}\alpha}\mathrm{e}^{\mathrm{i}\beta}=(\cos\alpha+\mathrm{i}\sin\alpha)(\cos\beta+\mathrm{i}\sin\beta)\\&=(\cos\alpha\cos\beta-\sin\alpha\sin\beta)+\mathrm{i}(\cos\alpha\sin\beta+\sin\alpha\cos\beta),\end{aligned}$$

上述等式实部与虚部分别相等，于是

$$\cos(\alpha+\beta)=\cos\alpha\cos\beta-\sin\alpha\sin\beta, \tag{2-6}$$

$$\sin(\alpha+\beta)=\sin\alpha\cos\beta+\cos\alpha\sin\beta。 \tag{2-7}$$

例 2.2 利用欧拉公式推导三角函数的和差化积公式和积化和差公式。事实上，由公式 $e^{ix}=\cos x+i\sin x$，可以得到

$$\cos\theta=\frac{e^{i\theta}+e^{-i\theta}}{2}，\sin\theta=\frac{e^{i\theta}-e^{-i\theta}}{2i}。$$

于是

$$\begin{aligned}\cos\alpha+\cos\beta&=\mathrm{Re}(e^{i\alpha}+e^{i\beta})=\mathrm{Re}\left[e^{\frac{i(\alpha+\beta)}{2}}\left(e^{\frac{i(\alpha-\beta)}{2}}+e^{\frac{i(\beta-\alpha)}{2}}\right)\right]\\&=\mathrm{Re}\left(2e^{\frac{i(\alpha+\beta)}{2}}\cos\frac{\alpha-\beta}{2}\right)=2\cos\frac{\alpha+\beta}{2}\cos\frac{\alpha-\beta}{2},\end{aligned} \tag{2-8}$$

$$\begin{aligned}\cos\alpha\cos\beta&=\frac{e^{i\alpha}+e^{-i\alpha}}{2}\frac{e^{i\beta}+e^{-i\beta}}{2}\\&=\frac{1}{2}\left[\frac{e^{i(\alpha+\beta)}+e^{-i(\alpha+\beta)}}{2}+\frac{e^{i(\alpha-\beta)}+e^{-i(\alpha-\beta)}}{2}\right]\\&=\frac{1}{2}[(\cos(\alpha+\beta)+\cos(\alpha-\beta)]。\end{aligned} \tag{2-9}$$

同理，可以证明积化和差与和差化积公式的其他公式。

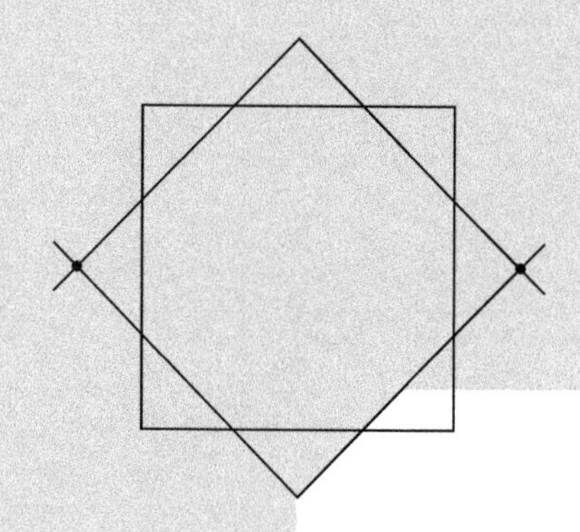

Analytic geometry far more than any of his metaphysical speculations, immortalized the name of Descartes, and constitutes the greatest single step ever made in the progress of the exact sciences.

—John Stuart Mill

解析几何远比笛卡儿的任何形而上学的理论，更能使得他的名字永垂不朽，因为解析几何构成了精确科学进步中最伟大的一步。

——约翰·斯图尔特·米尔

第三讲 椭圆、摆线、心形线与解析几何

在第一讲中，介绍数学的统一美时提到了解析几何，它是代数与几何的统一，这种统一改变了现代数学的发展方向，极大地推动了现代科技的发展。首先从读者熟悉的圆入手。成书于公元前250—公元前150年的《孟子》有云："不以规矩，不成方圆。"字面的意思是说，不使用规和矩就无法画出正方形和圆形。《周髀算经》的首卷记载商高用矩之道："平矩以正绳，偃矩以望高，覆矩以测深，卧矩以知远，环矩以为圆，合矩以为方。"这里的规和环矩大概就是现在的圆规，圆规画圆由来已久。所谓圆，就是到定点距离等于定长的点的轨迹（图3-1）。如果用$O(a,b)$表示定点，用r表示定长，用$P(x,y)$表示动点。在笛卡儿坐标系中，容易知道OP两点间距离是

$$\sqrt{(x-a)^2+(y-b)^2}=r,$$

这样就得到圆的方程：

$$(x-a)^2+(y-b)^2=r^2。$$

当O点取原点时，方程就是

$$x^2+y^2=r^2。$$

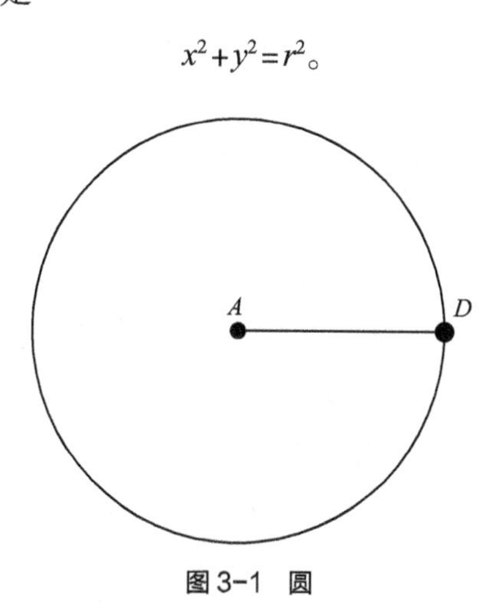

图3-1 圆

圆的图形无疑是美的，正如毕达哥拉斯学派认为"一切立体图形中最美的是球形，

一切平面图形中最美的是圆形”。人类对圆的概念可能源于日月，先有日月，再有世间万物，可以说没有日月就不会有人类，因此崇尚天人合一的中国人自古以来对日月的感情就颇为深厚。华夏民族对圆之妙深有心领，对其来说，“圆”这个具有符号学意义的功能丰富的代码，展示着一种美，一种审美心理结构，一种传统文化精神①。在中国文化里圆有圆满的意思，这或许跟中国推崇天人合一的思想有关，《老子》有云“人法地、地法天、天法道、道法自然”。三国时期哲学家王弼注解《老子》强调“法自然者在方，法方者在圆，而法圆在自然”。正如苏轼词云“人有悲欢离合，月有阴晴圆缺”，看到月满之时就想起了合合圆圆，而月缺之时就对应着分离。“天体至圆，万物做到极精妙者，无有不圆，至人之至德、古今之至文、法贴，以至于一艺一术，必极圆而后登峰造极。”②

接下来，观察椭圆（图 3–2）。所谓椭圆，是指到两个定点的距离之和等于定值的点的轨迹（要求这个定值大于这两个定点的距离）。如果取定点为 $F_1(-c, 0)$ 和 $F_2(c, 0)$，动点 $M(x, y)$，定值为 $2a(a>c>0)$。于是 $|MF_1|+|MF_2|=2a$，即

$$\sqrt{(x+c)^2+y^2}+\sqrt{(x-c)^2+y^2}=2a,$$

整理后，得到椭圆的方程为

$$\frac{x^2}{a^2}+\frac{y^2}{b^2}=1,$$

其中，$b^2=a^2-c^2$。

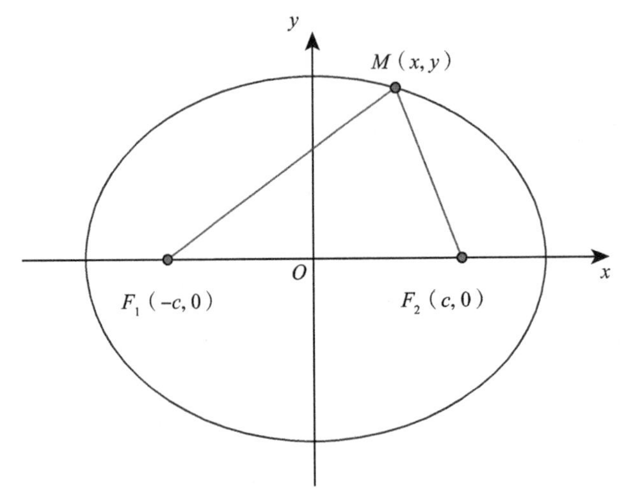

图 3–2　由定义生成的椭圆

事物之间的联系是多样的、神秘的，有时候让人觉得是不可思议的，但当人类解开

① 李祥林．“圆”之美学解读 [J]. 文史杂志，1995(3)：2.

② 同①。

它们的神秘面纱时，会发现结果是惊人的相似。就如椭圆，人们有多种方式得到椭圆的方程。事实上，在平面内到定点的距离与到定直线的距离之比是一个小于 1 的常数的点的轨迹是一个椭圆（要求定点不在定直线上）。

在建立好的直角坐标系中选取定点 $F_2(c,0)$，定直线为 $x=\frac{a^2}{c}$，定比为 $e=\frac{c}{a}$ $(a>c>0)$。动点 $P(x,y)$ 到定点 $F_2(c,0)$ 的距离与到定直线的距离之比为 $e=\frac{c}{a}$，即

$$\frac{\sqrt{(x-c)^2+y^2}}{\frac{a^2}{c}-x}=\frac{c}{a},$$

整理后得到

$$\frac{x^2}{a^2}+\frac{y^2}{b^2}=1,$$

其中，$b^2=a^2-c^2$，这是椭圆，如图 3-3 所示。

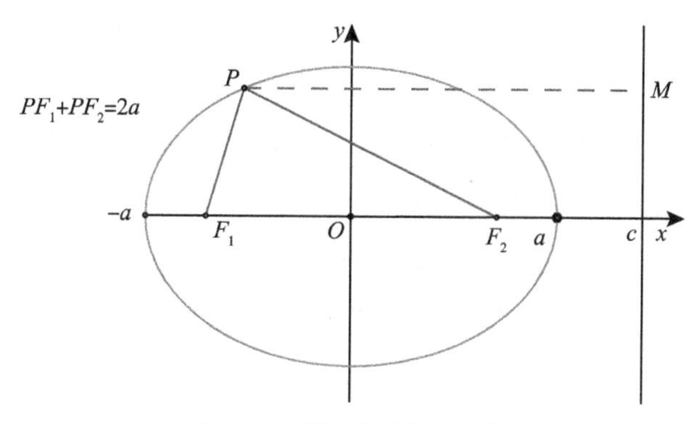

图 3-3　由第二定义生成的椭圆

在建立好的直角坐标系中选取定点 $A_1(-a,0)$，$A_2(a,0)$，求分别过动点 $P(x,y)$ 与这 2 个点的斜率乘积等于常数 $1-e^2$ 的点的轨迹方程。容易建立等式

$$\frac{y}{x+a}\,\frac{y}{x-a}=1-e^2,$$

整理后得到

$$\frac{x^2}{a^2}+\frac{y^2}{a^2(e^2-1)}=1,$$

这也是椭圆！

请读者自行考虑在第一种方式中 $|MF_1|-|MF_2|=2a$，在第二种方式中动点 $P(x,y)$ 到定点 $F_2(c,0)$ 的距离与到定直线的距离之比等于 1 或大于 1，在第三种方式中过动点 $P(x,y)$ 与这 2 个点的斜率乘积等于常数 e^2-1 时分别会是什么曲线。

单就圆和椭圆的几何图形来看，它们都是对称图形，形式非常优美，而且图形比较相似，将圆沿着 x 轴或者 y 轴拉长就成了椭圆。从方程的角度来看，2 个方程结构类似，形式简洁优美。在建立圆与椭圆方程的过程中有几个重要的思想，一个是点与坐标的对应关系，另一个是直角坐标系的建立，还有一个就是运动的观点。这些都是笛卡儿的贡献，笛卡儿不仅将方法论运用在哲学思考上，还将其运用于几何学。在笛卡儿之前的时代，代数还是一个比较新的学科，几何学的思维还在数学家的头脑中占有统治地位。笛卡儿致力于将代数和几何联系起来的研究，并成功地将当时完全分开的代数和几何学联系到了一起。1637 年，笛卡儿发表了《几何学》，创立了平面直角坐标系，并建立了曲线和方程的对应关系，使数学在思想方法上发生了伟大的转折——由常量数学进入变量数学的时期。恩格斯曾说过这样一句话：“数学中的转折点是笛卡儿的变数。有了变数，运动进入了数学，有了变数，辩证法进入了数学，有了变数，微分和积分也就立刻成为必要了。”这句话充分肯定了笛卡儿对数学的巨大贡献。笛卡儿的这些成就，为后来牛顿、莱布尼茨发现微积分，为一大批数学家的新发现开辟了道路。

例 3.1（内摆线） 内摆线是指一个小动圆内切于一个大的定圆作无滑动的滚动，动圆圆周上一个定点的轨迹（图 3–4、图 3–5）。

如果较小圆具有半径 r，而较大圆具有半径 $R=kr(k>1)$。设大圆的圆心为 O，小圆的圆心为 C，点 P 是小圆上固定的一点。以 O 为原点，以 $\overline{OP}$ 为 x 轴的正半轴建立直角坐标系。当小圆顺时针旋转角度 φ 时，小圆逆时针在大院内滚动，此时，点 C 相对于点 O 逆时针旋转 θ 角度。于是点 P 相对于点 C 的坐标是 $(r\cos\varphi, -r\sin\varphi)$，而点 C 相对点 O 的坐标是 $((R-r)\cos\theta, (R-r)\sin\theta)$。所以点 P 相对于点 O 的坐标是

$$((R-r)\cos\theta+r\cos\varphi, (R-r)\sin\theta-r\sin\varphi)。$$

注意到小圆所走过的路径即 $\varphi+\theta$ 对应的弧长与 θ 在大圆中对应的弧长相等，即 $R\theta=r(\theta+\varphi)$。故曲线的参数方程可以由下式给出：

$$\begin{cases} x=r(k-1)\cos\theta+r\cos((k-1)\theta), \\ y=r(k-1)\sin\theta-r\sin((k-1)\theta)。\end{cases} \tag{3–1}$$

如果用大小圆的半径来表示内摆线的方程就是

$$\begin{cases} x=(R-r)\cos\theta+r\cos\left(\dfrac{R-r}{r}\theta\right), \\ y=(R-r)\sin\theta-r\sin\left(\dfrac{R-r}{r}\theta\right)。\end{cases} \tag{3–2}$$

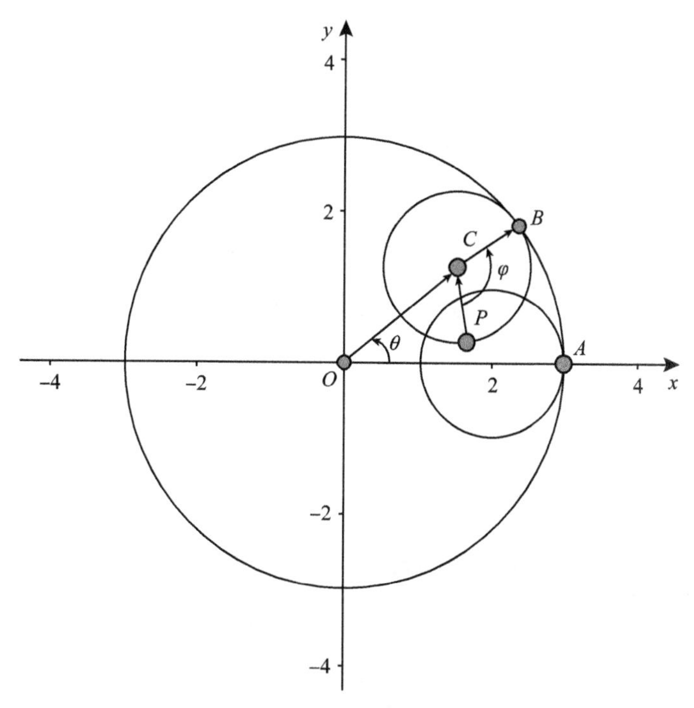

图 3-4 内摆线方程生成图示

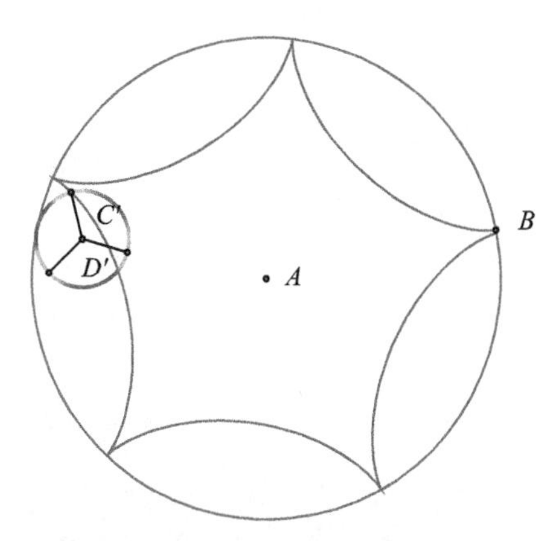

图 3-5 几何画板生成的内摆线

①如果 k 是整数，那么曲线是闭合的，并且曲线有 k 个尖峰（即尖角，曲线不可微分）。特别地，对于 $k=2$，此时曲线方程是

$$\begin{cases} x=2r\cos\theta, \\ y=0, \end{cases}$$

该曲线是直线段，圆圈称为卡尔达诺圆。卡尔达诺圆第一个描述内摆线及其在高速印刷中的应用。当 $k=4$ 时，曲线方程是

$$\begin{cases} x=3r\cos\theta+r\cos 3\theta, \\ y=3r\sin\theta-r\sin 3\theta, \end{cases}$$

利用三倍角公式或者利用和角公式，可以得到它的直角坐标方程

$$x^{2/3}+y^{2/3}=R^{2/3}。$$

所对应的曲线叫作星形线，它有比较好的性质，如它的左右点处的切线在两坐标轴之间的长度都是 R；反之，以长度为 R 且端点在两坐标轴上的线段为包络切线的曲线就是星形线；椭圆族

$$\frac{x^2}{a^2}+\frac{y^2}{(R-a)^2}=1,$$

的包络线是星形线 ①。

②如果 $k=\dfrac{p}{q}$ 是一个既约分数，则曲线具有 p 个尖点（图 3–6）。

③如果 k 是无理数，则曲线永远不会闭合，并且可以填充较大圆和半径为 $R-2r$ 的圆之间的空间。

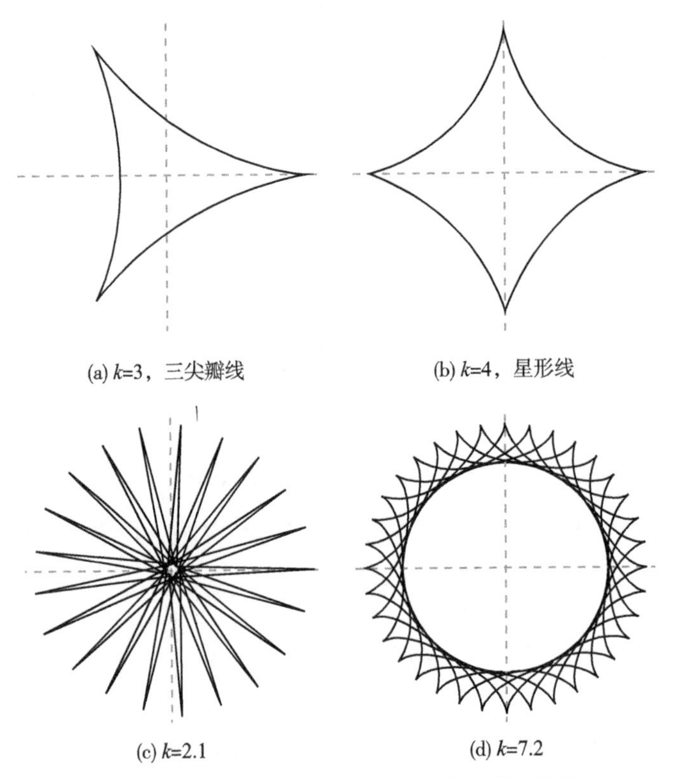

图 3–6　大小圆半径之比的取值不同时对应的内摆线

① 马奥尔 . 三角之美：边边角角的趣事 [M]. 曹雪林，边晓娜，译 . 2 版 . 北京：人民邮电出版社，2019.

下面考虑一个问题，当半径分别是 $R-r$ 与 r 的小圆，在同一个大圆里运动时生成的内摆线之间有怎样的关系呢？答案是它们生成的内摆线相同。这就是由丹尼尔·伯努利发现的著名的双生成定理[①]。当小圆半径是 r 时，生成的内摆线方程是

$$\begin{cases} x=(R-r)\cos\theta+r\cos\left(\dfrac{R-r}{r}\theta\right), \\ y=(R-r)\sin\theta-r\sin\left(\dfrac{R-r}{r}\theta\right), \end{cases} \tag{3-3}$$

用 $r'=R-r$ 替换 r，并用 θ' 来表示 $R-r$ 情形下的 θ，得到

$$\begin{cases} x=r\cos\theta'+(R-r)\cos\left(\dfrac{r}{R-r}\theta'\right), \\ y=r\sin\theta'-(R-r)\sin\left(\dfrac{r}{R-r}\theta'\right), \end{cases} \tag{3-4}$$

令 $\theta=-\dfrac{r}{R-r}\theta'$，$\theta'=-\dfrac{R-r}{r}\theta$，将它们代入式(3-4)，并整理得到

$$\begin{cases} x=(R-r)\cos\theta+r\cos\left(\dfrac{R-r}{r}\theta\right), \\ y=(R-r)\sin\theta-r\sin\left(\dfrac{R-r}{r}\theta\right), \end{cases} \tag{3-5}$$

这正是当半径为 r 的小圆在半径为 R 的大圆里滚动生成的内摆线的方程。

从形式讲上述 4 个图形结构优美，非常漂亮。感兴趣的读者可以借助 *MATLAB* 软件画出内摆线的动态图，将会发现这些动态图形式优美，变化多样，给人以视觉上的冲击。这些图形的性质只有建立在解析几何的基础之上才能认识得比较清楚。很多小朋友小时候都玩过繁花曲线规这种智力游戏，使用这种工具可以画出包括内摆线在内的各种漂亮的曲线，读者可以在一些假设条件下类似于内摆线方程推导过程推导出它们的方程。

例 3.2（外摆线） 外摆线是一个动圆沿着一个定圆在定圆外作无滑动的滚动时，圆周上一定点的轨迹。设定圆的圆心在原点，2 个圆的半径分别是 a，b，类似于内摆线的推导过程可以推导出外摆线的方程是

$$\begin{cases} x=(a+b)\cos\theta-b\cos\left(\dfrac{(a+b)\theta}{b}\right), \\ y=(a+b)\sin\theta-b\sin\left(\dfrac{(a+b)\theta}{b}\right), \end{cases} \tag{3-6}$$

当 2 个圆的半径相等时得到的是心形线，当动圆的半径是定圆半径的一半时是肾脏线，

① 马奥尔. 三角之美：边边角角的趣事 [M]. 曹雪林，边晓娜，译. 2 版. 北京：人民邮电出版社，2019.

当动圆的半径是定圆半径的 2 倍时是两个叠加的心形线（图 3–7）。

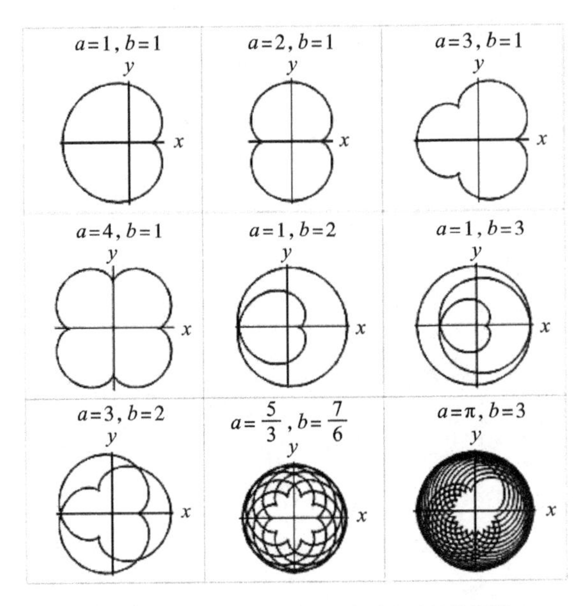

图 3–7　2 个圆的半径取不同值时生成的外摆线

例 3.3（摆线）　摆线是一个圆在直线上无滑动的滚动，圆上一固定点的轨迹（图 3–8）。

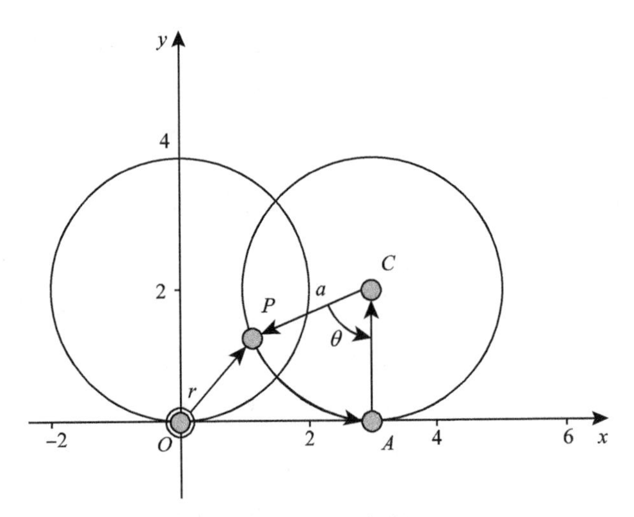

图 3–8　摆线方程生成图示

摆线参数方程是

$$\begin{cases} x=a(\theta-\sin\theta), \\ y=a(1-\cos\theta), \end{cases}$$

其推导过程如下：

在直角坐标系中设半径为 a 的圆在 x 轴上滚动，开始的时候圆上的定点 P 在原点，经过一段时间以后，圆与 x 轴的切点变为 A 点，圆心变为 C 点，于是

$$\overrightarrow{OP}=\overrightarrow{OA}+\overrightarrow{AC}+\overrightarrow{CP}。$$

设有向角 $\theta=\angle(\overrightarrow{CP},\overrightarrow{CA})$，则 $\overrightarrow{CP}$ 对 x 轴的有向角为

$$\angle(\vec{i},\overrightarrow{CP})=-\left(\theta+\frac{\pi}{2}\right)。$$

于是

$$\overrightarrow{CP}=a\cos\left(-\frac{\pi}{2}-\theta\right)\vec{i}+a\sin\left(-\frac{\pi}{2}-\theta\right)\vec{j}=(-a\sin\theta)\vec{i}+(-a\cos\theta)\vec{j}。$$

因为 $|\overrightarrow{OA}|=a\theta$，$\overrightarrow{OA}=a\theta\vec{i}$，$\overrightarrow{AC}=a\vec{j}$，所以

$$\overrightarrow{OP}=\overrightarrow{OA}+\overrightarrow{AC}+\overrightarrow{CP}=a(\theta-\sin\theta)\vec{i}+a(1-\cos\theta)\vec{j},$$

即摆线参数方程是

$$\begin{cases}x=a(\theta-\sin\theta),\\y=a(1-\cos\theta)。\end{cases}$$

摆线的图形如图 3–9 所示。

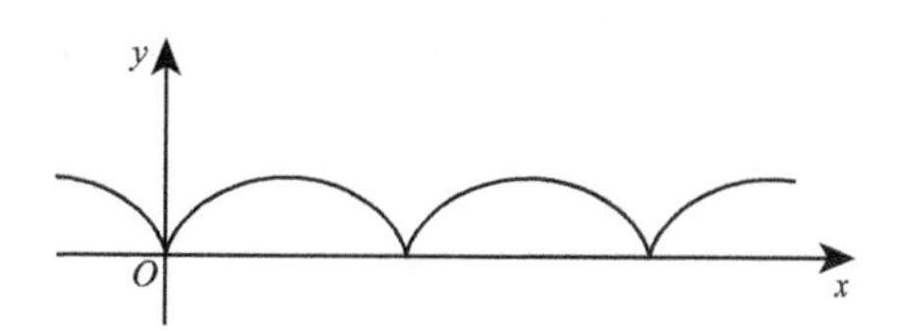

图 3–9 摆线图形

摆线只不过是无穷多种不同曲线之一，它们所具有的特性，被罗素描述为非凡的美。正如波萨门蒂所说：“当你花费很长时间理解一条曲线与其方程、理解几何学与代数学之间的关联的时候，你会理解这种关联本身就具有意义深远的美。”“我能想到的最奇妙的曲线之一，也是我年轻时对我影响之深的曲线之一。”

根据摆线的参数方程，可以计算出摆线一拱与 x 轴所围成的平面图形的面积是

$$\int_0^{2\pi a}y\mathrm{d}x=\int_0^{2\pi}a(1-\cos\theta)\,\mathrm{d}(a(\theta-\sin\theta))=3\pi a^2,$$

其面积是动圆面积的 3 倍。摆线一拱的长度是

$$\int_0^{2\pi}\sqrt{x'^2(\theta)+y'^2(\theta)}\,\mathrm{d}\theta=\int_0^{2\pi}\sqrt{[a(1-\cos\theta)]^2+a^2\sin^2\theta}\,\mathrm{d}\theta=8a,$$

等于动圆直径的 4 倍，即 $8a$，它的长度与 π 没有关系。

摆线有一个很好的性质就是它是所谓的最速降线。在一个斜面 AB 上，摆多条轨道，有的是直线，有的是曲线，起点高度及终点高度都相同（图 3–10）。质量、大小一样的

小球同时从起点向下滑落，问在什么样的曲线上的小球最先到达低端 B 点？可以证明这条曲线就是摆线，详细请参考第五章最速降线与泛函分析。

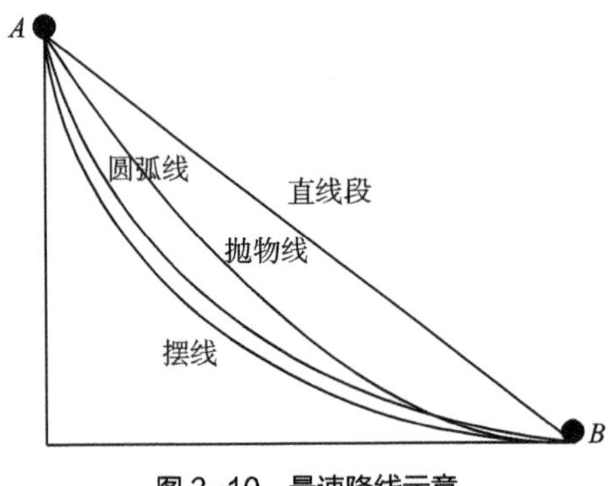

图 3–10　最速降线示意

摆线还有一个很好的性质就是所谓的等时性（图 3–11）。这个词汇是荷兰物理学家、天文学家和数学家惠更斯[①]发明的。将摆线倒置于地面，让一个粒子沿着摆线上的点向下滑动到固定的一点 B，可以证明不管从摆线的哪一点出发，只要是位置位于固定点的上方，如 A 点或 C 点，到达固定点 B 的时间是一样的，这就是将摆线叫作等时摆线的原因。这似乎让人难以置信，因为离固定点的距离越远似乎所需要的时间越长。但是，事实上离固定点越远的点的斜率越大，也就是越陡峭，因此产生的速率越大[②]。

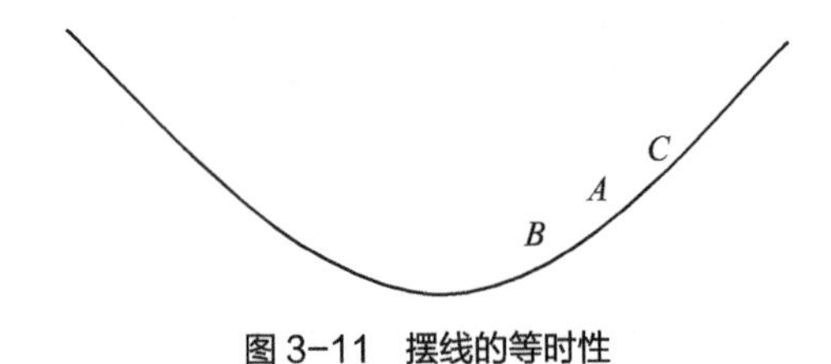

图 3–11　摆线的等时性

在讨论外摆线的时候已经提到，当一个圆在另外一个半径相同的圆周上无滑动地滚动，所得到的外摆线叫作心形线，因其形状像心形而得名。图 3–12 是利用几何画板绘制的心形线的图形。

① 惠更斯对数学的最伟大的贡献要数他对概率论的贡献，他于 1657 年发表了《论机会博弈的计算》。概率论史学家弗罗伦斯 · 南丁格尔 · 戴维（Florence Nightingale David，1909—1993）对他的评价是："克里斯蒂安 · 惠更斯第一个提出了对送给帕斯卡和费马的问题的系统解决方案与新的命题，第一个制定了概率论的规则及第一个提出了数学期望的思想。"

② 波萨门蒂 . 数学奇观：让数学之美带给你灵感与启发 [M]. 涂泓，译 . 上海：上海科技教育出版社，2020.

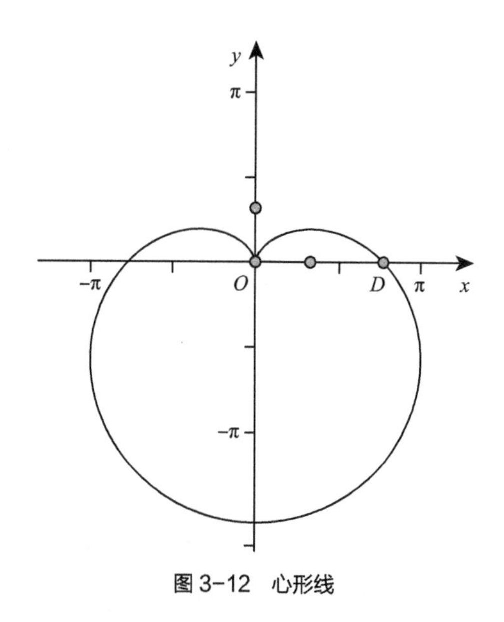

图 3-12 心形线

前面介绍了平面曲线与二元方程之间的对应关系，下面考虑空间曲面与三元方程之间的关系。设 $F(x,y,z)=0$ 是一个三元方程，Σ 是一个空间的曲面。如果满足方程 $F(x,y,z)=0$ 的任意一个解 (x,y,z) 都是曲面 Σ 上点的坐标，同时，曲面 Σ 上任何一个点的坐标 (x,y,z) 都是方程 $F(x,y,z)=0$ 的解，那么方程 $F(x,y,z)=0$ 叫作曲面 Σ 的方程，曲面 Σ 叫作方程 $F(x,y,z)=0$ 的曲面。有时候，曲面的方程可以是参数方程。设 u，v 是 2 个变量，设

$$\vec{r}=\vec{r}(u,v)=x(u,v)\vec{i}+y(u,v)\vec{j}+z(u,v)\vec{k},$$

如果对 u，v 的任何一对取值，向径 $\vec{r}(u,v)$ 的终点 $(x(u,v),\ y(u,v),\ z(u,v))$ 总在曲面 Σ 上，反之曲面 Σ 上的点都对应着由 u，v 的取值决定的向径 $\vec{r}(u,v)$ 的终点，则称

$$\vec{r}=\vec{r}(u,v)=x(u,v)\vec{i}+y(u,v)\vec{j}+z(u,v)\vec{k},$$

是曲面 Σ 的向量式参数方程，称

$$\begin{cases}x=x(u,v),\\y=y(u,v),\\z=z(u,v),\end{cases}$$

是曲面 Σ 的坐标式参数方程。

例 3.4 设球心在原点，求半径为 r 的球面方程。

设球面上任意一点 M 的坐标是 (x,y,z)，则 $|\overrightarrow{OM}|=r$，即 $\sqrt{x^2+y^2+z^2}=r$，所以所求球面的方程是 $x^2+y^2+z^2=r^2$。设 M 在 xOy 平面上的投影是 P，P 在 x 轴上的投影是 Q。

设有向角$\angle(\vec{i},\overrightarrow{OP})=\varphi$，$\angle(\overrightarrow{OP},\overrightarrow{OM})=\theta$。所以，球面的向量式参数方程为：

$$\vec{r}=\overrightarrow{OM}=\overrightarrow{OQ}+\overrightarrow{QP}+\overrightarrow{PM}=(r\cos\theta\cos\varphi)\vec{i}+(r\cos\theta\sin\varphi)\vec{j}+(r\sin\theta)\vec{k},$$

球面的坐标式参数方程为：

$$\begin{cases}x=r\cos\theta\cos\varphi,\\ y=r\cos\theta\sin\varphi,\\ z=r\sin\theta,\end{cases}$$

其中，$-\pi<\varphi\leqslant\pi$，$-\dfrac{\pi}{2}\leqslant\theta\leqslant\dfrac{\pi}{2}$。球面图形如图 3–13 所示。

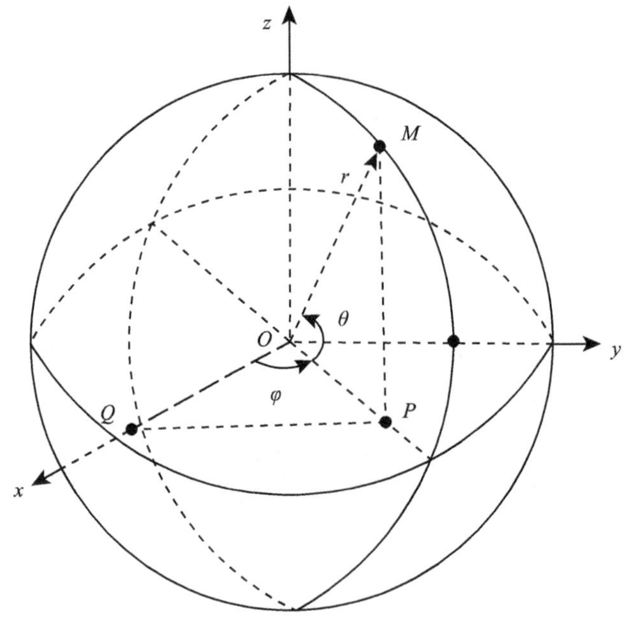

图 3–13　球面图形

下面是几个比较常见的获得空间曲面的方法：

①平行定直线并沿定曲线 C 移动的直线 l 形成的轨迹叫作柱面（图 3–14 至图 3–17）。

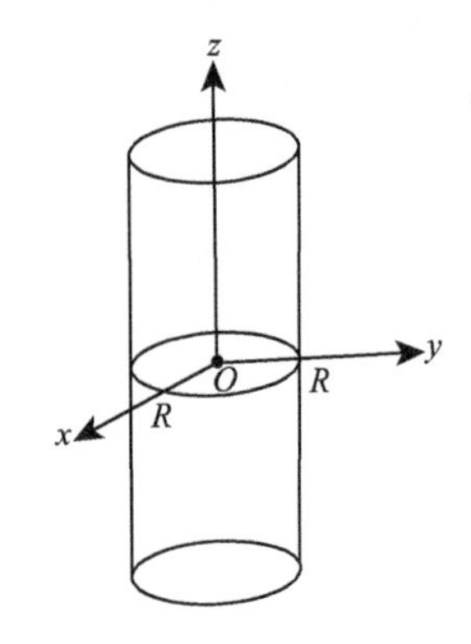

图 3–14　圆柱面 $x^2+y^2=R^2$

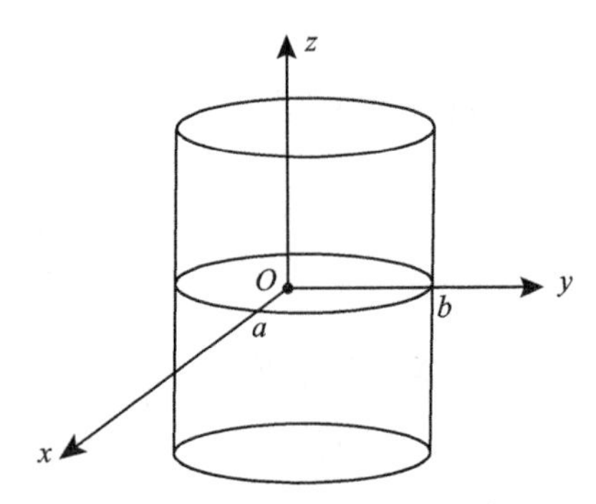

图 3–15　椭圆柱面 $\dfrac{x^2}{a^2}+\dfrac{y^2}{b^2}=1$

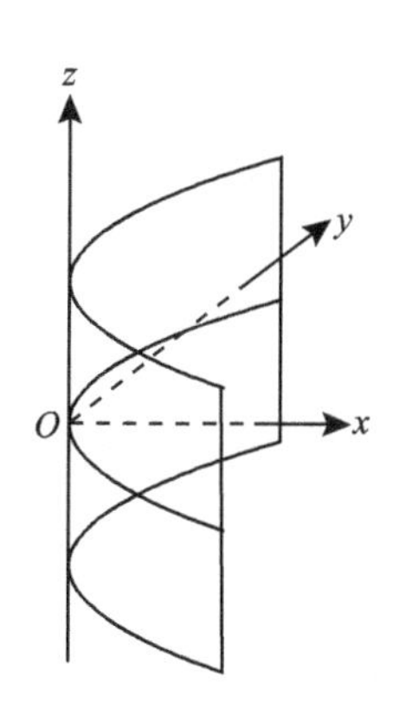

图 3-16 抛物柱面 $y^2=2px$

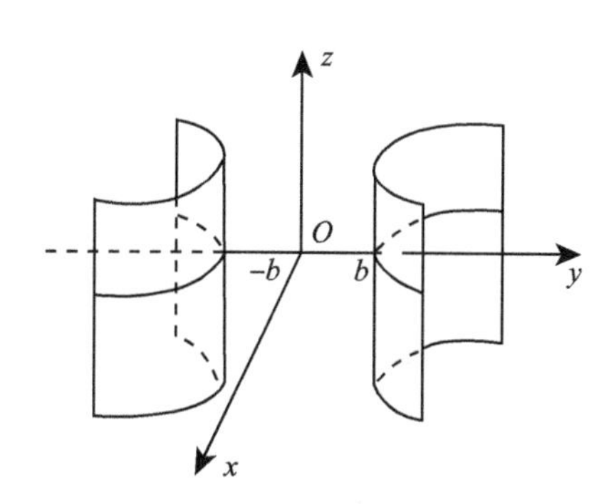

图 3-17 双曲柱面 $-\frac{x^2}{a^2}+\frac{y^2}{b^2}=1$

②始终经过一定点且沿定曲线 C 移动的直线 l 形成的轨迹叫作锥面（图 3-18）。定点叫作锥面的顶点，定曲线叫作锥面的准线，直线叫作锥面的母线。下面给出以任一条曲线

$$\begin{cases}F_1(x,y,z)=0,\\F_2(x,y,z)=0,\end{cases}$$

为准线，以点 $P(x_0,y_0,z_0)$ 为顶点的锥面方程的方法。设 $P_1(x_1,y_1,z_1)$ 为准线上的任意一点，则锥面过点 P_1 的母线是

$$\frac{x-x_0}{x_1-x_0}=\frac{y-y_0}{y_1-y_0}=\frac{z-z_0}{z_1-z_0}。$$

因为点 $P_1(x_1,y_1,z_1)$ 在准线上，从而消去 x_1，y_1，z_1 即可得到锥面方程。

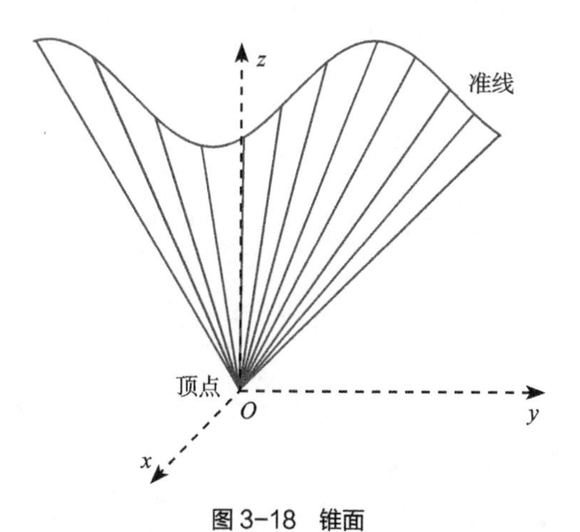

图 3-18 锥面

③在空间，一条曲线 Γ 绕着一条定直线 l 旋转一周所得到的曲面叫作旋转曲面。曲线 Γ 叫作旋转曲面的母线，定直线 l 叫作旋转轴。下面给出以

$$\Gamma:\begin{cases}F_1(x,y,z)=0,\\F_2(x,y,z)=0,\end{cases}$$

为母线，以

$$l:\ \frac{x-x_0}{X}=\frac{y-y_0}{Y}=\frac{z-z_0}{Z},$$

为旋转轴的旋转曲面方程的方法。设 $P_1(x_1,y_1,z_1)$ 是母线上的任意一点，于是，

$$\begin{cases}F_1(x_1,y_1,z_1)=0,\\F_2(x_1,y_1,z_1)=0,\end{cases}$$

过 P_1 垂直于旋转轴 l 的平面与以点 $P_0(x_0,\ y_0,\ z_0)$ 为球心，以 $\overrightarrow{P_0P_1}$ 为半径的球面的交线称之为准圆，在旋转曲面上，其方程为：

$$\begin{cases}X(x-x_1)+Y(y-y_1)+Z(z-z_1)=0,\\(x-x_0)^2+(y-y_0)^2+(z-z_0)^2=(x_1-x_0)^2+(y_1-y_0)^2+(z_1-z_0)^2。\end{cases}$$

因为点 $P_1(x_1,y_1,z_1)$ 在母线上，所以消去 x_1，y_1，z_1 即可得到旋转曲面的方程。常见旋转曲面如图 3–19 至图 3–22 所示。

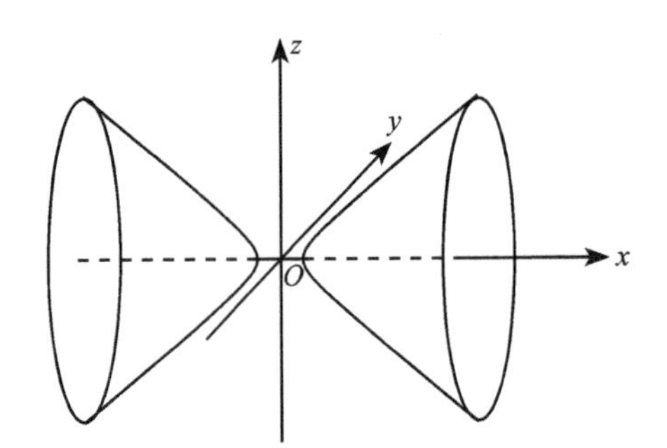

图 3–19　旋转双叶双曲面 $\frac{x^2}{a^2}-\frac{y^2+z^2}{b^2}=1$

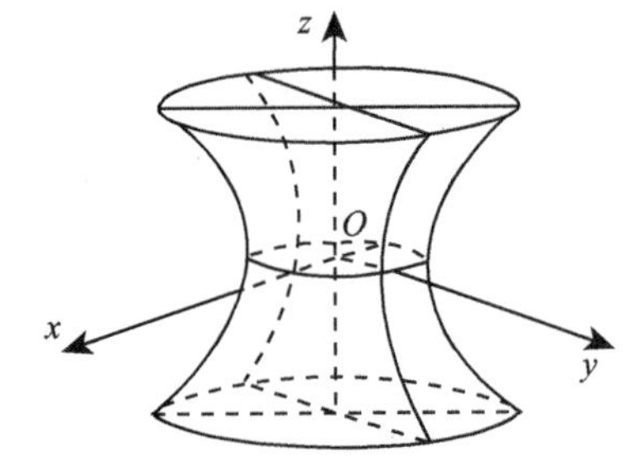

图 3–20　旋转单叶双曲面 $\frac{x^2+y^2}{a^2}-\frac{z^2}{c^2}=1$

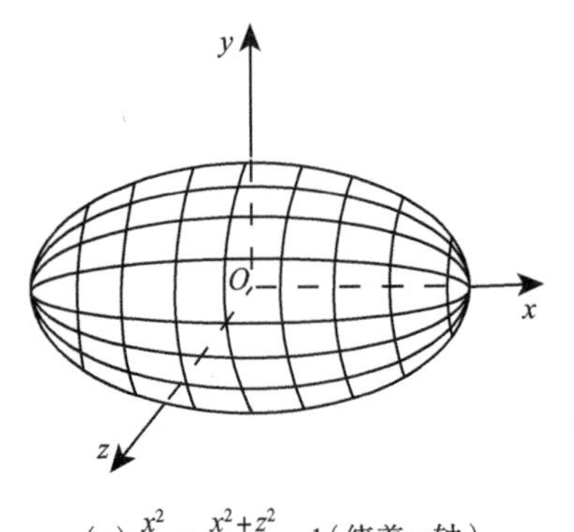

(a) $\frac{x^2}{a^2}+\frac{x^2+z^2}{b^2}=1$（绕着 x 轴）

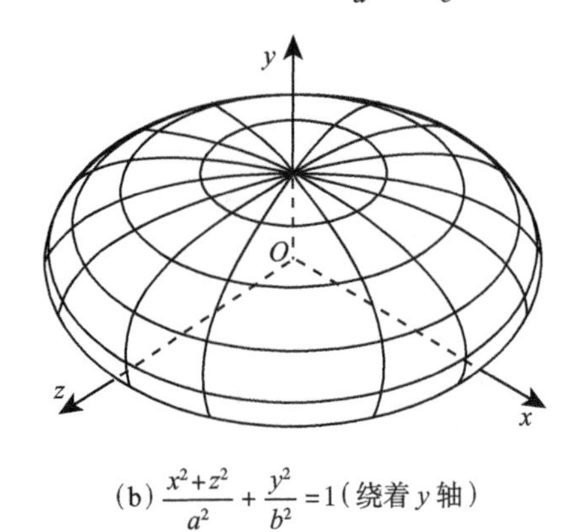

(b) $\frac{x^2+z^2}{a^2}+\frac{y^2}{b^2}=1$（绕着 y 轴）

图 3–21　旋转椭球面

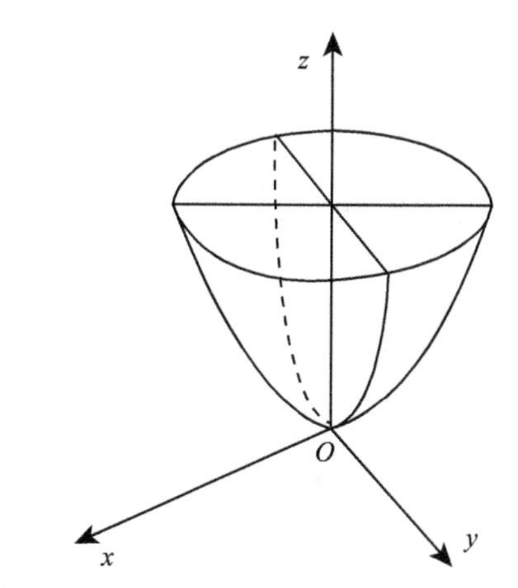

图 3-22 旋转抛物面 $z=2p(y^2+z^2)$（绕着 z 轴）

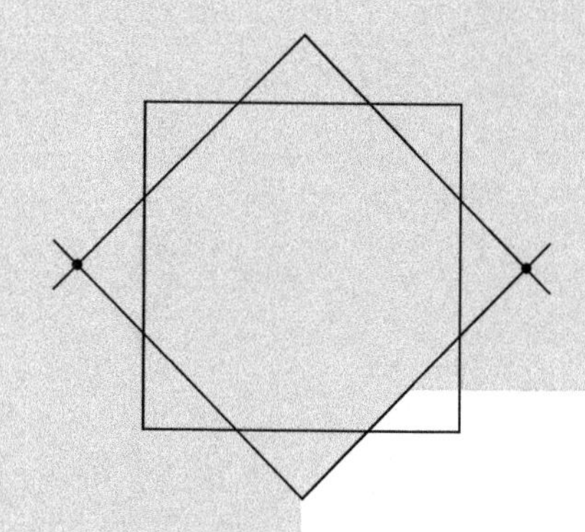

Mathematics is the Queen of the Sciences, and Arithmetic the Queen of Mathematics.

—C. F. Gauss

数学，科学的皇后；算术，数学的皇后。

—— C.F. 高斯

第四讲 七桥问题与拓扑

随着分析学的不断发展，人们试图建立分析学严密的逻辑基础。很多人注意到诸如以下的问题：一条曲线的长度到底意味着什么？到底什么是面积？为什么一条无穷大的曲线能够围绕一个面积有限的区域？克莱因指出“没有什么东西比曲线的定义更含糊的了”。解决这些问题，需要更深入的研究，一个新的理论和一门新的学科不断酝酿着。下面来看一个著名的问题。

18 世纪初，普鲁士的哥尼斯堡有一条河，这条河有两条支流，在城中心汇成大河，在河的中央有一座小岛。河上有七座桥把岛和河岸连接起来，如图 4–1 所示。居住在这里的人们久而久之形成了这样一个问题：能不能既不重复又不遗漏地一次相继走遍这七座桥？这就是闻名遐迩的“七桥问题”。

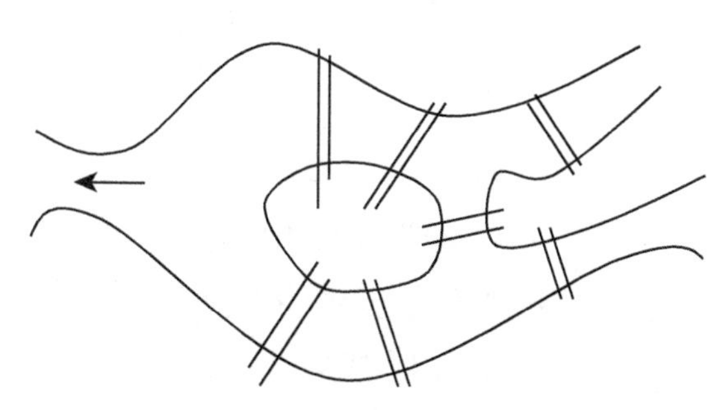

图 4–1 哥尼斯堡七桥示意

一般人们可能会通过有限次实验得到答案。但是著名的数学家欧拉却这样想，既然岛和半岛是桥梁的连接地点，两岸陆地也是桥梁的连接地点，那就不妨把这 4 处陆地缩小成 4 个点，并且把这七座桥表示成 7 条线。这显然并没有改变问题的本质特征。于是，七桥问题也就变成了一笔画问题，即能否笔不离纸，不重复地一笔画出完整的图形，如图 4–2 所示。

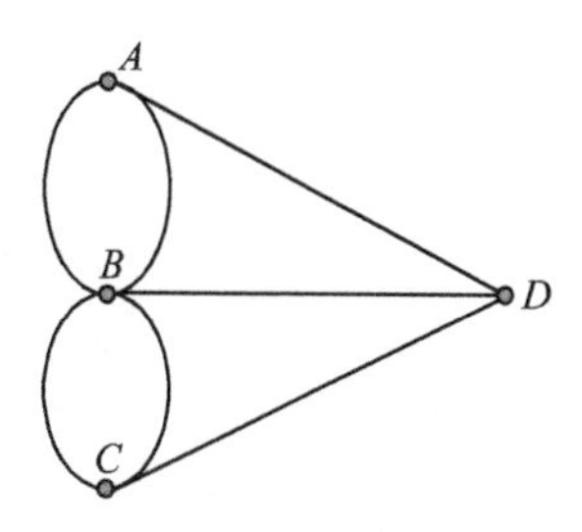

图 4–2 七桥问题示意

接着，欧拉对“一笔画”问题进行了分析。一笔画有起点和终点，起点和终点重合的图形称为封闭图形，否则便称为开放图形。除起点和终点外，一笔画中间可能出现一些曲线的交点。欧拉注意到，只有当笔沿着一条弧线到达交点后，又能沿着另一条弧线离开，也就是交汇于这些点的弧线是偶数条时，一笔画才能完成，这样的交点就称为“偶点”。如果交汇于这些点的弧线有奇数条，则一笔画就不能实现，这样的点叫作“奇点”。欧拉通过分析，得到了下面的结论：若是一个一笔画图形，要么只有 2 个奇点，也就是仅有起点和终点，这样一笔画成的图形是开放的；要么没有奇点，也就是终点和起点连接起来，这样一笔画成的图形是封闭的。由于七桥问题有 4 个奇点，所以要找到一条经过七座桥，但每座桥只走一次的路线是不可能的。这个著名的“七桥问题”就这样被欧拉解决了。

在这里，我们可以看到欧拉解决这个问题的关键就是把“七桥问题”变成了一个“一笔画”问题，他把岛、半岛和陆地的具体属性舍去，而仅仅留下与问题有关的东西，这就是 4 个几何上的“点”；他再把桥的具体属性排除，仅留下一条几何上的“线”，然后，把“点”与“线”结合起来，这样就实现了从客观事物到图形的转变。

一般认为七桥问题的解决开创了两个数学分支的先河，一个是图论，一个就是拓扑。图论在计算机、交通运输、通信、调度等学科领域都有着极其广泛的应用，而拓扑正是本章要讨论的主题。

利昂哈德·欧拉（Leonhard Euler）是 18 世纪最伟大的数学家，也是有史以来最杰出的数学家之一，用拉格朗日的话说就是“他是数学家中的第一人（the First Among Mathematicians）”。1707 年 4 月 5 日，欧拉出生于巴塞尔，卒于 1783 年 9 月 18 日。欧拉的著作《无穷小分析引论》《微分学原理》《积分学原理》是历史上关于微积分的经典著作。欧拉首先指出对于无穷级数的使用必须是在其收敛的条件之下，否则就是不可靠的。例如，人们所熟知的几何级数：

$$\sum_{i=1}^{+\infty}\frac{1}{x^n}=\frac{\frac{1}{x}}{1-\frac{1}{x}}=\frac{1}{x-1}。$$

这个公式成立的前提条件是公比的绝对值 $\left|\frac{1}{x}\right|<1$。如果让 $\frac{1}{x}=2$，即 $x=\frac{1}{2}$ 的话，就会得到 $-2=2+2^2+2^3+\cdots$ 这样错误的结论。欧拉也是历史上最多产的数学家，他一生发表了 900 多篇论文。欧拉是解析数论的奠基人，他提出欧拉恒等式，建立了数论和分析之间

的联系，使得人们可以用微积分研究数论。后来，高斯的学生黎曼将欧拉恒等式推广到复数，提出了黎曼猜想（可参考第一讲猜想美）至今没有解决，成为 21 世纪数学家挑战的最重大难题之一。欧拉解决了哥尼斯堡七桥问题，开创了图论和拓扑学。拓扑学中的欧拉示性数也溯源于欧拉 1752 年提出的关于凸多面体的一条定理。

提到正多面体，人们立刻会想到正四面体、正六面体等。所谓正多面体是指一个多面体，它的每一个面都是一样的，也就是每一个面都是全等的。那到底有多少种不同的正多面体呢？事实上，正多面体只有正四面体、正六面体、正八面体、正十二面体和正二十面体，如图 4-3 所示。那为什么正多面体只有这 5 种不同的情形呢？这里就涉及欧拉的一个重要的公式，本讲将证明这个结论。

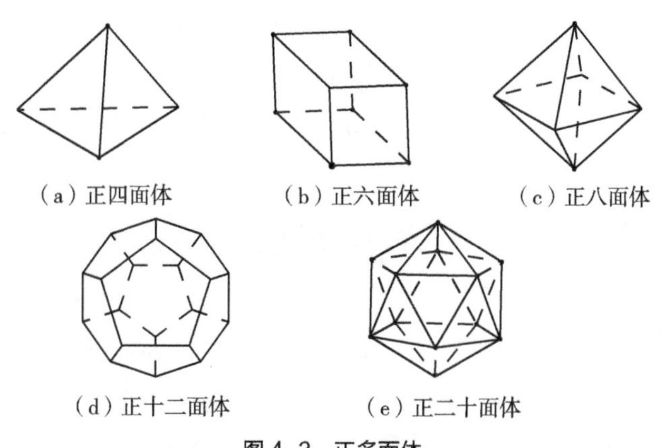

图 4-3　正多面体

首先来分析一下正多面体的面数、顶点个数和棱的条数的情况，如表 4-1 所示。

表 4-1　正多面体的点、棱和面数的关系

多面体类型	面数（F）	顶点个数（V）	棱的条数（E）	$F+V-E$
正四面体	4	4	6	4+4-6=2
正六面体	6	8	12	6+8-12=2
正八面体	8	6	12	8+6-12=2
正十二面体	12	20	30	12+20-30=2
正二十面体	20	12	30	20+12-30=2

从表 4-1 中可以看到正多面体面数 + 顶点个数 - 棱的条数是一个定值 2。哪些立方体具有这样的属性呢？这是偶然的现象还是必然的规律呢？本讲以定理的形式给出这个问题的答案。

定理 4.1（多面体欧拉定理） 一个简单多面体具有如下的规律：

$$面数(F)+顶点个数(V)-棱的条数(E)=2。$$

所谓简单多面体指的是同胚于球面没有洞的多面体。这里同胚的含义可以大致地理解为连续的形变，更准确的定义是拓扑变换。

定义 4.1 一个几何图形 A 到另一个图形 A' 的拓扑变换是指在 A 的点 p 和 A' 的点 p' 之间存在一种对应：$p \to p'$，它满足以下性质：

①这种对应是一一对应，即 A 的每个点 p 都只存在唯一的 A' 中的点 p' 与之对应，反之 A' 的每一点 p'，都存在唯一的 A 的一个点 p 通过上述对应而与 p' 对应。

②对应与逆对应都是连续的，即对 A 的任意 2 个点 p，q，连续移动 p，使其与 q 之间的距离趋于 0，则 A' 中相应的点 p'，q' 之间的距离也趋于 0，反之亦然。

如果 2 个图形之间存在拓扑变换，称这两个图形是拓扑等价的。拓扑变换的典型例子就是形变。读者可以设想一个由橡皮薄膜做成的球，以任意方式拉伸和扭转它，但不能撕破，也不能使不同点重合。在每个拓扑变换下都保持不变的性质称之为拓扑性质，拓扑性质某种程度上是几何性质中最深刻和最根本的，因为它们是图形在最剧烈的变化之下，仍然不变的性质。

如果一个区域中任一封闭曲线都能连续形变或收缩成这区域内的一个点，则这样的区域叫作单连通的，如图 4-4(a) 所示，否则称为多连通的。有一个洞的区域叫作双连通区域，如图 4-4(b) 所示。将双连通区域从边界到边界切开一个口子，如图 4-4(c) 所示，双连通区域可以变成一个单连通区域。

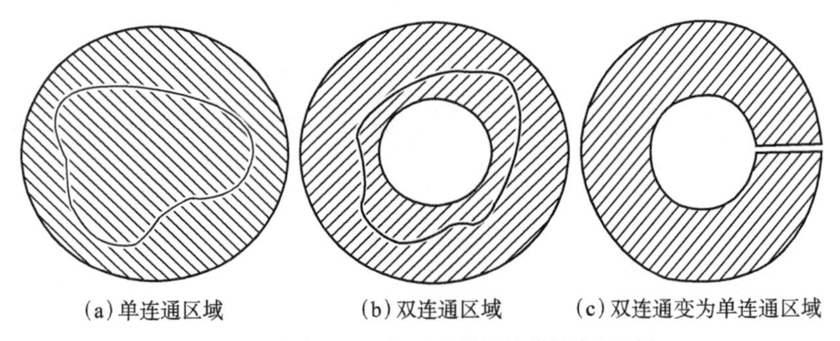

图 4-4 单连通、双连通和双连通变为单连通区域

如果必须作 $n-1$ 次彼此不相交的、从边界到边界的切割，才能把给定的多连通区域 D 转化为单连通，则这个区域 D 称为 n 重连通的。一个区域的连通性重数是这个区域的一个重要的拓扑不变量。

根据上述定义，我们知道如果映射 $f: A \to B$ 是图形 A 的点到 B 的点之间的一一对应，如果f同它的逆映射f^{-1}都是连续的，那么这 2 个图形同胚。简单多面体的表面与球面同胚。下面给出定理 4.1（多面体欧拉定理）的简单证明。

证明 证明定理 4.1 的思想就是使用拓扑形变的思想（图 4–5）。

第一步：去面。对于任意的简单多面体，可以想象它是一个可以随意拉扯的中空的橡皮。首先，切掉一个面，随后随意拉扯这个多面体使得它成为一个平面图形，在这个过程中各个面的面积大小、边的长短会发生改变，但是平面图形的顶点和边的网络将不会发生改变，特别是边数和顶点数不会改变，面数减少了 1 个。下面只需要在平面图形中证明 $F+V-E=1$ 即可，如图 4–5(b) 所示。

第二步：加边。在各个面上增加对角线，使得每个面都变成三角形的组合。在这个过程中，每增加一条边，同时会增加一个面，从而使得 $F+V-E$ 的值保持不变，如图 4–5(c) 所示。

第三步：去边。区分位于边界的棱和位于平面图形里面的棱（边）。下面先去掉一条边界的棱（边），如 AC，去掉这条边，但保留顶点 A、C，会发现面也会减少一个，从而使得 $F+V-E$ 的值保持不变。这样去掉所有这样的边界的棱，得到图 4–5(d)。但是有时候位于边界的三角形的边界的棱会有 2 条，如图 4–5(d) 中的三角形 DFE。如果去掉位于边界的棱 DF、FE，这个过程中面会减少 1 个，同时顶点也会减少 1 个，从而使得 $F+V-E$ 的值保持不变。继续这个过程，将会使得图形逐渐变成图 4–5(e) 的形式，进而变成图 4–5(f) 的形式。此时我们有等式 $F+V-E=1$。这样就证明了定理 4.1[①]。

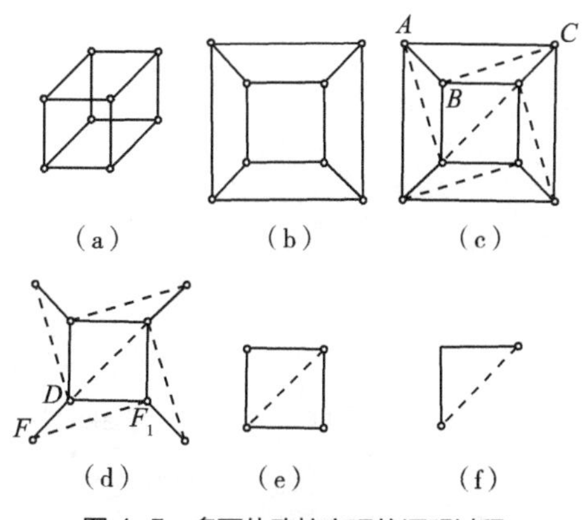

图 4–5 多面体欧拉定理的证明过程

图 4–6 是 5 个正多面体的展开图，正四面体、正八面体和正二十面体的展开图是由正三角形构成。正六面体展开图是由正方形构成，而正十二面体展开图是由正五边形构成。

① RICHARD C，HERBERT R. What is mathematics，an elementary approach to ideas and methods[M]. 2nd ed. Oxford：Oxford University Press，1996.

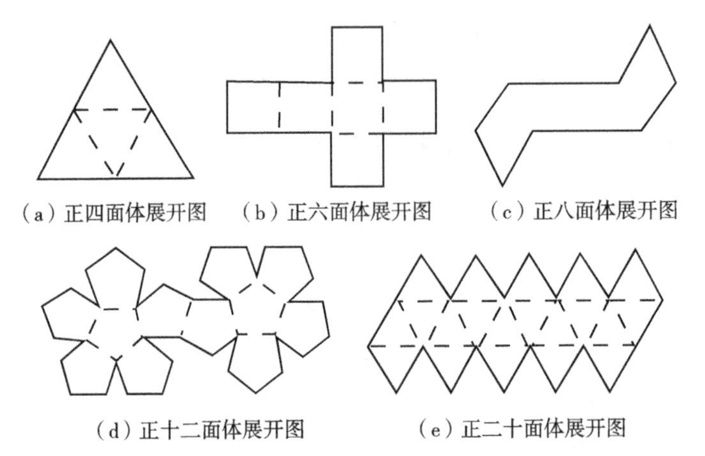

(a) 正四面体展开图　(b) 正六面体展开图　(c) 正八面体展开图

(d) 正十二面体展开图　(e) 正二十面体展开图

图 4-6　正多面体的展开图

下面就可以回答为什么正多面体只有 5 种可能这个问题了。设正多面体的顶点数是 V，面数是 F，棱数是 E，则由多面体欧拉定理得到 $F+V-E=2$。既然是正多面体，所以每个顶点的棱数相等，设过每个顶点有 m 条棱，每个面都是正 n 边形，因为两个相邻面有一条公共棱，所以 $2E=nF$。因为两个相邻顶点有一公共棱，所以 $2E=mV$。从上面 3 个等式可得：

$$E=\frac{2mn}{2m+2n-mn}。$$

于是，$2m+2n-mn>0$。注意到

$$m \geqslant 3，n \geqslant 3，\frac{1}{n}>\frac{1}{2}-\frac{1}{m}>\frac{1}{6}，$$

于是 $n<6$，$m<6$。

当 $n=3$ 时，$m<6$，所以 m 只能取 3，4，5；

当 $n=4$ 时，$m<4$，所以 m 只能取 3；

当 $n=5$ 时，$m<4$，所以 m 只能取 3。

于是得到表 4-2。

表 4-2　正多面体面数、顶点个数和棱的条数之间的关系

n 的取值	m 的取值	面数（F）	顶点个数（V）	棱的条数（E）
3	3	4	4	6
3	4	6	8	12
3	5	12	20	30
4	3	8	6	12
5	3	20	12	30

综上所述，正多面体只有上述 5 种可能。

例 4.1 证明不能有这样的多面体存在，它有奇数个面，而它的每一面都有奇数条边。

证明 采用反证法。设有一多面体，面数 F 为奇数，各面的边数也为奇数。由于每一条边一定连接两个面，所以将所有面的边相加应该等于这个多面体边的二倍，因此是一个偶数。但是，由于面是奇数个，每个面的边数也是奇数条，奇数个奇数相加一定是奇数，奇数等于偶数，矛盾。所以这样的多面体不存在。

从上述欧拉公式可以看到 $F+V-E$ 是一个常数，不会随着简单多面体的变化而变化，同时这个量也是一个拓扑不变量，也就是说 2 个同胚的简单多面体它们的 $F+V-E$ 的值是一样的，把这个不变的量叫作欧拉示性数（Euler Characteristic）。欧拉示性数与组合拓扑、椭圆拓扑、总曲率、同调、层的上同调和示性类联系在一起，其中涉及现代数学中许多重要的公式和定理。如高斯 – 博内公式、欧拉 – 庞加莱示性数、阿蒂亚辛格指标定理、霍奇指标定理、黎曼 – 罗赫定理、德拉姆同构定理等，这反映出欧拉示性数在当代数学中的重要性[①]。

定义 4.2 如果一个拓扑空间 X 有有限的三角剖分 h：$X\to|K|$，X 的欧拉示性数 $\chi(X)$ 定义为它的剖分复形 K 的各个维数单纯形个数（即单纯链复形的秩）的交错和，即

$$\chi(X)=\sum_{i=0}^{+\infty}(-1)^{i}rankC_i(K)。$$

对于有限 CW- 复形（CW–Complex），包括有限单纯复形（Simplicial Complex），欧拉示性数可以定义为交错和 $\chi=k_0-k_1+k_2-\cdots$，其中 k_i 表示 i 维胞腔的个数。

定理 4.2 如果一个多面体的表面与具有 $h(h\geqslant 0)$ 个环柄的球面同胚，那么这个多面体的欧拉示性数是 $2-2h$。

这里所谓的“具有 $h(h\geqslant 0)$ 个环柄的球面”指安了 h 个“把手”的球面。图 4–7 是有 1 个环柄的球面，圆环面或者说轮胎面、甜甜圈等与它同胚。由定理 4.2 可知同胚于这样球面的多面体的欧拉示性数是 $2-2=0$。而球面本身可以看作有 0 个环柄的面，于是它的欧拉示性数是 2，前面所讲的欧拉公式就是这种情形，即简单多面体的欧拉示性数就是定理中 $2-0=2$ 的情形，如图 4–7 所示。

① 刘娜娜，王昌 . 欧拉引入多面体公式的动因探析 [J]. 咸阳师范学院学报，2022，37(2)：77–82.

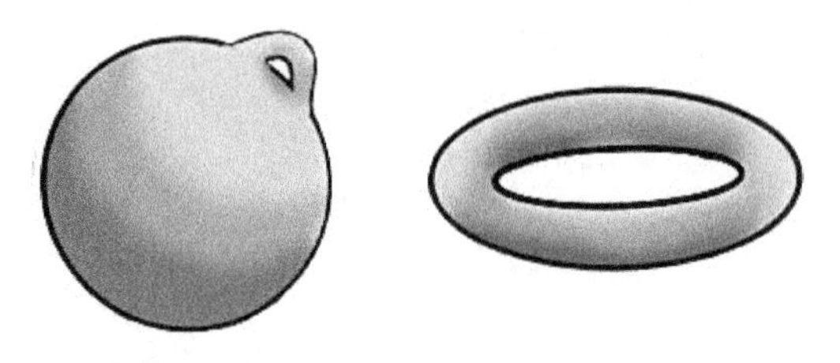

图 4-7　带有一个环柄的球面

在数学中，我们称“把手”叫作亏格。所谓亏格是指能在曲面上画出而又不把曲面分割开的互不相交简单闭曲线的最多个数，如球面的亏格为 0，圆环面的亏格为 1，图 4-8 是亏格为 2 的球面。类似地，带有 p 个洞的曲面的亏格为 p。如果 2 个闭曲面有相同的亏格，则可以把其中一个形变为另一个。

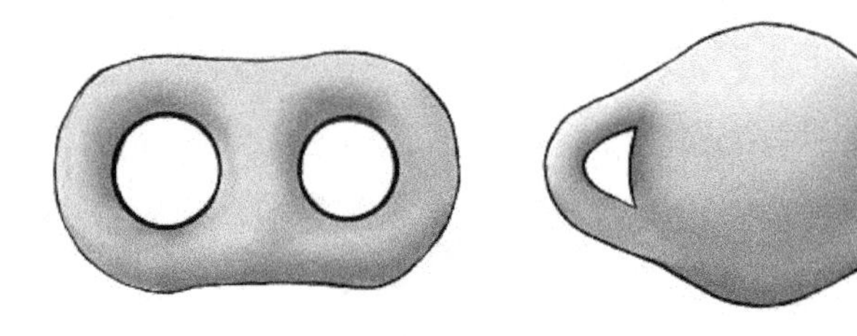

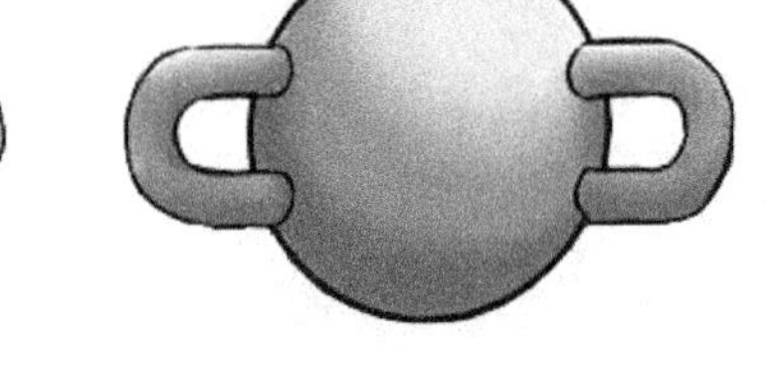

图 4-8　亏格为 2 的球面

下面再看一些例子[①]。能否将图 4-9(a) 中的图连续地拓扑变换到图 4-9(b)？答案是肯定的。变换过程如图 4-9(c) 至图 4-9(e) 所示。

(a)

(b)

(c)

(d)

(e)

图 4-9　图的连续拓扑变换

这意味着当我们的左右手的拇指和食指形成一个圆两两相扣，可以连续地形变使得它们分开，如图 4-10 所示。

① FOMENKO A T，MATVEEV S V. Algorithmic and computer methods for three-manifolds[M]. Berlin：Springer-verlag，1996.

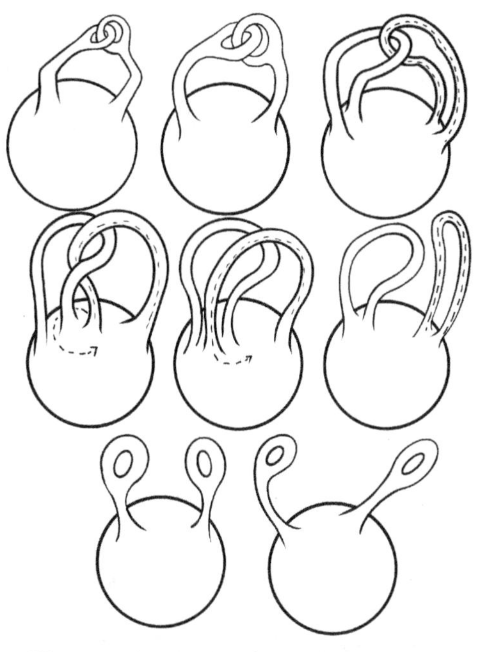

图 4-10 左右手拇指和食指相扣的拓扑变换

但是如果一只手上戴有一块手表，就不能完全分开，只能同胚于如图 4-11(h)所示。

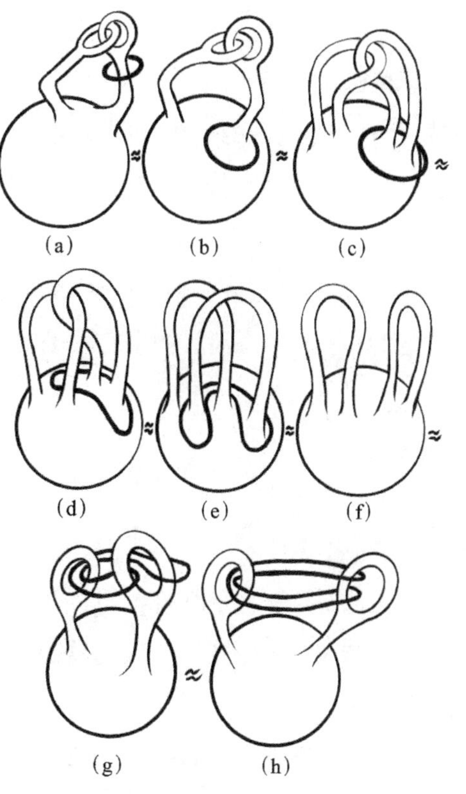

图 4-11 单手戴有手表的左右手拇指和食指相扣的拓扑变换

能否将一个轮胎的表面上打一个洞，通过连续变换，将这个轮胎的内表面翻到外面来？答案是肯定的。从下面的变换过程我们可以看到，一个表面有一个洞的轮胎本质上等于两个粘贴在一起的纸圈，只不过纸圈的地位是不一样的，一个纸圈的外表面相当于轮胎的外表面，而另外一个纸圈的外表面相当于轮胎的内表面，如图 4–12(d)所示。从图 4–12(b)连续变换，即外表面不断收缩，就得到图 4–12(d)。下面从图 4–12(d)出发，让内表面不断扩大，靠外边的纸圈连续变换成一个轮胎，这样就将轮胎的内表面翻到外面来了。

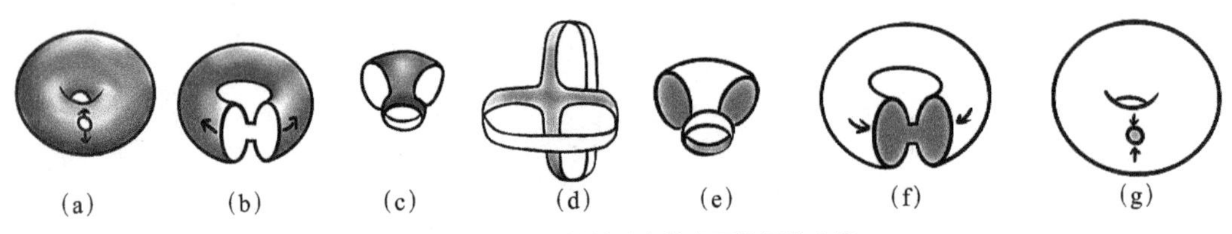

图 4–12　带有洞的轮胎内外表面的拓扑变换

这个过程正如人们可以将 T 恤衫从领口翻过来一样。大家知道许多中国人比较喜欢吃溜肥肠，但是很多人并不清楚猪大肠是如何处理干净的。事实上，将猪大肠翻过来的处理过程跟将轮胎内表面翻到外面来的过程具有异曲同工之妙。

本讲简单介绍有关拓扑学的基本知识。

距离是衡量事物与事物之间“远近”的一个重要度量，它既是现实物理空间的反映，也是诸多数学空间的固有属性。将距离抽象化就得到度量空间，它是最常见也是极为重要的一种结构[①]。

定义 4.3（度量空间）　设 V 是一个空间，对于任意给定的元素 x，$y\in V$，定义一个二元非负函数 $d(x,y)$ 称之为 x 和 y 的距离。如果它满足如下的条件，则称 V 是一个度量空间：

① $d(x,y)=d(y,x)$（对称性）；

② $d(x,y)\geqslant 0$（非负性）；

③ $d(x,y)=0$ 当且仅当 $x=y$（正规性）；

④ $d(x,y)+d(y,z)\geqslant d(x,z)$（三角不等式）。

实数轴、xOy 坐标平面都是度量空间，或更一般的欧氏空间也是度量空间。更多度量空间的例子可以参考《泛函分析》教材。

定义 4.4　设 (V,d) 是一个度量空间，$x\in V$。对于任意给定的实数 $\varepsilon>0$，集合

① 本小节内容取自：熊金城．点集拓扑讲义 [M]. 2 版．北京：高等教育出版社，1999.

$\{y \in V | d(x, y) < \varepsilon\}$ 称为 x 的 ε 邻域。

度量空间 (V, d) 的一个子集 A 称为 V 的一个开集，如果 A 的每一个点都有一个邻域包含于 A。

定理 4.3 度量空间 X 中的开集具有以下性质：

①集合 X 和空集 $\varnothing$ 都是开集；

②任意两个开集的交还是开集；

③任意一个开集族的并还是开集。

将度量空间开集满足的上述性质一般化就得到下面的拓扑空间的定义。

定义 4.5 设 X 是一个集合，$\wp$ 是 X 的一个子集族。如果 $\wp$ 满足下列条件：

①集合 $X \in \wp$ 和空集 $\varnothing \in \wp$；

②如果 $A \in \wp$，$B \in \wp$，则 $A \cap B \in \wp$；

③如果 $\wp_1 \subset \wp$，则 $\cup_{A \in \wp_1} A \in \wp$；

则称 $\wp$ 是 X 的一个拓扑。称 $(X, \wp)$ 或者 X 是一个拓扑空间，$\wp$ 中的元素叫作拓扑空间 $(X, \wp)$ 中的一个开集。

度量空间与拓扑空间有下面的关系。

设 (X, d) 是一个度量空间，设 $\wp_d$ 为由 X 中所有开集构成的集族，则 $(X, \wp_d)$ 是一个拓扑空间。我们称 $\wp_d$ 是由 X 的度量 d 诱导的拓扑空间。设 $(X, \wp)$ 是一个拓扑空间，如果存在 X 的一个度量 d 诱导出来的拓扑 $\wp_d$ 恰好就是 $\wp$，我们称 $(X, \wp_d)$ 是一个可度量化空间。

定义 4.6 设 X，Y 是两个拓扑空间，f: $X \to Y$ 是一个映射。如果 Y 中每个开集 U 的原像 $f^{-1}(U)$ 是 X 中的一个开集，则称 f 是一个连续映射，简称 f 连续。

如果 f: $X \to Y$ 是一一映射，并且 f 与 f^{-1} 都是连续的，则称 f 是一个同胚映射，此时称 X 与 Y 是同胚的，或称 X 同胚于 Y。

设 f: $X \to Y$ 是一个同胚映射，则 f 将开集映为开集，开集的原像也是开集。因此，两个空间同胚意味着可以认为它们的拓扑是一样的。容易证明同胚是一个等价关系。拓扑空间的某个性质 P，如果某个拓扑空间所具有，则与之同胚的拓扑空间也具有，则称此性质是一个拓扑不变性质，拓扑不变性质即为同胚的拓扑空间所共有的性质。拓扑学的中心任务就是研究拓扑不变性质。

定义 4.7 设 X，Y 是两个拓扑空间，f: $X \to Y$ 是一个映射，$x \in X$。如果 $f(x)$ 的每一个邻域 U 的原像 $f^{-1}(U)$ 是 $x \in X$ 的一个邻域，则称 f 在点 x 处连续。

容易证明拓扑空间 X 的恒等态射在每一点处都是连续的。

定理 4.4 ①设 X，Y，Z 是 3 个拓扑空间，f：$X \to Y$ 在点 $x \in X$ 处连续，g：$Y \to Z$ 在点 $f(x) \in Y$ 处连续，则 gf：$X \to Z$ 在点 $x \in X$ 处连续。

②设 X，Y 是 2 个拓扑空间，f：$X \to Y$ 在每一点 $x \in X$ 处都连续当且仅当 f：$X \to Y$ 连续。

将一条橡皮筋的两个端点粘合起来，便得到一个橡皮圈，将一块正方形的纸片（橡皮片）的一对边粘合起来，便得到了一个圆柱（橡皮管，如打针用的压脉带），而将压脉带的两端粘合起来就成了一个轮胎。这种从一个给定的图形构造新的图形的方法可以一般化，称为局部化，所得到的空间叫作商空间。

定义 4.8 设 $(X, \wp)$ 是一个拓扑空间，Y 是一个集合，f：$X \to Y$ 是一个满射。则 $\wp' = \{U \subset Y | f^{-1}(U) \in \wp\}$ 是 Y 的一个拓扑。称 $\wp'$ 为 Y 的相对于 f 的商拓扑。

定理 4.5 设 $(X, \wp)$ 是一个拓扑空间，Y 是一个集合，f：$X \to Y$ 是一个满射。则

(1) 如果 $\wp'$ 为 Y 的相对于 f 的商拓扑，则 f 是一个连续映射；

(2) 如果 $\overline{\wp'}$ 是 Y 的一个拓扑，使得对于这个拓扑而言，f 是连续的，则 $\overline{\wp'} \subset \wp'$，即商拓扑是使得 f 是连续的最大拓扑。

定义 4.9 设 A，B 是拓扑空间 X 的两个子集。如果

$$(A \cap \overline{B}) \cup (\overline{A} \cap B) = \varnothing \ (\Leftrightarrow A \cap \overline{B} = \varnothing \wedge \overline{A} \cap B = \varnothing),$$

则称 A，B 是隔离的。

例如，在实数空间中，$(0,1)$ 与 $(1,2)$ 隔离，但是，$(0,1]$ 与 $(1,2)$ 不隔离。

定义 4.10 设 X 是一个拓扑空间。如果 X 有两个非空隔离子集 A，B 使得 $X = A \cup B$，则称 X 是一个不连通空间；否则称 X 是一个连通空间。

定理 4.6 设 $(X, \wp)$ 是一个拓扑空间，则下列条件等价：

(1) X 是一个不连通空间；

(2) X 有两个非空闭子集 A，B 使得 $X = A \cup B$，$A \cap B = \varnothing$ 同时成立；

(3) X 有两个非空开子集 A，B 使得 $X = A \cup B$，$A \cap B = \varnothing$ 同时成立；

(4) X 有一个既开又闭的非空真子集。

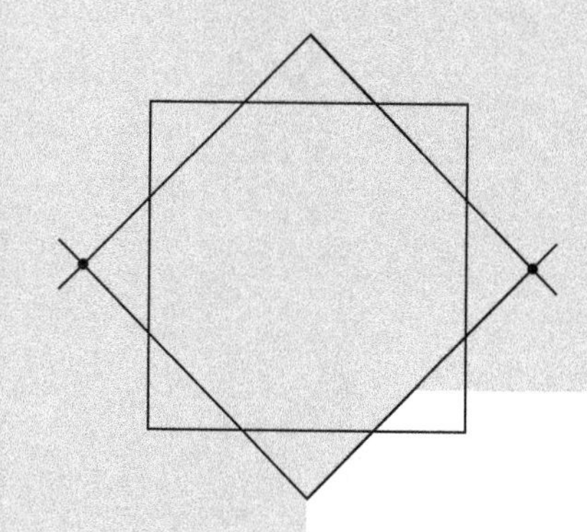

Strange as it may sound, the power of mathematics rests on its evasion of all unnecessary thought and on its wonderful saving of mental operations.

—Ernst Mach

也许听起来很奇怪，数学的力量在于它规避了一切不必要的思考和它惊人地节省了脑力活动。

——恩斯特·马赫

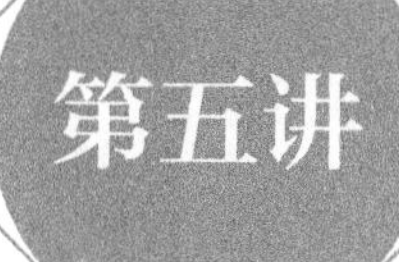

第五讲 最速降线与泛函分析

在一个斜面上，摆着多条轨道，其中有的是直线段，有的是曲线，起点高度及终点高度都相同，如图 5–1 所示。质量、大小一样的小球同时从起点向下滑落，问哪个先到达？原因是什么？

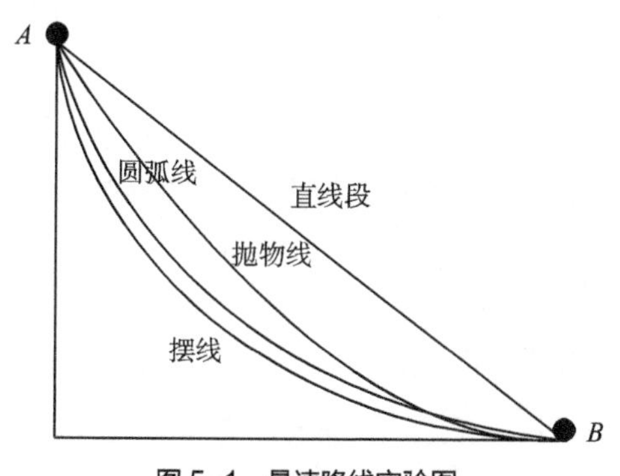

图 5–1　最速降线实验图

伽利略于 1630 年提出这个问题，当时他认为这条线应该是一条弧线，可是后来人们发现这个答案是错误的。1696 年，瑞士数学家约翰 · 伯努利（Johann Bernoulli）解决了这个问题，他还拿这个问题向其他数学家提出了公开挑战。牛顿、莱布尼茨、洛必达及雅克布 · 伯努利等解决了这个问题。这条最速降线就是一条摆线，也叫旋轮线，如图 5–2 所示。

约翰 · 伯努利对最速降线问题优美的解答如下：将曲线分成 n 段，如果使分成的层数 n 无限地增加，即每层的厚度无限地变薄，则质点的运动便趋于空间 A、B 两点间质点运动的真实情况，此时折线也就无限增多，其形状就趋近我们所要求的曲线——最速降线。而折线的每一段趋向于曲线的切线，因而得出最速降线的一个重要性质：任意一点上切线和铅直线所成的角度的正弦与该点落下的高度的平方根的比是常数。而具有这种性质的曲线就是摆线。

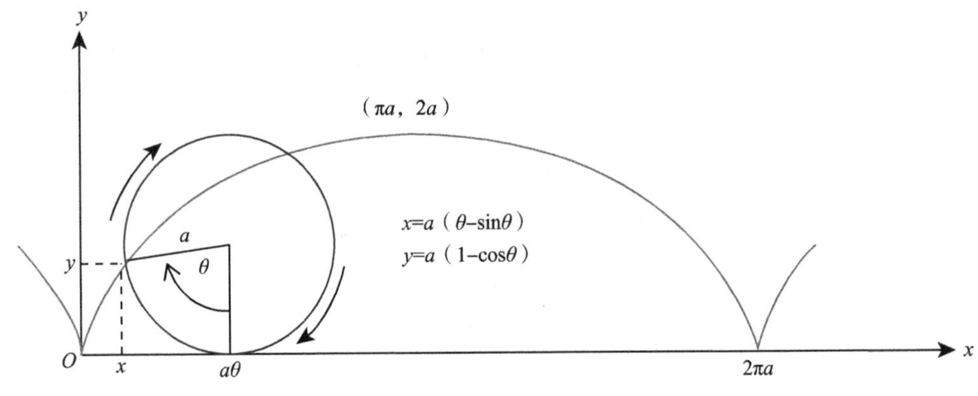

图 5-2 摆线生成图示

下面给出该问题的具体分析。以 A 为原点，水平向右为 x 轴，铅垂向下为 y 轴建立坐标系，如图 5-3 所示。连接 A、B 两点的曲线是 $y=y(x)$，质点在 A 的初速度是 $v_1=0$，由动能定理得到 $v^2=2gy$。从该式子中解出 y 得到 $v=\sqrt{2gy}$。由于

$$v=\frac{\mathrm{d}s}{\mathrm{d}t},\ \mathrm{d}t=\frac{\mathrm{d}s}{v},\ \mathrm{d}s=\sqrt{1+(y')^2}\,\mathrm{d}x。$$

对 $\mathrm{d}t$ 积分得到沿着曲线 $y=y(x)$ 从 A 到 B 所需要的时间，

$$t=J(y(x))=\frac{1}{\sqrt{2g}}\int_0^p\sqrt{\frac{1+y'^2}{y}}\,\mathrm{d}x。\tag{5-1}$$

质点由 A 点运动到 B 点所需时间是 $y=y(x)$ 的函数，最速降线问题就是在满足边界条件 $y(0)=0$，$y(p)=q$ 的所有连续函数 $y=y(x)$ 中，求出一个函数，使得 t 最小。

令

$$F(y,y')=\frac{1}{\sqrt{2g}}\sqrt{\frac{1+y'^2}{y}},$$

其欧拉 – 拉格朗日方程为：

$$\frac{\partial F}{\partial y}-\frac{\mathrm{d}}{\mathrm{d}x}\left(\frac{\partial F}{\partial y'}\right)=0。$$

由于

$$\frac{\mathrm{d}}{\mathrm{d}x}\left(F-y'\frac{\partial F}{\partial y'}\right)=y'\frac{\partial F}{\partial y}+y''\frac{\partial F}{\partial y'}-y''\frac{\partial F}{\partial y'}-y'\frac{\mathrm{d}}{\mathrm{d}x}\left(\frac{\partial F}{\partial y'}\right)=0。\tag{5-2}$$

所以

$$F-y'\frac{\partial F}{\partial y'}=C,$$

由此可得：

$$y=2r\sin^2\frac{\theta}{2}=r(1-\cos\theta),\ \mathrm{d}y=r\sin\theta,$$

解得

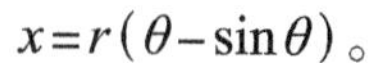

$$x=r(\theta-\sin\theta)。$$

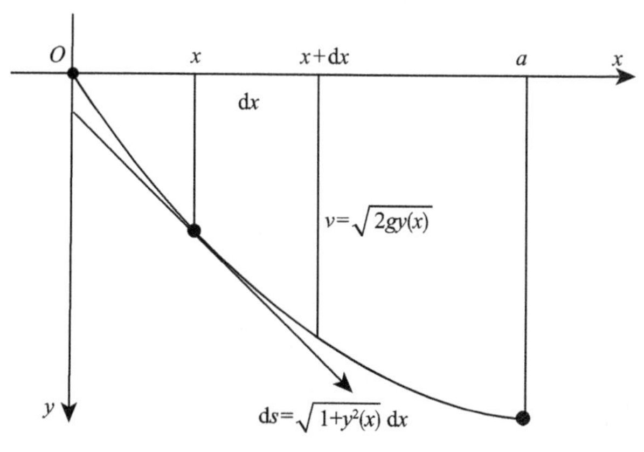

图 5-3　最速降线的泛函分析过程

记

$$D(x)=\{f(x)|f(x)\text{ 是定义在区间 } I \text{ 上的可导函数}\},$$

$$I(x)=\{f(x)|f(x)\text{ 是定义在区间 } I \text{ 上的函数}\},$$

$$V(x)=\{f(x)|f(x)\text{ 是定义在区间 } [a,b] \text{ 上可积的函数}\},$$

于是人们所熟知的求导和求积分可以看成是一种运算，也可以看成是一个函数：

$$\frac{\mathrm{d}}{\mathrm{d}x}:\ D(x)\to I(x),$$

$$f(x)\mapsto f'(x),$$

$$\int:\ V(x)\to I(x),$$

$$f(x)\mapsto\int_a^x f(u)\,\mathrm{d}u。$$

更一般的形式是

$$J=\int_a^b F(x,y,\ y')\,\mathrm{d}x。$$

于是对于定义在某个区间上的函数的全体可以看作是空间的点。这种思想甚至是在泛函理论的创始人沃尔泰拉（Volterra）开始泛函的研究之前已经出现了。例如，黎曼在他的学位论文中指出某些函数的全体是连通的闭区域，Giulio Ascoli 和 Cessare Arzela 探索了将康托尔的点集论推广到函数集合上。下面给出泛函分析相关的定义和结论。

定义 5.1（泛函）　如果对于某一类函数 $\{x(t)\}$ 中的每一个函数 $x(t)$，存在唯一的一个实数值或者一个函数 J 与之对应，则称 J 是 $x(t)$ 的泛函。记作：$J=J(x(t))$。

例如，上面讨论的函数就是泛函。比泛函更一般的概念是算子，它是空间到空间上的映射。在第四讲中已经介绍过度量空间的概念。所谓度量空间是一个带有距离的非空集合，这个距离满足对称性，非负性，正规性及三角不等式。

例 5.1 在空间 $I(x)=\{f(x)|f(x)$ 是定义在区间 I 上的函数 $\}$ 上，任取 2 个函数 $f(x)$，$g(x)$，定义

$$d(f,g)=\max_{x\in I}|f(x)-g(x)|,$$

则 $I(x)$ 构成一个度量空间。

例 5.2 设 $V=\{(x_1,x_2,\cdots)|x_i\in\mathbf{R},i=1,2,\cdots\}$，设 $\boldsymbol{x}=(x_1,x_2,\cdots)$，$\boldsymbol{y}=(y_1,y_2,\cdots)\in V$，定义

$$d(x,y)=\sum_{n=1}^{+\infty}\frac{1}{n!}\frac{|x_n-y_n|}{1+|x_n-y_n|},$$

可以证明 V 是一个度量空间。

例 5.3 设

$$H=\left\{(x_1,x_2,\cdots)\left|\sum_{i=1}^{+\infty}x_i^2<+\infty,x_i\in\mathbf{R},i=1,2,\cdots\right.\right\}。$$

定义 d：$H\times H\to\mathbf{R}$，

$$d(x,y)=\sqrt{\sum_{i=1}^{+\infty}(x_i-y_i)^2}。$$

可以证明 H 是一个度量空间。

定义 5.2 设 $X=(X,d)$ 是度量空间，$\{x_n\}\subseteq X$，如果对于任意给定的正数 ε，存在正整数 $N=N(\varepsilon)$，当 $n,m>N$ 时，必有 $d(x_n,x_m)<\varepsilon$，则称 $\{x_n\}$ 是 X 中的柯西点列。如果 $X=(X,d)$ 中的柯西点列都在 X 中收敛，则称 $X=(X,d)$ 是完备的度量空间。

定义 5.3 设 X 是实数域或复数域上的线性空间，如果存在一个映射 $\|\|$：$X\to\mathbf{R}$ 满足以下条件：

(1) $\|\boldsymbol{x}\|\geqslant 0$，$\boldsymbol{x}\in X$；

(2) $\|\alpha\boldsymbol{x}\|=\alpha\|\boldsymbol{x}\|$，$\alpha\in\mathbf{R}$；

(3) $\|\boldsymbol{x}+\boldsymbol{y}\|\leqslant\|\boldsymbol{x}\|+\|\boldsymbol{y}\|$，$\boldsymbol{x},\boldsymbol{y}\in X$；

则称 $\|\boldsymbol{x}\|$ 是 $\boldsymbol{x}$ 的范数，此时称 X 是一个赋范线性空间。设序列 $\{\boldsymbol{x}_n\}\subseteq X$，如果存在 $\boldsymbol{x}\in X$ 使得 $\|\boldsymbol{x}_n-\boldsymbol{x}\|\to 0(n\to\infty)$，则称 $\{\boldsymbol{x}_n\}$ 依范数收敛于 $\boldsymbol{x}$，记作 $\boldsymbol{x}_n\to\boldsymbol{x}(n\to\infty)$ 或者 $\lim\limits_{n\to\infty}\boldsymbol{x}_n=\boldsymbol{x}$。

设 X 是一个赋范线性空间，如果定义 $d(\boldsymbol{x},\boldsymbol{y})=\|\boldsymbol{x}-\boldsymbol{y}\|$，则容易检验，$X$ 构成一个度量空间。利用范数研究抽象空间始于利兹(Riesz)，但是赋范空间的定义是由巴拿赫

(Stefan Banach)等人给出的。**完备的赋范线性空间称为巴拿赫空间。**

例 5.4 ①欧氏空间 $\mathbf{R}^n$ 对于不同的度量(距离)成为巴拿赫空间。

② $C[a,b]$ 表示 $[a,b]$ 上所有连续函数构成的空间。定义 $\|x\|=\max\limits_{a\leqslant t\leqslant b}|x(t)|$，$x\in C[a,b]$，则 $C[a,b]$ 构成巴拿赫空间。

③ $l^{\infty}=\{\boldsymbol{x}=(x_1,\ x_2,\ \cdots)|x_i\in\mathbf{R}\}$ 表示所有有界实数列构成的空间，定义

$$\|\boldsymbol{x}\|=\sup_j|x_j|,$$

则 l^{∞} 是巴拿赫空间。

定义 5.4(线性泛函) 如果泛函 $J=J(x(t))$ 满足条件：

$$J(a_1x_1(t)+a_2x_2(t))=a_1J(x_1(t))+a_2J(x_2(t)),$$

其中，a_1，a_2 是任意的实数，则称 $J=J(x(t))$ 是一个线性泛函。

定义 5.5(连续性) 泛函 J 称为在 $I=\{x(t)\}$ 的元素 A 处连续，如果对于每一个包含在 I 中并收敛于 A 的序列 $x_n(t)$，都有 $\lim\limits_{n\to\infty}J(x_n)=J(A)$。

定义 5.6(有界性) 泛函 J 称为有界泛函，如果存在常数 c，使得对于任意的 $x(t)$ 都有 $|J(x(t))|\leqslant c\|x(t)\|$。

定理 5.1 泛函 J 是有界泛函当且仅当 J 是连续泛函。

下面定理说明赋范线性空间子空间上的泛函可以延拓到整个空间上去。

定理 5.2 设 J 是赋范线性空间 X 的子空间 Y 上的连续线性泛函，则一定存在 X 上的连续线性泛函 $\tilde{J}$ 使得 $\tilde{J}(x)=J(x)$，$x\in Y$ 且 $\|\tilde{J}\|_X=\|J\|_Y$。

定理 5.3(利兹表示定理) $C[a,b]$ 上每一个连续线性泛函 J 都可以表示成

$$J(f)=\int_a^b f(t)\,\mathrm{d}g(t),\ f\in C[a,b],$$

其中，$g(t)$ 是 $[a,b]$ 上的有界变差函数。

线性理论在数学各个分支中都具有非常重要的地位，线性理论不仅仅因为它简单，而且在于它的理论往往比较完备，同时很多非线性的问题可以转化为线性的问题来处理。第一个试图建立线性泛函和算子抽象理论的人是美国数学家 E. H. Moore。Moore 认识到在有限多个未知数的线性方程理论和无限多个未知数的无限多个线性方程理论及线性积分方程理论之间有许多共同的地方①。E.Schmidt 在线性泛函方面做出了第一个有影响的工作。它将无穷复数列引入到函数空间。并引入了无穷复数列 $z=\{z_n\}$ 的范数

$$z=\left\{\sum_{n=1}^{+\infty}z_n\overline{z_n}\right\}^{\frac{1}{2}}。$$

① 克莱因. 古今数学思想：第 1 册 [M]. 北京大学数学系数学史翻译组，译. 上海：上海科学技术出版社，1979.

这一理论更为广泛的理论是所谓的内积空间。

定义 5.7 设 V 是复数域上一个线性空间，在 V 上定义了一个二元复函数，称为内积，记作 $(\boldsymbol{\alpha},\boldsymbol{\beta})$，它具有以下性质：

①$(\boldsymbol{\alpha},\boldsymbol{\beta})=\overline{(\boldsymbol{\beta},\boldsymbol{\alpha})}$，$\overline{(\boldsymbol{\beta},\boldsymbol{\alpha})}$ 是 $(\boldsymbol{\beta},\boldsymbol{\alpha})$ 的共轭复数；

②$(k\boldsymbol{\alpha},\boldsymbol{\beta})=k(\boldsymbol{\alpha},\boldsymbol{\beta})$；

③$(\boldsymbol{\alpha}+\boldsymbol{\beta},\boldsymbol{\gamma})=(\boldsymbol{\alpha},\boldsymbol{\gamma})+(\boldsymbol{\beta},\boldsymbol{\gamma})$；

④$(\boldsymbol{\alpha},\boldsymbol{\alpha})$ 是非负实数，且 $(\boldsymbol{\alpha},\boldsymbol{\alpha})=0$ 当且仅当 $\boldsymbol{\alpha}=\mathbf{0}$；

这里 $\boldsymbol{\alpha},\boldsymbol{\beta}$，$\boldsymbol{\gamma}$ 是 V 中任意的向量，k 是任意复数，这样的线性空间称为内积空间。

根据④，可以引入范数 $\|\boldsymbol{\alpha}\|=\sqrt{(\boldsymbol{\alpha},\boldsymbol{\alpha})}$，此时构成赋范线性空间。如果这样的赋范线性空间还是完备的，则称为是希尔伯特空间。

例 5.5 在线性空间 $\mathbf{C}^n$，对向量

$$\boldsymbol{\alpha}=(a_1,a_2,\cdots,a_n),\ \boldsymbol{\beta}=(b_1,b_2,\cdots,b_n)$$

定义内积为

$$(\boldsymbol{\alpha},\boldsymbol{\beta})=a_1\overline{b_1}+a_2\overline{b_2}+\cdots+a_n\overline{b_n},\tag{5-3}$$

显然内积 (5-3) 满足上述定义 5.7 中的条件，这样 $\mathbf{C}^n$ 就成为一个内积空间。

内积空间具有如下一些性质。

①$(\boldsymbol{\alpha},k\boldsymbol{\beta})=\bar{k}(\boldsymbol{\alpha},\boldsymbol{\beta})$。

②$(\boldsymbol{\alpha},\boldsymbol{\beta}+\boldsymbol{\gamma})=(\boldsymbol{\alpha},\boldsymbol{\beta})+(\boldsymbol{\alpha},\boldsymbol{\gamma})$。

③$\sqrt{(\boldsymbol{\alpha},\boldsymbol{\alpha})}$ 叫作向量 $\boldsymbol{\alpha}$ 的长度（范数），记为 $|\boldsymbol{\alpha}|$。

④柯西－布涅柯夫斯基不等式仍然成立，即对于任意的向量 $\boldsymbol{\alpha},\boldsymbol{\beta}$ 有

$$|(\boldsymbol{\alpha},\boldsymbol{\beta})|\leqslant|\boldsymbol{\alpha}||\boldsymbol{\beta}|,$$

当且仅当 $\boldsymbol{\alpha}$，$\boldsymbol{\beta}$ 线性相关时等号成立。

注意：内积空间中的内积 $(\boldsymbol{\alpha},\boldsymbol{\beta})$ 一般是复数，故向量之间不易定义夹角但仍可以引入以下性质：

⑤任意给定向量 $\boldsymbol{\alpha}$，$\boldsymbol{\beta}\in V$，当 $(\boldsymbol{\alpha},\boldsymbol{\beta})=0$ 时称为正交的或互相垂直。

在内积空间中，同样可以定义正交基和标准正交基，并且关于标准正交基也有下述一些重要性质：

⑥任意一组线性无关的向量可以用施密特过程正交化，并扩充为一组标准正交基。

⑦对 n 级复矩阵 $\boldsymbol{A}$，用 $\overline{\boldsymbol{A}}$ 表示以 $\boldsymbol{A}$ 的元素的共轭复数作元素的矩阵。如果 $\boldsymbol{A}$ 满足 $\overline{\boldsymbol{A}}'\boldsymbol{A}=\boldsymbol{A}\overline{\boldsymbol{A}}'=\boldsymbol{E}$，就叫作酉矩阵。它的行列式的绝对值等于 1。

两组标准正交基的过渡矩阵是酉矩阵。

线性空间 V 到自身的映射称为 V 的一个变换。线性空间 V 的一个变换 $\mathcal{A}$ 称为线性变换，如果对于 V 中任意的元素 $\boldsymbol{\alpha}$，$\boldsymbol{\beta}$ 和数域 P 中任意数 k，都有

$$\mathcal{A}(\boldsymbol{\alpha}+\boldsymbol{\beta})=\mathcal{A}(\boldsymbol{\alpha})+\mathcal{A}(\boldsymbol{\beta});\ \mathcal{A}(k\boldsymbol{\alpha})=k\mathcal{A}(\boldsymbol{\alpha})。$$

⑧内积空间 V 的线性变换 $\mathcal{A}$，满足

$$(\mathcal{A}\boldsymbol{\alpha},\mathcal{A}\boldsymbol{\beta})=(\boldsymbol{\alpha},\boldsymbol{\beta}),$$

就称为 V 的一个酉变换。酉变换在标准正交基下的矩阵是酉矩阵。

⑨如矩阵 $\boldsymbol{A}$ 满足

$$\overline{\boldsymbol{A}}'=\boldsymbol{A},$$

则叫作埃尔米特（Hermite）矩阵。在内积空间 $\mathbf{C}^n$ 中令

$$\mathcal{A}\begin{pmatrix}x_1\\x_2\\\vdots\\x_n\end{pmatrix}=\boldsymbol{A}\begin{pmatrix}x_1\\x_2\\\vdots\\x_n\end{pmatrix}$$

则

$$(\mathcal{A}\boldsymbol{\alpha},\boldsymbol{\beta})=(\boldsymbol{\alpha},\mathcal{A}\boldsymbol{\beta})。$$

$\mathcal{A}$ 是对称变换。

⑩V 是内积空间，V_1 是子空间，$V_1^{\perp}$ 是 V_1 的正交补，则 $V=V_1\oplus V_1^{\perp}$；又设 V_1 是对称变换的不变子空间，则 $V_1^{\perp}$ 也是不变子空间。

⑪ 埃尔米特矩阵的特征值为实数。它的属于不同的特征值的特征向量必正交。

⑫ 若 $\boldsymbol{A}$ 是埃尔米特矩阵，则有酉矩阵 $\boldsymbol{C}$，使

$$\boldsymbol{C}^{-1}\boldsymbol{A}\boldsymbol{C}=\overline{\boldsymbol{C}}'\boldsymbol{A}\boldsymbol{C},$$

是对角矩阵。

⑬ 设 $\boldsymbol{A}$ 为埃尔米特矩阵，二次齐次函数

$$f(x_1,\ x_2,\ \cdots,\ x_n)=\sum_{i=1}^{n}\sum_{j=1}^{n}a_{ij}x_i\bar{x}_j=\boldsymbol{X}'\boldsymbol{A}\overline{\boldsymbol{X}},$$

叫作埃尔米特二次型；必有酉矩阵 $\boldsymbol{C}$，当 $\boldsymbol{X}=\boldsymbol{C}\boldsymbol{Y}$ 时

$$f(x_1,\ x_2,\ \cdots,\ x_n)=d_1y_1\bar{y}_1+d_2y_2\bar{y}_2+\cdots+d_ny_n\bar{y}_n。$$

对于希尔伯特空间上的线性泛函具有简单的形式。

定理 5.4（利兹定理） 设 X 是希尔伯特空间，J 是 X 上的连续线性泛函，则存在唯一的 $z\in X$ 使得，$J(-)=(-,z)$，且 $\|J\|=\|z\|$。

证明 如果 $J=0$，则令 $z=0$。如果 $J\neq0$，如果这样的 z 存在的话，则 $z\in\mathrm{Ker}(J)^{\perp}$，这里 $\mathrm{Ker}(J)=\{x\in X|J(x)=0\}$。由于 J 是 X 上的连续线性泛函，容易证明 $\mathrm{Ker}(J)$ 是完备的子空间。于是 $\mathrm{Ker}(J)^{\perp}\neq\{0\}$。任取 $0\neq z_0\in\mathrm{Ker}(J)^{\perp}$，$\forall\ x\in X$，令 $v=J(x)z_0-J(z_0)x$，

则有 $J(v)=0$。由 $0=(v,z_0)=J(x)(z_0,z_0)-J(z_0)(x,z_0)$，得到

$$J(x)=\frac{J(z_0)(x,z_0)}{(z_0,\ z_0)}=\left(x,\ \overline{\frac{J(z_0)}{(z_0,\ z_0)}}z_0\right)。\tag{5-4}$$

令

$$z=\frac{J(z_0)}{(z_0,\ z_0)}z_0,\ J(x)=\frac{J(z_0)(x,z_0)}{(z_0,\ z_0)}=(x,z)。$$

容易证明唯一性与 $\|J\|=\|z\|$。

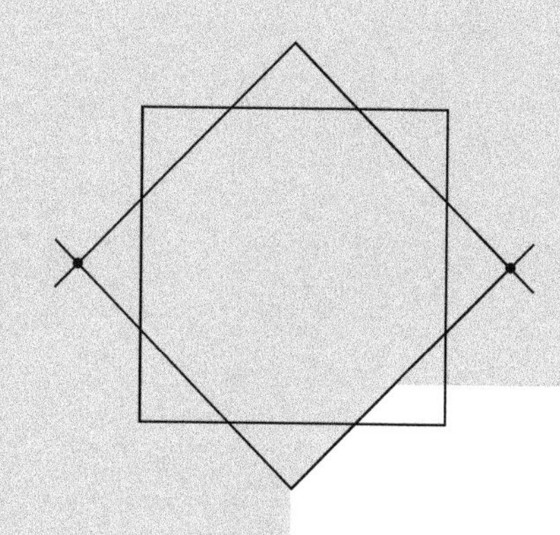

对称是一个广阔的主题，在艺术和自然两个方面都意义重大，而数学则是它的根本。

——外尔

第六讲 群与对称

对称在日常生活中是司空见惯的，我们经常会说或者听到“什么什么是对称的”。例如，人体大致是左右对称的，圆形和正方形是对称图形等。那么什么是对称呢？在日常生活或简单数学和科学课程中，我们所说的对称主要是指轴对称、中心对称和旋转对称。轴对称是指一个图形的两部分（或者两个物体）沿着一条直线对折后完全重合，这条直线叫作对称轴；中心对称是指一个图形绕一个定点旋转 180°，旋转后的图形能和原图形完全重合；旋转对称是指把一个图形绕着一个定点旋转一个角度后，与初始图形完全重合。例如，正方形有 4 条对称轴，而非正方形的长方形只有 2 条对称轴；正方形还是中心对称图形，也是 90°和 270°的旋转对称图形，但长方形只是中心对称图形。而圆是轴对称图形，它有无数条对称轴，也是任意角的旋转对称图形。

对称是宇宙最普遍最重要的特性之一，近代科学表明几乎自然界的重要规律都与对称有关。空间有对称，时间也有对称，如时间平移对称、时间反演对称等。空间对称和时间对称统称为时空对称。德国女数学家诺特证明了对称性与守恒定律的根本联系——诺特定理，一个物理系统作用量的可微对称性具有一个对应的守恒定律。例如，空间平移不变性对应线动量守恒；空间转动不变性对应角动量守恒；时间平移不变性对应着能量守恒。在数学中对称的严格定义是：**组员的构形在其自同构变换群作用下所具有的不变性**[①]。

外尔将对称分为双侧对称、旋转对称、平移对称、装饰对称和结晶对称。双侧对称是指一个空间构形关于给定平面反射后变为其自身，或者说一个构形绕着某一根轴旋转 180°后变为自身，也就是上面提到的轴对称。旋转对称也就是上面提到的中心对称。平移对称是指一个空间构形在空间平行移动后，与原来的构形重合。如图 6–1 所示，将图形向左或向右移动一个图案，整个图案不发生变化。装饰对称主要是指二维平面上的相同图案的无限排列，如图 6–2 所示。

① 外尔 . 对称 [M]. 冯承天，陆继宗，译 . 北京：北京大学出版社，2018.

图 6–1 平移对称

图 6–2 装饰对称

所谓晶体对称是指自然界中晶体原子排列所呈现出来的对称性，如图 6–3 所示。

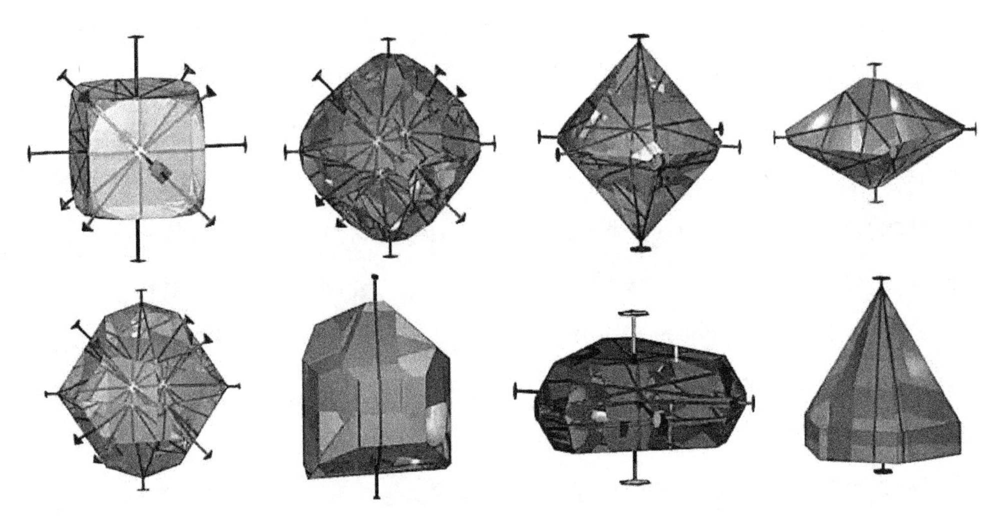

图 6–3 对称的晶体

在自然界中左右对称性是普遍存在的。当然，不是所有的物体都具有完美的左右对称性。人体像其他脊椎动物一样外形是按左右对称来生长的（图 6–4），一些动物的外形（图 6–5），植物的花朵和叶也是左右对称的（图 6–6）。地球的自转也是对称的，以及其他诸如建筑（图 6–7）、艺术品（图 6–8）、几何图形等都是对称的（图 6–9、图 6–10）。

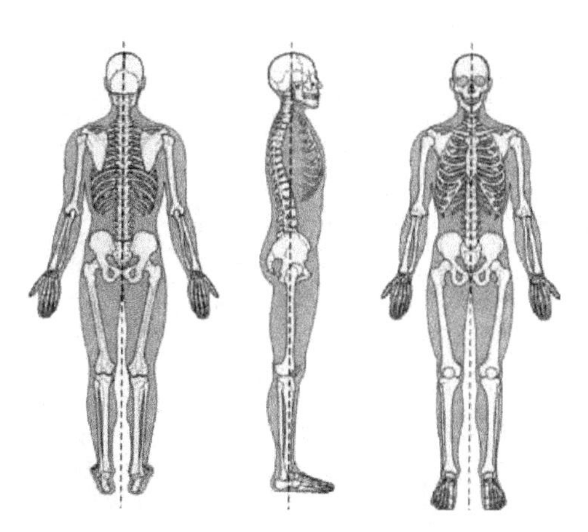

图 6–4　对称的人体

图 6–5　对称的动物

图 6–6　对称的植物

图 6-7　对称的建筑

图 6-8　对称的剪纸

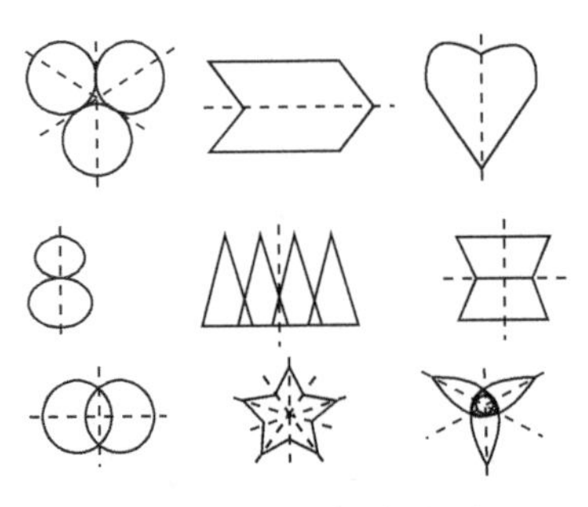

图 6-9　对称的几何图形

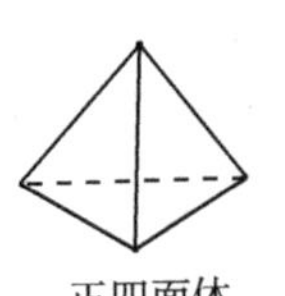

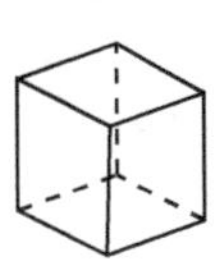

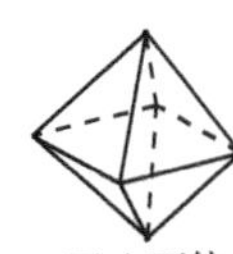

图 6-10　对称的正多面体

在无机界也有对称性的例子，如图 6-11 所示是碳 60 模型。碳 60 是一种非金属单质，化学式为 C_{60}。它的发现始于科学家对天体物质的研究，1985 年 9 月，英国化学家哈罗德 · 克罗托进行了碳的激光蒸发试验，首次从质谱上观察到碳 60 分子。他也因此获得 1996 年的诺贝尔化学奖。碳 60 分子由 12 个五边形和 20 个六边形构成，60 个碳原子位于多面体的顶点。碳 60 分子具有二十面体对称性结构。

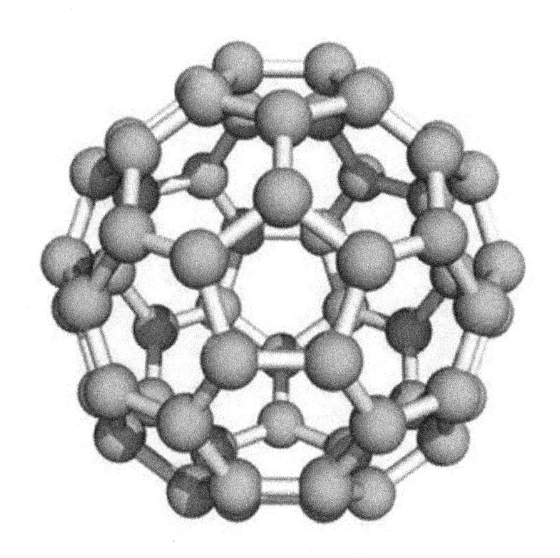

图 6-11 碳 60 模型

无机界中的对称最引人注目的便是晶体。晶体按照晶格结构可以分为 7 类晶系：立方晶系、三方晶系、四方晶系、六方晶系、正交晶系、单斜晶系和三斜晶系。按照带心型式分类，7 个晶系可以分为 14 种晶格型式，如立方晶系可以分为简单立方、体心立方和面心立方 3 种型式；正交晶系分为简单正交、体心正交、面心正交和底心正交；单斜晶系分为简单单斜和底心单斜等。图 6-12 是晶系的 7 种不同类型及 14 种不同型式。根据对称性又可以将晶体分为 32 类。这 32 类几何上可能的晶体对称性大多是双侧对称的，当晶体不是双侧对称时，可能是对应晶体，即它们以左旋形式和右旋形式存在，一种是另外一种的镜像，正如左手与右手的关系。表 6-1 列举了 7 类晶系的几何特征与对称元素，其中 a, b, c 分别表示晶体的边长，α, β, γ 分别表示它们之间的夹角。

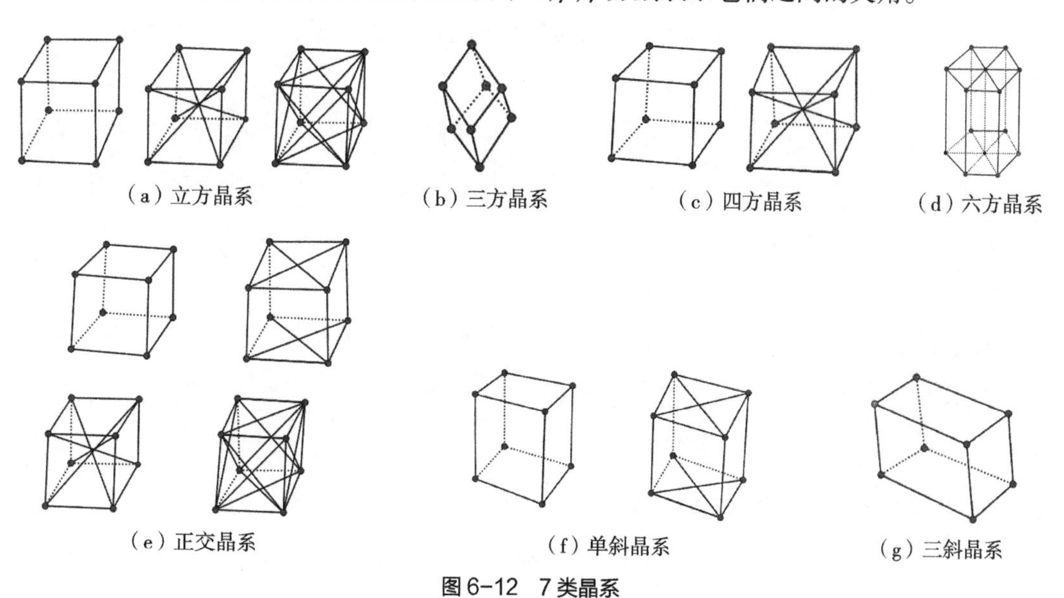

图 6-12 7 类晶系

表 6-1　7 类晶系的几何特征与对称元素

晶系	几何特征	对称元素	实例
立方晶系	$a=b=c, \alpha=\beta=\gamma=90°$	4 个 3 次轴	钻石
三方晶系	$a=b\neq c, \alpha=\beta=90°,\ \gamma=120°$	1 个 3 次轴或 3 次反轴	绿柱石、方解石
四方晶系	$a=b\neq c, \alpha=\beta=\gamma=90°$	1 个 4 次轴或 4 次反轴	锆石
六方晶系	$a=b\neq c, \alpha=\beta=90°,\ \gamma=120°$	1 个 6 次轴或 6 次反轴	绿柱石、方解石
正交晶系	$a\neq b\neq c, \alpha=\beta=\gamma=90°$	2 次轴或反映面的个数大于 1	橄榄石
单斜晶系	$a\neq b\neq c, \alpha=\gamma=90°,\ \beta>90°$	2 次轴或反映面的个数等于 1	正方石
三斜晶系	$a\neq b\neq c, \alpha>90°,\ \beta>90°,\ \gamma\neq 90°$	没有旋转轴和反映面	拉长石

为了使讨论更加方便和深入，先给出群及其相关概念的定义。

定义 6.1　设 G 是一个非空集合，在 G 上定义了一个二元运算$\circ$，我们称之为乘法。我们称 $(G,\ \circ)$ 是一个群（Group），如果以下公理成立：

①$(G, \circ)$ 满足结合律，即 $\forall a, b, c\in G, (a\circ b)\circ c=a\circ(b\circ c)$；

②$(G, \circ)$ 存在单位元，即$\exists e\in G$，满足 $\forall a\in G, a\circ e=e\circ a=a$;

③ 存在逆元，即 $\forall a\in G$，$\exists b\in G$，满足 $a\circ b=b\circ a=e$。

一般将运算符号$\circ$省略，有时候，二元运算也可以用加号或者其他的符号来表示。

定义 6.2　设群 G 的一个非空子集 H 对于 G 的运算也构成一个群，则称 H 是 G 的子群，记作 $H\leqslant G$。

群 G 所含元素的“个数”叫作群 G 的阶数，记作 $|G|$。设 $x\in G$，x 的阶数定义为 $ord\ x=\inf\{n|x^n=e\}$。由一个元素 $x\in G$ 的幂构成的子群叫作 G 循环子群，记作 $\langle x\rangle$。容易证明 $|\langle x\rangle|=ord\ x$。

设 H 是 G 的子群，我们定义如下关系：$x, y\in G, x\sim y \Leftrightarrow x^{-1}y\in H$。容易证明这是一个等价关系。$\forall x\in G$，记 $xH=\{y\in G|y\sim x\}$，称为 H 的左陪集。记 $[G:\ H]=|\{xH|x\in G\}|$，称为 H 在 G 中的指数。

定理 6.1（Lagrange 定理）　$|G|=[G:\ H]|H|$。

根据这个定理，我们知道群 G 的任何子群的阶数与指数都是 G 的阶数的因数。

例 6.1　(1) 整数集合对于加法运算 $(\mathbf{Z},\ +)$ 构成一个群。同样地，有理数的集合、实数的集合、复数的集合对于加法运算 $(\mathbf{Q},\ +)$、$(\mathbf{R},\ +)$、$(\mathbf{C},\ +)$ 都构成群。非零有理数的集合对于数的乘法 $(\mathbf{Q}\backslash\{0\},\ \cdot)$ 构成一个群。

(2) 设 P 是一个数域，P 上全体 $m\times n$ 矩阵 $\boldsymbol{M}_{m\times n}(P)$ 对矩阵的加法构成一个群。P

上全体 n 阶可逆矩阵对矩阵的乘法构成一个群，称为 P 的一般线性群，记作 $GL_n(P)$。P 上全体 n 阶行列式等于 1 的矩阵对矩阵的乘法构成一个群，称为 P 的特殊线性群，记作 $SL_n(P)$。P 上全体 n 阶正交矩阵对矩阵的乘法构成一个群，称为 P 的正交群，记作 $O_n(P)$。

(3) 设 X 是一个非空集合，X 到 X 的全体双射对复合运算构成一个群，我们称之为 X 的变换群，记作 P_X。X 是一个有 n 个不同元素的集合，记作 $X=\{1, 2, 3, \cdots, n\}$，称 P_X 为 n 阶对称群，记作 S_n。S_n 中的元素显然是 1，2，3，…，n 的一个排列，称为一个置换，记作

$$\sigma=\begin{pmatrix}1 & 2 & \cdots & n\\ \sigma(1) & \sigma(2) & \cdots & \sigma(n)\end{pmatrix},$$

或者 $\sigma=(\sigma(1)\sigma(2)\cdots\sigma(n))$。用 $(i_1i_2i_3\cdots i_r)$ 表示

$$i_1\mapsto i_2,\ i_2\mapsto i_3,\ i_3\mapsto i_4,\ \cdots,\ i_{r-1}\mapsto i_r,\ i_r\mapsto i_1,$$

其他元素不变的置换，称之为一个 r- 轮换。一个 2- 轮换叫作一个对换。容易证明任何一个置换都可以写成轮换的乘积，进一步地可以写成对换的乘积。一个置换叫作偶（奇）置换，如果它可以写成偶数（奇数）个对换的乘积。对于 $n\geqslant 2$ 的对称群 S_n，它的全体偶置换的集合构成一个子群，叫作 n 阶交错群，记为 A_n，且 $|A_n|=n!/2$。

(4) 在平面直角坐标系 $\mathbf{R}^2$ 中，令

$$G_1=\{\rho_{ab}|\rho_{ab}: \mathbf{R}^2\to\mathbf{R}^2,\ \rho_{ab}(x,y)=(x+a, y+b),\ a, b\in\mathbf{R}\},$$

容易验证 $\rho_{cd}\rho_{ab}=\rho_{a+c,\, b+d}$，$G_1$ 构成一个群，叫作平移群①。

任取平面一条直线，平面上的点关于直线对称的变换（关于直线的镜像），记为 α，则 $\{\alpha|\alpha^2=1\}$ 构成一个群，称为反射群。

平面上以一点为中心的旋转构成的群叫作旋转群。设以原点为旋转中心，设一个旋转为 $\boldsymbol{\rho}_\theta$，设旋转前的点的直角坐标和极坐标为 $(x, y)=(r, \alpha)$，旋转后的点为 $(x', y')=(r, \alpha+\theta)$，于是有

$$\begin{cases}x=r\cos\alpha,\\ y=r\sin\alpha,\end{cases}$$

$$\begin{cases}x'=r\cos(\alpha+\theta)=r\cos\theta\cos\alpha-r\sin\theta\sin\alpha,\\ y'=r\sin(\alpha+\theta)=r\sin\theta\cos\alpha+r\cos\theta\sin\alpha。\end{cases}$$

用矩阵表示就是

① 莫宗坚，蓝以中，赵春来．代数学：上 [M]. 北京：高等教育出版社，2015.

$$\begin{pmatrix} x' \\ y' \end{pmatrix} = \begin{pmatrix} \cos\theta & -\sin\theta \\ \sin\theta & \cos\theta \end{pmatrix} \begin{pmatrix} x \\ y \end{pmatrix},$$

也就是说

$$\boldsymbol{\rho}_\theta = \begin{pmatrix} \cos\theta & -\sin\theta \\ \sin\theta & \cos\theta \end{pmatrix},$$

是一个行列式为 1 的正交矩阵。

所有旋转构成的旋转群 G 是一个无限群，即 $|G|=\infty$。下面我们考虑旋转群 G 的有限子群。设 $H\leqslant G$，$1<|H|<\infty$。令 $\boldsymbol{\rho}_\theta$ 是 H 中非单位且旋转角最小的元（这是存在的，因为 H 是有限群）。任给其他元素 $\boldsymbol{\rho}_\alpha\in H$。令 $\alpha=n\theta+r$，$0\leqslant r<\theta$，所以

$$\boldsymbol{\rho}_r=\boldsymbol{\rho}_{\alpha-n\theta}=\boldsymbol{\rho}_\alpha\boldsymbol{\rho}_\theta^{-n}\in H,$$

由 θ 的最小性知道 $r=0$。也就是说旋转群 G 的有限子群一定是一个循环群。下面说明 θ 一定是 360°的因数。设正整数 m 满足 $m\theta\leqslant 360^\circ<(m+1)\theta$，则有

$$\boldsymbol{\rho}_\theta^{m+1}=\boldsymbol{\rho}_{(m+1)\theta}=\boldsymbol{\rho}_{(m+1)\theta-360^\circ},$$

于是存在一个整数 s 使得 $(m+1)\theta-360^\circ=s\theta$。所以 $(m+1-s)\theta=360^\circ$。也就是说旋转群 G 的有限子群的生成元中最小的角度一定是 360°的因子。

保持平面上的所有点之间的距离的变换构成一个群，叫作刚体运动群。容易证明刚体运动将直线变为直线，同时保持角度不变。设 ω 是一个刚体运动，设 $\omega(0,0)=(a,b)$，则 $\boldsymbol{\rho}_{-a,-b}\omega(0,0)=\boldsymbol{\rho}_{-a,-b}(a,b)=(0,0)$。取一适当的旋转 $\boldsymbol{\rho}_\theta$ 使得

$$\boldsymbol{\rho}_\theta\boldsymbol{\rho}_{-a,-b}\omega(0,y)=(0,y)。$$

因为刚体运动保持角度，上述合成运算仍然是刚体运动，所以它将 x 轴变为 x 轴，或者方向相反，即

$$\boldsymbol{\rho}_\theta\boldsymbol{\rho}_{-a,-b}\omega(x,y)=(x,y),$$

或者

$$\boldsymbol{\rho}_\theta\boldsymbol{\rho}_{-a,-b}\omega(x,y)=(-x,y)。$$

于是，$\omega=\boldsymbol{\rho}_{a,b}\boldsymbol{\rho}_{-\theta}$ 或者 $\omega=\boldsymbol{\rho}_{a,b}\boldsymbol{\rho}_{-\theta}\gamma$。其中，$\gamma$ 是关于 y 轴的反射变换。所以，任意刚体运动都是由平移、旋转与反射复合而成。

下面利用群论的基本知识分析对称，首先考虑中心对称。考虑中心在原点而边平行于坐标轴的正方形，其顶点依次标记为 1，2，3，4，如图 6–13(a)。用 σ 表示按着正方形的中心顺时针旋转 90°。用置换的语言就是 $\sigma=\begin{pmatrix} 1 & 2 & 3 & 4 \\ 2 & 3 & 4 & 1 \end{pmatrix}$，或者 $\sigma=(1\ \ 2\ \ 3\ \ 4)$。于是图 6–13(a) 经过一次 σ 变换得到图 6–13(b)，对图 6–13(b) 做一次 σ 变换得到图

6–13(c)，对图 6–13(c) 做一次 σ 变换得到图 6–13(d)，对图 6–13(d) 做一次 σ 变换得到图 6–13(a)。在这个过程中，每做一次变换，顶点的位置和边的位置发生变化，但是正方形的形状不发生改变。上述过程对应一个循环群 $\{\sigma, \sigma^2, \sigma^3, \sigma^4=1\}$，它是 S_4 的子群。同时，看到对图 6–13(a) 顺时针旋转 90°与逆时针旋转 270°得到的都是图 6–13(b)，也就是说 $\sigma=\sigma^{-3}$，即 σ 与 σ^3 互为逆元。图 6–13(a) 经过 2 次 σ 变换得到图 6–13(c)，图 6–13(c) 经过 2 次 σ 变换得到 6–13(a)，这样就得到一个循环群 $\{\sigma^2,\ \sigma^4=1\}$。

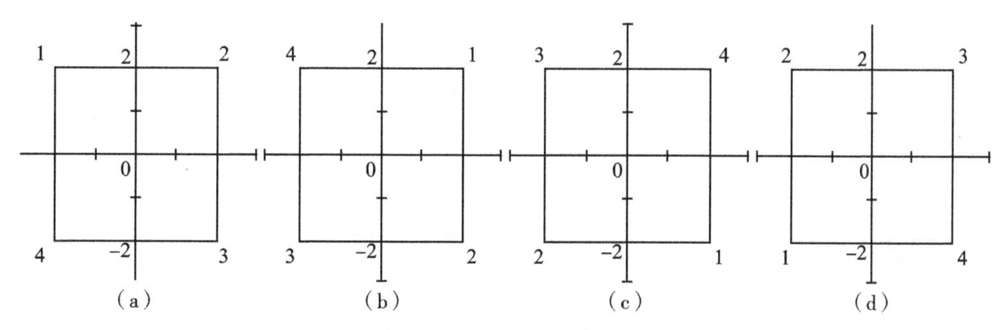

图 6–13　正方形的对称群

下面考虑对 x 轴的对称。用 α 表示图 6–13(a) 对 x 轴的一次对称，即

$$\alpha=\begin{pmatrix}1 & 2 & 3 & 4\\ 4 & 3 & 2 & 1\end{pmatrix}=(1\quad 4)(2\quad 3),$$

则 $\{\alpha, \alpha^2=1\}$ 构成循环群，它也是 S_4 的子群。

用 β 表示图 6–13 对 y 轴的一次对称，即

$$\beta=\begin{pmatrix}1 & 2 & 3 & 4\\ 2 & 1 & 4 & 3\end{pmatrix}=(1\quad 2)(3\quad 4),$$

则 $\{\beta, \beta^2=1\}$ 构成循环群，它也是 S_4 的子群。

下面考虑中心反射对称。用 δ 表示图 6–13(a) 点 1 和点 3 关于原点的中心反射，即

$$\delta=\begin{pmatrix}1 & 2 & 3 & 4\\ 3 & 2 & 1 & 4\end{pmatrix}=(1\quad 3),$$

则 $\{\delta, \delta^2=1\}$ 构成循环群，它也是 S_4 的子群。显然这个群与 $\{\sigma^2,\ \sigma^4=1\}$ 是同构的群，但不是同一个群，也就是旋转 180°的变换与中心反射是不相同的变换。同理，

$$\tau=\begin{pmatrix}1 & 2 & 3 & 4\\ 1 & 4 & 3 & 2\end{pmatrix}=(2\quad 4),$$

表示点 2 和点 4 的中心反射，则 $\{\tau, \tau^2=1\}$ 构成循环群，它也是 S_4 的子群。将上述变换放到一起，

$$\{\sigma, \sigma^2, \sigma^3, \sigma^4=1,\ \alpha, \beta, \delta, \tau\},$$

也能构成一个群，它是一个非交换的群。当然要检验这些元素的乘积是否还在这个集合之中。首先做图 6–13(a)点 1 和点 3 关于原点的中心反射，再做点 2 和点 4 的中心反射，得到的是图 6–13(c)，也就是说 $\tau\delta=\sigma^2$。

从这个例子中可以看到群与对称之间的密切关系，有时可以从对称来理解群的运算或者结构，有时也可以通过群的性质来理解对称。首先来学习对称群 S_4 的性质，通过这些性质再来理解对称。

定理 6.2 4 阶对称群 S_4 一共有 30 个子群。

① 1 个 1 阶子群：{(1)}。

② 9 个 2 阶循环子群：{(1),(12)}；{(1),(13)}；{(1),(14)}；{(1),(23)}；{(1),(24)}；{(1),(34)}；{(1),(12)(34)}；{(1),(13)(24)}；{(1),(14)(23)}。

③ 4 个 3 阶子群：{(1),(123),(132)}；{(1),(124),(142)}；{(1),(134),(143)}；{(1),(234),(243)}。

④ 7 个 4 阶子群：{(1),(12)(34),(13)(24),(14)(23)}；{(1),(12),(34),(12)(34)}；{(1),(13),(24),(13)(24)}；{(1),(14),(23),(14)(23)}；{(1),(1234),(1432),(13)(24)}；{(1),(1243),(1342),(14)(23)}；{(1),(1324),(1423),(12)(34)}。

⑤ 4 个 6 阶子群：{(1),(12),(13),(23),(123),(132)}；{(1),(12),(14),(24),(124),(142)}；{(1),(13),(14),(34),(134),(143)}；{(1),(23),(24),(34),(234),(243)}。

⑥ 3 个 8 阶子群：{(1),(13),(24),(12)(34),(14)(23),(13)(24),(1234),(1432)}；{(1),(14),(23),(12)(34),(14)(23),(13)(24),(1243),(1342)}；{(1),(12),(34),(12)(34),(14)(23),(13)(24),(1423),(1324)}。

⑦ 1 个 12 阶子群：{(1),(12)(34),(14)(23),(13)(24),(123),(124),(132),(134),(142),(143),(234),(243)}。

⑧ 1 个 24 阶子群 S_4。

需要指出的是 S_4 的变换不一定都对应着一个正方形的对称。定理 6.2 中 2 阶循环群说明，当变换在正方形的对称群中时，对正方形做 2 次相同的变换后，又回到原来的正方形了。例如，{(1),(13)} 可以理解为，当对正方形做 2 次点 1 和点 3 的反射变换后，图形又回到原来的状态。除了 8 阶子群 {(1),(13),(24),(12)(34),(14)(23),(13)(24),(1234),(1432)} 外，其他的变换都不在正方形的对称群中。

例 6.2 三维空间 $\mathbf{R}^3$ 的旋转群。

给定一条过原点的直线 l，一个 $\mathbf{R}^3$ 到 $\mathbf{R}^3$ 的变换叫作绕轴 l，旋转角为 φ 的空间旋转，如果它满足下述条件：

①空间的任一点 P 及其对应点 P'，同在垂直于直线 l 的平面 M 上；

②两点 P, P' 到直线 l 的距离相等，即 $OP=OP'$（图 6–14）。

③由 OP 到 OP' 的旋转方向规定为，当 $\varphi>0$，表示右手螺旋往轴的正向前进的方向；如果 $\varphi<0$，就表示用右手螺旋往轴的逆向前进时的方向，这里$\angle POP'=\varphi$，如图 6–14 所示。

在绕轴旋转角 φ 的空间旋转变换下，平面变成平面、直线变成直线，平行的平面或平行的直线其平行性不变。一个空间图形，如果绕某个轴旋转一定角 $\varphi=360°/n\,(n>2)$ 后仍变为其自身，且满足上述条件的最小的旋转角，那么这个图形叫作 n 次旋转自对称图形。

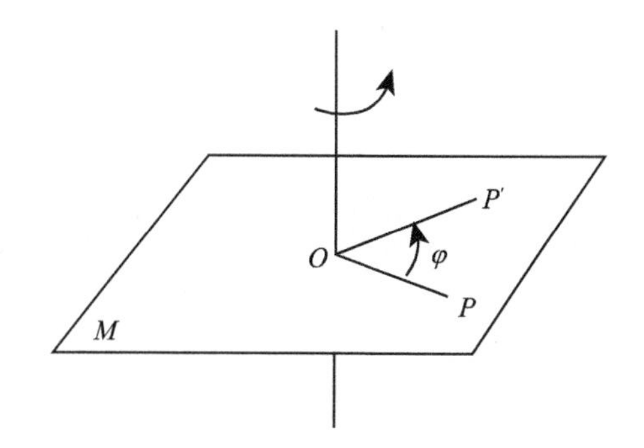

图 6–14 三维空间 $\mathbf{R}^3$ 的旋转群

如果选择 z 轴为旋转轴，类似于平面的方法，可以证明旋转角为 θ 的空间旋转 $\boldsymbol{\rho}_\theta$ 对应着矩阵

$$\begin{pmatrix} \cos\theta & -\sin\theta & 0 \\ \sin\theta & \cos\theta & 0 \\ 0 & 0 & 1 \end{pmatrix}。$$

事实上，在标准正交基下，可以证明空间旋转与行列式等于 1 的三阶正交矩阵一一对应。

定义 6.3 所有使得 $\mathbf{R}^3$ 中的给定多面体不变的旋转的集合对于变换的乘法构成一个群，称之为多面体旋转群。

定理 6.3①　①正四面体群 G_3 是 4 阶交错群 A_4；

②正六面体群和正八面体群 G_4 同构于 4 阶对称群 S_4；

③正十二面体群和正二十面体群 G_5 同构于 5 阶交错群 A_5。

① 陈馨璇．三维欧氏空间中有限旋转群的分类与构造 [J]. 湖北大学学报（自然科学版），1984(2)：17–27.

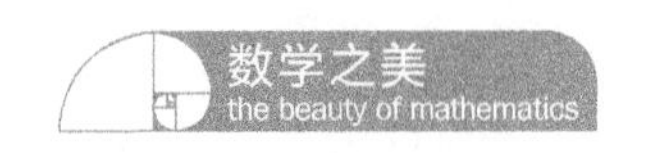

④正 n 边形群和 2 个相同正 n 棱锥相对构成的多面体群 G_6 是二面体群 $D_n=\langle\sigma,\tau_0\rangle$，其中 $\sigma^n=\tau_0^2=1$，$\tau_0\sigma\tau_0^{-1}=\sigma^{-1}$。

反之，三维空间 $\mathbf{R}^3$ 旋转群的全部有限子群仅有上面的 4 种[①]。

证明 ①设正四面体 $ABCD$ 如图 6–15 所示。原点 O 为正四面体 $ABCD$ 外接球的球心。正四面体旋转群分为两类：

$\overrightarrow{OA}$，$\overrightarrow{OB}$，$\overrightarrow{OC}$，$\overrightarrow{OD}$ 为旋转轴，旋转 120°的旋转变换，分别记为 $\rho_A,\rho_B,\rho_C,\rho_D$，得到 9 个变换

$$\{\rho_A,\rho_B,\rho_C,\rho_D,\rho_A^2,\rho_B^2,\rho_C^2,\rho_D^2,\rho_A^3=\rho_B^3=\rho_C^3=\rho_D^3=1\}。$$

分别以对角棱的中点连线为旋转轴，旋转 180°的旋转变换，分别记为 ρ_{AB-CD}，$\rho_{AD-BC},\rho_{AC-BD}$。这样就得到 A_4。

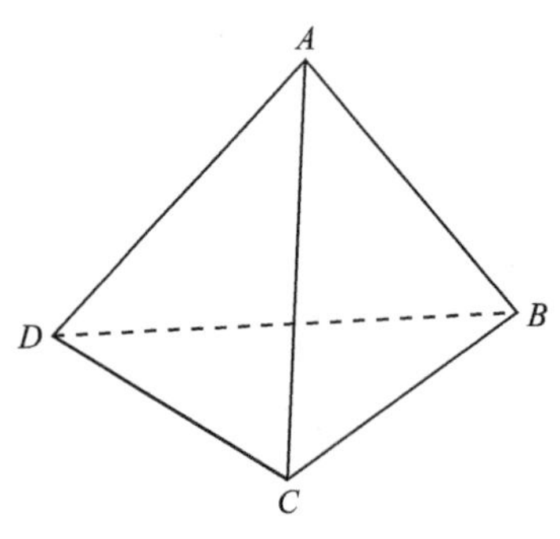

图 6–15 正四面体

②如图 6–16 所示正八面体的旋转变换可以分为 3 类：以顶点连线 AA'、BB'、CC' 为轴，$\frac{\pi}{2}$ 为旋转角的旋转变换，这样可以得到如下 10 个变换：

$$\{\rho_A,\rho_A^2,\rho_A^3,\rho_B,\rho_B^2,\rho_B^3,\rho_C,\rho_C^2,\rho_C^3,\rho_A^4=\rho_B^4=\rho_C^4=1\}。$$

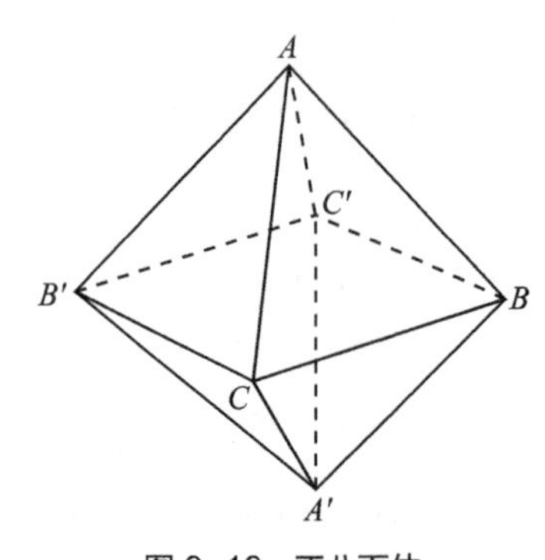

图 6–16 正八面体

① 莫宗坚，蓝以中，赵春来 . 代数学：上 [M]. 北京：高等教育出版社，2015.

同理，以面的中心连线为轴，以$\frac{2\pi}{3}$为旋转角的旋转变换，会得到8个新变换；以对角棱的中点连线为轴，以π为旋转角的旋转变换，会得到6个新变换。

③类似于②的方法可以证明。

④正n边形的变换可以分为2类：一类是过中心垂直于正n边形的直线为旋转轴，以$\frac{2\pi}{n}$为旋转角的变换，这样可以得到一个阶为n的循环群$\{\sigma, \sigma_2, \cdots, \sigma^{n-1}, \sigma^n=1\}$。另一类是以正$n$边形的外接圆的直径为轴的变换。当$n=2k$时，可以以对顶点的连线及对边的中点连线为旋转轴，以π为旋转角的变换，这样可以得到n个新的变换。当$n=2k+1$时，以顶点和对应边的中点连线为轴，以π为旋转角的变换，这样也可以得到n个新的变换。设这n个变换为τ_0，τ_1，$\cdots$，τ_{n-1}。容易检验$\tau_0\sigma\tau_0^{-1}=\sigma^{-1}$，且$\tau_i$可以由$\tau_0$与某个$\sigma^j$的乘积表示。

设G是$\mathbf{R}^3$的旋转群的有限子群。设$P\in\mathbf{R}^3$，以及$orb(P)=\{g(P)|g\in G\}$，称为P的轨道。记$Stab(P)=\{g\in G|g(P)=P\}$。容易证明$Stab(P)\leqslant G$。设$|G|=n$，$|Stab(P)|=n_P$，$[G, Stab(P)]=\upsilon_P$。由 Lagrange 定理知$n=n_P\upsilon_P$。因为每一个非单位的旋转都有一个旋转轴和2个极点，在重复计算下，G有$2(n-1)$个极点。以$P\in\mathbf{R}^3$为极点的非单位旋转的集合是$Stab(P)\backslash\{1\}$，故以P作为极点的重复次数是n_P-1。注意到$orb(P)$中的点都是极点，它们的重复次数也是n_P-1，故有

$$2(n-1)=\sum_i \upsilon_{P_i}(n_{P_i}-1)。$$

由于P_i位于不同的轨道，将上式除以n，得到

$$2-\frac{2}{n}=\sum_i\left(1-\frac{1}{n_{P_i}}\right)。$$

显然每个$Stab(P_i)$不是幺群，所谓幺群是指只有一个元素构成的群。所以

$$n_{P_i}\geqslant 2，1-\frac{1}{n_{P_i}}\geqslant\frac{1}{2}。$$

所有极点最多只能划分3个不同的轨道。

①如果所有极点归入2条轨道，由

$$2-\frac{2}{n}=\sum_i\left(1-\frac{1}{n_{P_i}}\right)$$

知

$$2-\frac{2}{n}=1-\frac{1}{n_{P_1}}+1-\frac{1}{n_{P_2}}, \frac{2}{n}=\frac{1}{n_{P_1}}+\frac{1}{n_{P_2}},$$

得到$n=n_{P_1}=n_{P_2}$，$\upsilon_{P_1}=\upsilon_{P_2}=1$，即$P_1$、$P_2$是所有旋转共有的南北极点。此时的旋转群类似

于正 n 边形群，它同构于二面体群。

②如果所有极点归入 3 条轨道，设 $n_{P_1}=n_{P_2}=2$，则

$$n_{P_3}=\frac{n}{2},\ v_{P_1}=v_{P_2}=\frac{n}{2},\ v_{P_3}=2,$$

这个旋转群是过原点的一个平面（不妨设为 xOy 平面），累次旋转 $360°/n_{P_3}$ 及此平面上过 P_1 的直线（不妨设为 x 轴）为轴，180°为旋转角所产生。图 6–17 为多面体的旋转群。

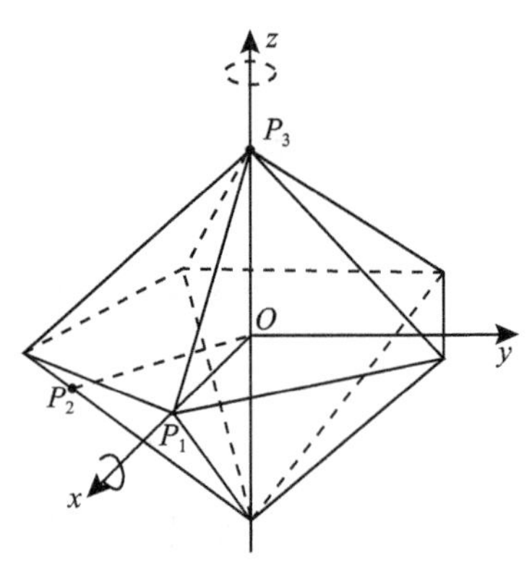

图 6–17　多面体的旋转群

③如果所有极点归入 3 条轨道，设 $n_{P_1}=2$，$n_{P_2}=3$，则

$$\frac{1}{n_{P_3}}=\frac{1}{6}+\frac{2}{n}。$$

此时有以下 3 种可能。

第一种可能：

$$n_{P_1}=2,\ n_{P_2}=3,\ n_{P_3}=3,\ n=12;\ v_{P_1}=6,\ v_{P_2}=4,\ v_{P_3}=4。$$

如果取 P_2 轨道中的 4 个点，则成一正四面体，P_1 是一边中点在单位球面上的投影，P_3 是一个面的中心在单位球面上的投影。此时，G 是正四面体群。

第二种可能：

$$n_{P_1}=2,\ n_{P_2}=3,\ n_{P_3}=4,\ n=24;\ v_{P_1}=12,\ v_{P_2}=8,\ v_{P_3}=6。$$

如果取 P_2 轨道中的 8 个点为顶点，则成一正六面体。如果取 P_3 轨道中的 6 个点为顶点，则成一正八面体。所得到的群同构于 S_4。

第三种可能：

$$n_{P_1}=2,\ n_{P_2}=3,\ n_{P_3}=5,\ n=60;\ v_{P_1}=30,\ v_{P_2}=20,\ v_{P_3}=12。$$

所得到的群是正十二面体或者正二十面体群。

习题

(1) 请将正多边形群表示成 $S_n(n \geq 3)$ 的一个子群的形式。

(2) 请考虑球体、圆锥及圆柱的旋转群。

本讲介绍由已知群构造群的方法。一种方法就是商群，另一种方法就是直积。

定义 6.4 设 G 是一个群，$N \leqslant G$。如果 $\forall x \in G, xN=Nx$，也就是每个元素的左右陪集相等，则称 N 是 G 的正规子群。记作，$N \lhd G$，或者 $G \rhd N$。

例 6.3 (1) 在 S_3 中，$H=\{(1),(12)\}$ 不是正规子群，因为 $(12)(13)=(23) \in (12)H$，但是 $(12)(13) \notin H(12)$。$N=\{(1),(123),(132)\}$ 是正规子群。

(2) 交换群的子群都是正规子群。

命题 6.1 设 G 是一个群，$N \leqslant G$，则以下 5 条等价：

(1) $N \lhd G$，即 $\forall x \in G, xN=Nx$；

(2) $\forall x \in G, n \in N$，都有 $x^{-1}nx \in N$；

(3) $\forall x \in G, x^{-1}Nx=N$；

(4) $\forall x, y \in G, xNyN=xyN$，这里是集合相等，左边表示 2 个集合的乘积，也就是 2 个集合的所有元素乘积构成的集合；

(5) $\forall x, y \in G, x \equiv_L y(\mathrm{mod}N) \Leftrightarrow x \equiv_R y(\mathrm{mod}N)$，也就是说模 N 的左同余式与右同余式是同一个等价关系。

定理 6.4 设 $N \lhd G$。记 $G/N=\{xN|x \in G\}$。$\forall x, y \in G$，定义乘法运算 $xNyN=xyN$，则 G/N 对此定义的乘法运算构成一个群，称 G/N 为群 G 模掉 N 的商群。

证明 事实上我们需要说明上述定义的运算是定义良好的，也就是说跟代表元的选取无关。$\forall x, y, x', y' \in G$，设 $xN=x'N, yN=y'N$，则

$$xNyN=xyN=x(yN)=x(y'N)=x(Ny')=(xN)y'=(x'N)y'=x'y'N。$$

容易检验 G/N 对此定义的乘法运算构成一个群。

例 6.4 对于整数集合 $\mathbf{Z}$ 对于加法构成的群，$m\mathbf{Z}=\{mk|k \in \mathbf{Z}\}$ 是 $\mathbf{Z}$ 的一个正规子群。于是 $\mathbf{Z}/m\mathbf{Z}$ 是一个群。如果记 $i+m\mathbf{Z}=\bar{i}$，则群 $\mathbf{Z}/m\mathbf{Z}=\{\bar{0}, \bar{1}, \cdots, \overline{m-1}\}$ 仅有 m 个元素，且 $\bar{i}=\{km+i|k \in \mathbf{Z}\}$，$\bar{i}=\bar{j} \Leftrightarrow m|i-j$。

从这个例子中可以看到商群可以是一个有限群，这样对于一些问题的处理会变得相对容易。

定义 6.5 (1)（有限直积）设 G_1，G_2，$\cdots$，G_n 是 n 个群，

$$G_1 \times G_2 \times \cdots \times G_n=\{(a_1, a_2, \cdots, a_n)|a_i \in G_i, i=1,2,\cdots,n\}$$

是它们的卡氏积，在这个集合上定义运算

$$(a_1, a_2, \cdots, a_n)(a_1', a_2', \cdots, a_n') = (a_1a_1', a_2a_2', \cdots, a_na_n')。$$

容易证明 $G_1 \times G_2 \times \cdots \times G_n$ 对于上述定义的运算构成一个群，称之为群 G_1，G_2，$\cdots$，G_n 的有限直积。

(2)(一般直积) 设 $\{G_i\}_{i\in I}$ 是一族群，在 $\prod\limits_{i\in I} G_i$ 上定义运算

$$\{g_i\}_{i\in I}\{g'_i\}_{i\in I} = \{g_ig_i'\}_{i\in I},$$

容易证明 $\prod\limits_{i\in I} G_i$ 对于上述定义的运算构成一个群。

(3) 设 $\{G_i\}_{i\in I}$ 是一族群，定义

$$\coprod_{i\in I} G_i = \{(g_i)_{i\in I} \in \prod_{i\in I} G_i \mid \text{只有有限个 } g_i \neq e_i, e_i \text{ 是 } G_i \text{ 的单位元}\},$$

容易证明 $\coprod\limits_{i\in I} G_i$ 是 $\prod\limits_{i\in I} G_i$ 的子群，称 $\coprod\limits_{i\in I} G_i$ 为 $\{G_i\}_{i\in I}$ 的直和。

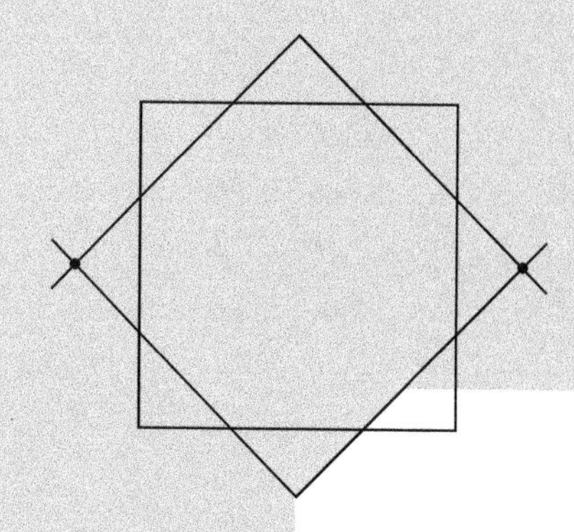

The science of Pure Mathematics, in its modern developments, may claim to be the most original creation of the human spirit.

—A. N. Whitehead

纯数学这门科学在现代发展阶段，可以称得上是人类精神的最原始的创造力。

——阿尔弗雷德·诺斯·怀特海

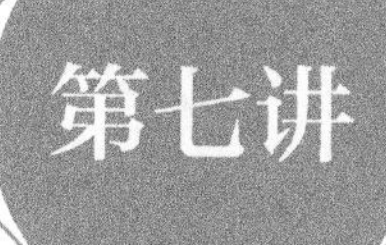

第七讲 从科赫曲线到分形几何

首先来看一条特殊曲线。任意画一个正三角形，并把每一边三等分，取三等分后的一边中间一段为边向外作正三角形，并把这“中间一段”擦掉。重复上述 2 步，画出更小的三角形。一直重复，直到无穷，这样画出来的曲线叫作科赫曲线。我们可以使用 C++ 语言、MATLAB 软件和 Python 语言等做出科赫曲线的模拟曲线。图 7-1 中的图形是采用 Python 语言的第三方库 turtle 编写的程序所生成，它们分别旋转了 12 次、192 次和 3072 次，分别对应着 1 次、3 次和 5 次迭代。

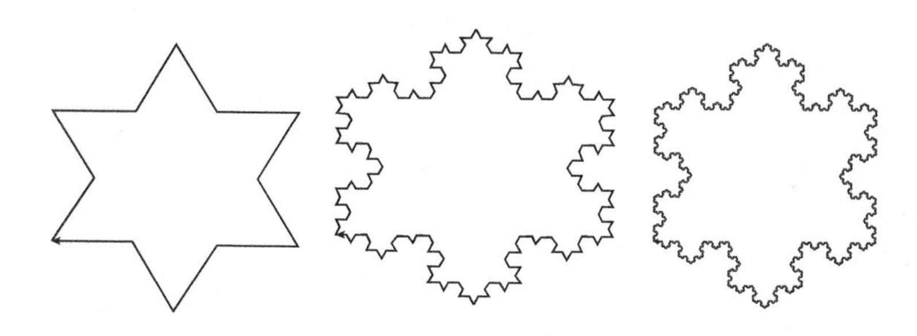

图 7-1　1 次、3 次和 5 次迭代的科赫曲线

对应的 Python 代码如下：

```
# -*- coding: UTF-8 -*-
from turtle import *
import time
def draw(len,target):
    setup(len*2+50,len*2+50,0,0)
    delay(0)
    pu()
    goto(-len,-len/2+20)
    pd()
```

```
    tasks="000"
    step,depth =len/(3**target)*1.5,0
  while depth<target:
    depth+=1
    tasks =''.join(\[s+str(depth)*2+s for s in tasks)
  pre=''
  for task in tasks:
    if pre==task:
      right(120)
    else:
      left(60)
    forward(step)
    pre = task
    #print(tasks)

def main():
  try:
    speed("fastest")
    for level in [1,3,5]:
      title("level="+str(level))
      print("level="+str(level))
      draw(300.0,level)
      exitonclick()
  except Exception:
    return

if __name__ == "__main__":
  main()
```

科赫曲线是以瑞典数学家科赫的名字命名的。科赫曲线任何一点都是不光滑的，即任何一点处都不可导。如果设原来三角形的边长是 s，则以此得到的图形周长为 $3s$，

$4s$，$\frac{16}{3}s$，…，所以科赫曲线的周长是无穷大，曲线上任意两点沿边界路程无穷大。原来三角形的面积是$\sqrt{3}\,s^2/4$，第一次得到的图形在原来三角形的基础上增加了 3 个小三角形，增加的面积是$\sqrt{3}\,s^2/12$；第二次在第一次的基础之上增加了 12 个三角形，增加的面积是$\sqrt{3}\,s^2/27$。所以，科赫曲线所围成的图形面积为

$$S=\frac{\sqrt{3}\,s^2}{4}+\frac{\sqrt{3}\,s^2}{12}+\frac{\sqrt{3}\,s^2}{27}+\cdots=\frac{\sqrt{3}\,s^2}{4}+\frac{\frac{\sqrt{3}\,s^2}{12}}{1-\frac{4}{9}}=\frac{2\sqrt{3}\,s^2}{5}。\tag{7-1}$$

面积是有限的，这说明无穷大的边界，可以包围着有限的面积。科赫曲线不仅仅在分析学里意义重大，同时也是分形发展初期的重要例子之一，它作为典型的分形集在分形几何的创立过程中具有举足轻重的地位[①]。

关于科赫曲线的更广义的定义如下：从一条给定的线段 *AB* 开始，设从 *A* 到 *B* 是线段 *AB* 的正方向，如图 7–2 所示。将线段 *AB* 划分为 3 个相等的部分 *AC*、*CE* 和 *EB*，设 *CE* 是等边三角形 *CDE* 的底边，得到一条由 4 个相等线段组成的折线 *ACDEB*。用运算 Ω 表示折线 *ACDEB* 的构造过程，线段 *AC*、*CD*、*DE*、*EB* 均相等，它们的正方向分别是从 *A* 到 *C*、*C* 到 *D*、*D* 到 *E* 和 *E* 到 *B*。将运算 Ω 作用到上面的每一条线段，折线 *ACDEB* 由折线 *AFGHCIKLDMNOEPQRB* 所取代，新折线包含 *AF*、*FG* 等 16 条相等的线段。在这些线段中再一次作用运算 Ω，将得到一条由 64 个相等线段组成的折线。将 Ω 再作用到这些新的线段上，用同样的方式继续到无穷，可以得到一个无穷折线段序列（图 7–2）[②]。

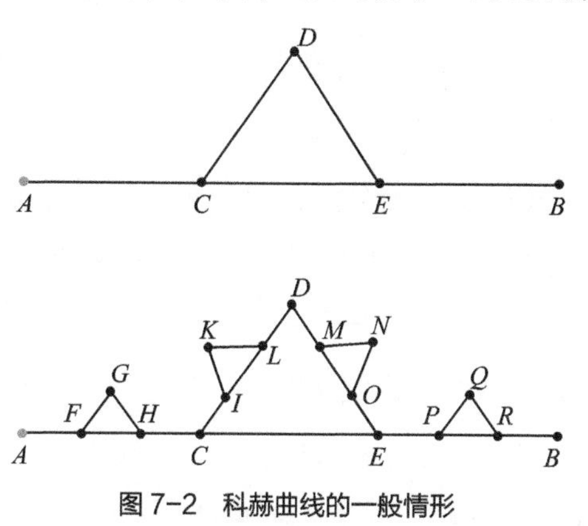

图 7–2 科赫曲线的一般情形

所谓分形几何学是一门以不规则几何形态为研究对象的几何学。一个数学意义上分形的生成是基于一个不断迭代的方程式，即一种基于递归的反馈系统。分形有几种类

① 江南，曲安京，李斐 . 科赫曲线的产生及其影响 [J]. 科学技术哲学研究，2019，36(1)：100–105.

② 同①。

型，可以分别依据表现出的精确自相似性、半自相似性和统计自相似性来定义。虽然分形是一个数学构造，它们同样可以在自然界中被找到，这使得它们被划入艺术作品的范畴。

1967 年，B. 芒德勃罗（B. Mandelbrot）在美国《科学》杂志上发表了题为 *How Long Is the Coast of Britain? Statistical Self-Similarity and Fractional Dimension* 的著名论文。海岸线作为曲线，其特征是极不规则、极不光滑的，呈现极其蜿蜒复杂的变化。我们难以从形状和结构上区分这部分海岸与那部分海岸有什么本质的不同，这种几乎同样程度的不规则性和复杂性，说明海岸线在形貌上是自相似的，也就是局部形态和整体态的相似，在没有建筑物或其他事物作为参照物时，在空中拍摄的 100 千米长的海岸线与放大了的 10 千米长海岸线的两张照片，看上去会十分相似。这也就是这篇文章中给出的一个非常关键的概念，叫作统计自相似性（Statistical Self-Similarity）。作者在文中指出："Curves such that each of their portion can—in a statistical sense—can be considered a reduced-scale image of the whole"。[①] 统计自相似性是指对于曲线的每一部分都可以认为是统计意义上其整体缩小的像。

因为它的研究对象普遍存在于自然界中，因此分形几何学又被称为"大自然的几何学"。事实上，具有自相似性的形态广泛存在于自然界中，如连绵的山川、飘浮的云朵、岩石的断裂口、粒子的布朗运动、树冠、花菜、大脑皮层等 Mandelbrot 把这些部分与整体以某种方式相似的形体称为分形（Fractal）。

世人公认芒德勃罗创立了分形几何学（Fractal Geometry）。1975 年，他用法文出版了第一本分形专著——《分形：形式、机遇和维数》，首次提出"分形"一词，并且系统地给出了分形的内容、思想和方法，标志着分形几何的诞生[②]。分形理论的数学基础是分形几何学，即由分形几何衍生出分形信息、分形设计、分形艺术等应用。分形理论的最基本特点是用分数维度的视角和数学方法描述和研究客观事物，也就是用分形分维的数学工具来描述研究客观事物。它跳出了一维的线、二维的面、三维的立体乃至四维时空的传统藩篱，更加趋近复杂系统的真实属性与状态的描述，更加符合客观事物的多样性与复杂性。相对于传统几何学的研究对象为整数维数，如零维的点、一维的线、二维的面、三维的立体乃至四维的时空，分形几何学的研究对象为非负实数维数，如 lg2/lg3，1.26，2.97 等。自欧几里得几何创立以来，人们普遍认为曲线是一维的，平面是二维的，立体

---

① MANDELBROT B B. How long is the coast of Britain[J]. Science，1967，156(3775)：636-638.

② 江南，曲安京.《大不列颠的海岸线有多长》的内容及思想探析 [J]. 西北大学学报（自然科学版），2018，48(3)：466-470.

是三维的。19世纪后半叶，随着分析严格化的逐渐深入，康托尔首先给出了一种直线上的点和平面上的点一一对应的关系，并指出一个单位区间上无穷多个点的基数与包含单位正方形在内的任何有限维流形中无穷多个点的基数相等。这与人们的普遍认知相违背，引起很大的争议。这就要求人们重新认识几何的维数。那么到底应该如何理解维数的概念呢？首先仍然做一个与人们普遍认知相一致的规定：直线是一维的，长方形是二维的，立方体是三维的。如果将一条线段扩大为原来的 l 倍，就可以得到 l^1 个线段；将正方形的边长扩大为原来的 l 倍，这样就得到 l^2 个正方形；将立方体的边长扩大为原来的 l 倍，这样就得到 l^3 个立方体。更一般地，将这个思想推广一下，$l^d=N$，两边取对数，得到

$$d=\frac{\lg N}{\lg l},$$

其中，l 为某客体沿其每个独立方向扩大的倍数，N 为得到的新客体为原客体的比例系数。下面是芒德勃罗对维数的定义。

To begin, a straight line has dimension one。Hence, for every positive integer N, the segment $(0 \leqslant x<X)$ can be exactly decomposed into N nonoverlapping segments of the form $\frac{(n-1)X}{N} \leqslant x<\frac{nX}{N}$, where n runs from 1 to N。Each of these parts is deducible from the whole by a similarity of ratio $r(N)=\frac{1}{N}$。Similarly, a plane has dimension two。Hence, for every perfect square N, the rectangle $(0 \leqslant x<X)$, $(0 \leqslant y<Y)$ can be decomposed exactly into N nonoverlapping rectangles of the form $\frac{(k-1)X}{\sqrt{N}} \leqslant x<\frac{kX}{\sqrt{N}}$; $\frac{(h-1)Y}{\sqrt{N}} \leqslant y<\frac{hY}{\sqrt{N}}$, where k and h run from 1 to m。Each of these parts is deducible from the whole by a similarity of ratio $r(N)=\frac{1}{\sqrt{N}}$。More generally, whenever $N^{\frac{1}{D}}$ is a positive integer, a D-dimensional rectangular parallelepiped can be decomposed into N paralleleppeds deducible from the whole by a similarity of ratio $r(N)=\frac{1}{N^{\frac{1}{D}}}$。Thus, the dimension D is characterized by the relation $D=-\frac{\lg N}{\lg r(N)}$ ①。

大致的意思是：直线的维数是 1。对每一个正整数 N，线段 $(0 \leqslant x<X)$ 能被精确地

① MANDELBROT B B. How long is the coast of Britain[J]. Science, 1967, 156(3775): 636-638.

分成 N 个互不重叠的部分

$$\frac{(n-1)X}{N} \leqslant x < \frac{nX}{N},$$

每一个这样的部分都可以通过与整体的相似比率 $r(N)=\frac{1}{N}$ 来推断。类似地，平面的维数是 2。对每一个完全平方数 N，长方形 $(0 \leqslant x<X,\ 0 \leqslant y<Y)$ 能被精确地分割成 N 个互不重叠长方形

$$\frac{(k-1)X}{\sqrt{N}} \leqslant x < \frac{kX}{\sqrt{N}};\quad \frac{(h-1)Y}{\sqrt{N}} \leqslant y < \frac{hY}{\sqrt{N}}。$$

每一个这样的部分也可以通过与整体的相似比率为 $r(N)=\frac{1}{\sqrt{N}}$ 来推断。更一般地，当 $N^{\frac{1}{D}}$ 是一个正整数时，一个 D- 维形体都可以被分割为 N 个与它的相似比率为

$$r(N)=\frac{1}{N^{\frac{1}{D}}},$$

的 D- 维形体。于是该形体维数 D 可以表示为

$$D=-\frac{\lg N}{\lg r(N)}。$$

利用上述讨论，我们可以计算出科赫曲线的维数

$$D=-\frac{\lg 4}{\lg \frac{1}{3}}=\frac{\lg 4}{\lg 3} \approx 1.2618。$$

表征分形在通常的几何变换下具有不变性，即标度无关性。由于自相似性是从不同尺度的对称出发，也就意味着递归。线性分形又称为自相似分型。自相似原则和迭代生成原则是分形理论的重要原则。分形形体中的自相似性可以是完全相同的，也可以是统计意义上的相似。标准的自相似分形只是数学意义上的抽象，可以迭代生成无限精细的结构，如科赫曲线、谢尔宾斯基地毯曲线等。这种有规则的分形只是少数，绝大部分分形是统计意义上的无规则分形。

我们知道，人体细胞的营养物质是由血液提供的，细胞的代谢产物部分也是通过血液来传输到排泄器官而代谢的。为了维持人体生存的需要，血管肩负起传递营养和代谢的重要责任。人的身体各处都布满血管，从大动脉到微血管，就是为了保证每个细胞都能从血液的流动中交换必要的成分。大动脉负责主要血液的流动，微血管甚至只能允许

单个血细胞通行。考虑到每个细胞都需要直接供血，血液循环系统的总体表面积会非常巨大。然而出乎意料的是，这样一个极为复杂、遍布全身的血液网络，其血流量的总体积却仅占据人体体积的 5%。科学家经过仔细研究发现：原来，血管的分叉就是一种分形结构。经过精密的实验测定，人体动脉的分形维数大约为 2.7。科学家发现，人体的主要器官和结构都是分形的杰作。人体的肺部细胞、大脑的表面、肝胆和小肠的结构、泌尿系统、神经元的分布、双螺旋的 DNA 结构甚至蛋白质的分子链等，都有明显的分形特征。人体的肺部结构遵循着反复的树形分叉结构，为了能在有限的体积内充分呼吸，肺部的表面积竟然差不多有整个网球场那么大，这无疑是分形的功劳！实验表明，肺泡的分形维数大约为 2.97。

人类的大脑更是分形艺术的杰作。大脑表面的皱纹也呈现出复杂的分形结构，目的就是为了在有限的体积内，拥有更大的表面积，从而拥有可能更加复杂的思考能力。科学家估算出大脑的分形维数大致为 2.75。

三分康托尔集

格奥尔格·康托尔（Georg Cantor，1845—1918 年），德国数学家，他创立了集合论。下面来看一个以康托尔命名的集合——三分康托尔集。三分康托尔集的构造如下：首先定义 $E_0=[0,1]$ 是单位区间，对 E_0 三等分，并从 E_0 中去掉中间长度为 1/3 的开区间，剩下的集合 $\left[0,\frac{1}{3}\right]$ 和 $\left[\frac{2}{3},1\right]$，称它们是 1 阶基本区间，记作 E_1。再对 2 个 1 阶基本区间三等分，并分别去掉中间长度为 1/9 的开区间，剩下的集合记作 E_2。如此继续下去，我们对每个 $k-1$ 阶的基本区间三等分，并去掉区间的中间 1/3，而得到 E_k 的 k 阶基本区间，由此可见 E_k 由 2^k 个区间长度为 3^{-k} 的基本区间组成，令 $E=\cap E_k$，则称 E 为三分康托尔集。三分康托尔集是全不连通的无穷集，是一个无处稠密的完备集，测度为 0，具有自相似性。

设 E 是一个集合。用 $x\in E$ 表示点 x 在集合 E 中，$F\subset E$ 表示 F 是的 E 子集。$B(x,r)=\{y||x-y|\leqslant r\}$ 表示中心在 x，半径为 r 的闭集。集合的直径定义为 $|A|=\sup\{|x-y||x\in A,\ y\in A\}$。豪斯多夫测度（Hausdorff Measure）的定义如下：设 $\delta>0$，$\{U_i\}_{i\geqslant1}$ 是 $\mathbf{R}^d$ 中的可列个子集族，$A\subset\cup_{i\geqslant1}U_i$，且对任意 i，$|U_i|\leqslant\delta$，则称 $\{U_i\}_{i\geqslant1}$ 是 A 的一个 δ- 覆盖。令

$$H_\delta^s(A)=\inf\{\sum|U_i|^s|\{U_i\}_{i\geqslant1}\text{ 是 }A\text{ 的一个 }\delta\text{- 覆盖}\},$$

$$H^s(A)=\lim_{\delta\to 0}H_\delta^s(A)。$$

豪斯多夫维数为[①]：

$$\dim_H A=\sup\{s|H^s(A)=\infty\}=\inf\{s|H^s(A)=0\}。$$

根据上述定义，可以计算科赫曲线的豪斯多夫维数是 $D=\dfrac{\lg 4}{\lg 3}$，三分康托尔集维数是 $\dfrac{\lg 2}{\lg 3}$。

图 7–3 是由几何画板生成的分形图形。

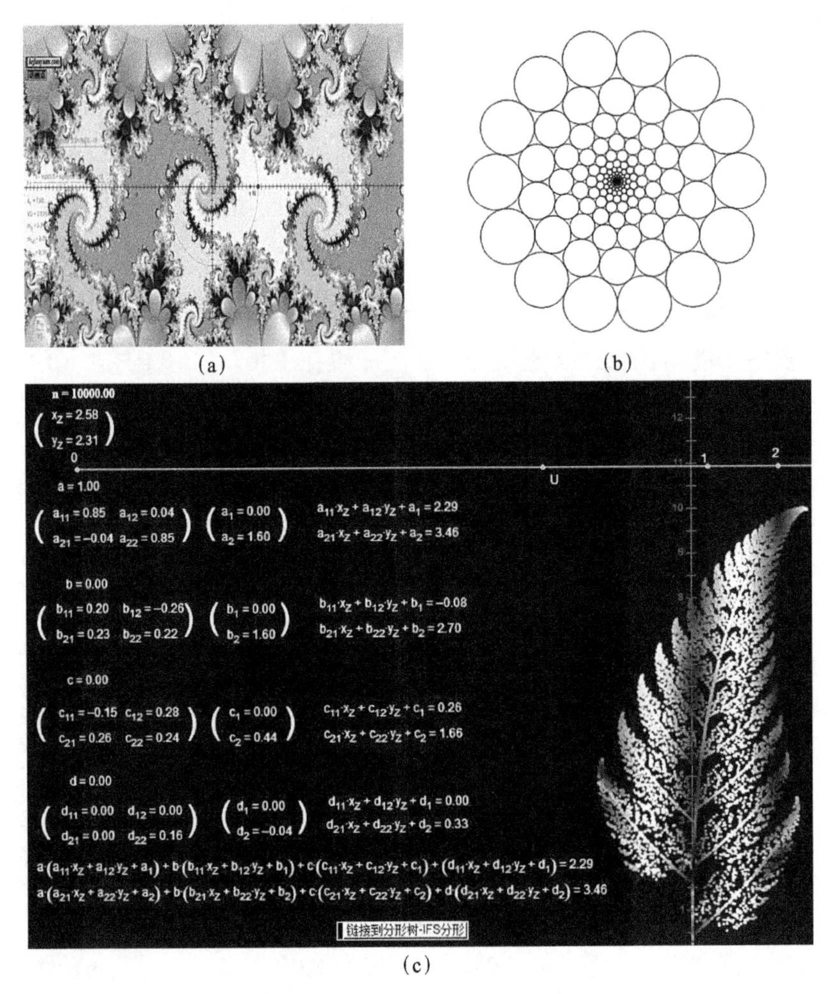

(a) (b) (c)

图 7–3 几何画板生成的分形图形

① 侯婷婷 . 康托尔集的维数及其维数分划研究 [D]. 湖北：华中科技大学，2016.

大自然中的分形不胜枚举，人类在不断探索的过程中逐步发现大自然的密码，创立了分形几何学。分形几何在物理学、化学、生物学、工程技术、生命科学及地震科学等领域都有广泛的应用。可以说是自然成就了数学，而数学反映着自然。现实世界的美，很大程度上就是由数学与艺术编织而成的。数学以一种润物细无声的缜密与温婉优美的形态展现在人们的眼前。生活中从来不缺少美，唯一缺少的，就是发现美的眼睛。让我们去发现数学的美，感悟数学的美。

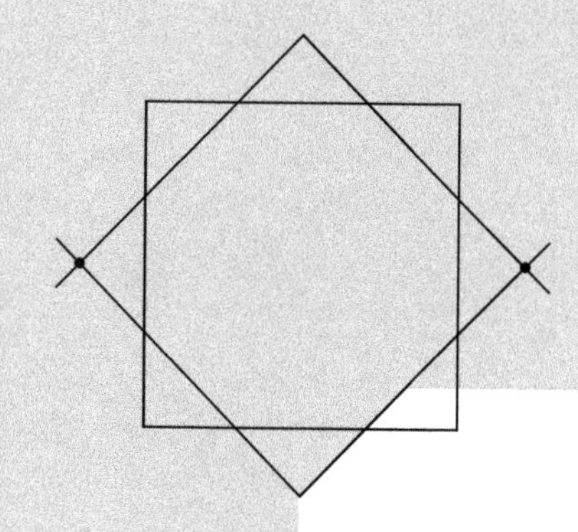

A mathematical truth is neither simple nor complicated in itself，it is.

—Émile Lemoine

数学真理本身既不简单也不复杂，它就是它。

——埃米尔·勒穆瓦纳

第八讲 三角学与傅里叶级数

三角学的历史是比较久远的，人类对三角学的认识也是比较深入的，它对近代科学技术的推动作用也是显著的，特别是在工程技术领域三角计算具有很大的优势。正如赫伯特所说："在数学领域，可能没有其他分支学科能像三角学一样始终占据着中心位置。"公元前323—330年，亚历山大里亚时期的希腊出现了一门全新的学科——三角术。这门学科的产生动机之一就是人们想建立定量的天文学，以便用来预报天体的运行路线和位置，计算日历并用于航海和地理研究①。三角术的奠基人是希帕恰斯(Hipparchus)，在他的著作中已经出现了现在的正弦函数。大约在98年，也就是梅内劳斯(Menelaus)所处的时期，希腊的三角术达到顶峰，他的著作《球面学》研究了三角学，出现了正弦定理的思想。三角术另外一个主要贡献者是托勒密(Ptolemy)，他著有《数学汇编》，书中出现了

$$\sin^2\frac{S}{2}+\cos^2\frac{S}{2}=1,$$

这里 S 表示小于180°的任一弧。

笔者在此想提到一首有关三角函数的英文歌曲，它的名字是 *Trigonometric Functions*。听过这首歌曲以后，我想一个人的美好或许不是别人的美好，但是数学的"噩梦"(或许不太恰当)，一定是全世界学数学人的烦恼，当然对于天才来说另当别论。三角公式实在太多，当然都比较优美，只要理解它们的定义，以及它们之间的相互联系，也是可以掌握的。

Trigonometric Functions

When you first study math about 1234

First study equation about xyzt

① 克莱因．古今数学思想：第1册[M].北京大学数学系数学史翻译组，译．上海：上海科学技术出版社，1979.

It will help you to think in a logical way

When you sing sine，cosine，cosine，tangent

Sine，cosine，tangent，cotangent

Sine，cosine，…，secant，cosecant

Let's sing a song about trig–functions

$\sin(2\pi+\alpha)=\sin\alpha$

$\sin(2\pi+\alpha)=\sin\alpha$

$\cos(2\pi+\alpha)=\cos\alpha$

$\cos(2\pi+\alpha)=\cos\alpha$

$\tan(2\pi+\alpha)=\tan\alpha$

$\tan(2\pi+\alpha)=\tan\alpha$

which is induction formula1，and induction formula 2

$\sin(\pi+\alpha)=-\sin\alpha$

$\sin(\pi+\alpha)=-\sin\alpha$

$\cos(\pi+\alpha)=-\cos\alpha$

$\cos(\pi+\alpha)=-\cos\alpha$

$\tan(\pi+\alpha)=\tan\alpha$

$\tan(\pi+\alpha)=\tan\alpha$

$\sin(\pi-\alpha)=\sin\alpha$

$\sin(\pi-\alpha)=\sin\alpha$

$\cos(\pi-\alpha)=-\cos\alpha$

$\cos(\pi-\alpha)=-\cos\alpha$

$\tan(\pi-\alpha)=-\tan\alpha$

$\tan(\pi-\alpha)=-\tan\alpha$

These are all those "name donot change"

As pi goes to half pi the difference shall be huge

$\sin(\pi/2+\alpha)=\cos\alpha$

$\sin(\pi/2+\alpha)=\cos\alpha$

$\sin(\pi/2-\alpha)=\cos\alpha$

$\sin(\pi/2-\alpha)=\cos\alpha$

$\cos(\pi/2+\alpha)=-\sin\alpha$

$\cos(\pi/2+\alpha)=-\sin\alpha$

$\cos(\pi/2-\alpha)=\sin\alpha$

$\cos(\pi/2-\alpha)=\sin\alpha$

$\tan(\pi/2+\alpha)=-\cot\alpha$

$\tan(\pi/2+\alpha)=-\cot\alpha$

$\tan(\pi/2-\alpha)=\cot\alpha$

$\tan(\pi/2-\alpha)=\cot\alpha$

That is to say the odds will change， evens are conserved

The notations that they get depend on where they are

But no matter where you are

I've gotta say that

If you were my sine curve， I’d be your cosine curve

I'll be your derivative， you’ll be my negative one

As you change you amplitude， I change my phase

We can oscillate freely in the external space

As we change our period and costant at hand

We travel from the origin to infinity

It’s you sine， and you cosine

Who make charming music around the world

It’s you tangent， cotangent

Who proclaim the true meaning of centrosymmetry

B BOX

You wanna measure width of a river， height of a tower

You scratch your head which cost you more than an hour

You don’t need to ask any “gods” or “master” for help

This group of formulas are gonna help you solve

$\sin(\alpha+\beta)=\sin\alpha\cdot\cos\beta+\cos\alpha\cdot\sin\beta$

$\sin(\alpha+\beta)=\sin\alpha\cdot\cos\beta+\cos\alpha\cdot\sin\beta$

$\cos(\alpha+\beta)=\cos\alpha\cdot\cos\beta-\sin\alpha\cdot\sin\beta$

$\cos(\alpha+\beta)=\cos\alpha\cdot\cos\beta-\sin\alpha\cdot\sin\beta$

$\tan(\alpha+\beta)=(\tan\alpha+\tan\beta)/(1-\tan\alpha\cdot\tan\beta)$

$\tan(\alpha+\beta)=(\tan\alpha+\tan\beta)/(1-\tan\alpha\cdot\tan\beta)$

$\sin(\alpha-\beta)=\sin\alpha\cdot\cos\beta-\cos\alpha\cdot\sin\beta$

$\sin(\alpha-\beta)=\sin\alpha\cdot\cos\beta-\cos\alpha\cdot\sin\beta$

$\cos(\alpha-\beta)=\cos\alpha\cdot\cos\beta+\sin\alpha\cdot\sin\beta$

$\cos(\alpha-\beta)=\cos\alpha\cdot\cos\beta+\sin\alpha\cdot\sin\beta$

$\tan(\alpha-\beta)=(\tan\alpha-\tan\beta)/(1+\tan\alpha\cdot\tan\beta)$

$\tan(\alpha-\beta)=(\tan\alpha-\tan\beta)/(1+\tan\alpha\cdot\tan\beta)$

As you come across a right triangle you fell easy to solve

But an obtuse triange gonna make you feel confused

Don't worry about what you do

There are always means to solve

As long as you master the sine cosine law

At this moment I've got nothing to say

As trig-functions rain down upon me

At this moment I've got nothing to say

Let's sing a song about trig-functions

Long live the trigonometric functions

公元前 1 世纪左右，古巴比伦人将圆分为 360 等份，每一份是 1°。为什么会选择 360？大致的原因可能是巴比伦人观察到地球的运动周期是 360 天，同时他们采用六十进制的运算制。对于三角学来讲采用角度制来度量是极为不方便的，而采用弧度制来度量角度对于三角学确实是一大创举。那弧度制的起源又是什么呢？欧拉在他的著作《无穷小分析引论》中就提出了弧度的概念，并且作出三角函数线。

定义 8.1 将弧长等于半径所对应的圆周角定义为 1 弧度。

这样就能将角度与实数建立一一对应的关系，从而为三角函数的创立奠定了基础。当然这个定义有一个前提条件，那就是圆的周长与直径之比是一个常数，但这似乎并不是一个很明显的事实。这里笔者给出一个证明。设圆的方程是

$$x^2+y^2=r^2,$$

等式两边对 x 求导数得到

$$y'=-\frac{x}{y}。$$

根据弧长公式可以计算圆的周长

$$c=4\int_0^r\sqrt{1+(y')^2}\,\mathrm{d}x=4r\int_0^r\frac{\mathrm{d}x}{\sqrt{r^2-x^2}}=4r\int_0^1\frac{\mathrm{d}t}{\sqrt{1-t^2}}。\tag{8-1}$$

最后一步使用了换元法，令 $t=\dfrac{x}{r}$。定积分

$$\int_0^1\frac{\mathrm{d}t}{\sqrt{1-t^2}},$$

是一个跟半径没有关系的常数，因此

$$\frac{c}{2r}=2\int_0^1\frac{\mathrm{d}t}{\sqrt{1-t^2}},$$

是一个常数。一般地，使用 π 来表示这个常数，可以证明 π 是一个无理数，也是一个超越数，但是证明这个结论并不是一件容易的事情。在古代，人们通过圆的内接正多边形和外切正多边形来研究圆和 π，如图 8–1 所示。通过计算可以得到正多边形分别是 4，8，24，48，96 和 n 时，π 的估计如下：

4 边：$2.828<\pi<4$；

8 边：$3.061<\pi<3.313$；

24 边：$3.133<\pi<3.160$；

48 边：$3.139<\pi<3.146$；

96 边：$3.141<\pi<3.143$；

……

n 边：$n\sin\left(\dfrac{\pi}{n}\right)<\pi<n\tan\left(\dfrac{\pi}{n}\right)$。

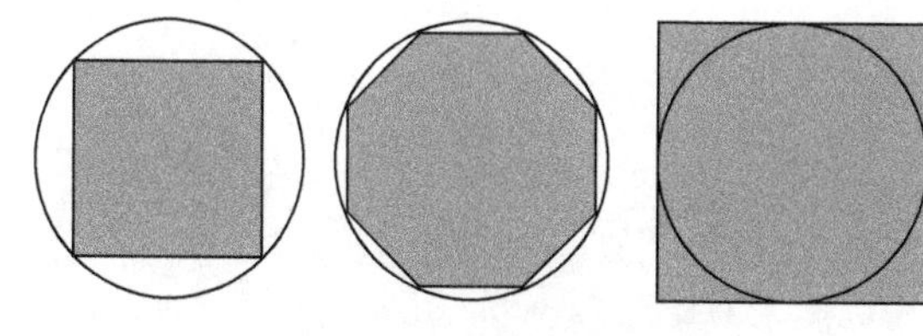

图 8–1　圆的内接和外切正四边形、正八边形

值得一提的是我国南北朝时期的数学家祖冲之给出了 π 的一个近似分数 355/113，其精度高达 99.99999%。大约在 1579 年，韦达给出了 π 的一个无限表达式

$$\begin{aligned}\frac{2}{\pi}&=\cos\frac{\pi}{4}\cos\frac{\pi}{8}\cos\frac{\pi}{16}\cos\frac{\pi}{32}\cdots\\&=\frac{\sqrt{2}}{2}\times\frac{\sqrt{2+\sqrt{2}}}{2}\times\frac{\sqrt{2+\sqrt{2+\sqrt{2}}}}{2}\times\cdots。\end{aligned}\tag{8-2}$$

定义 8.2　设 x 是任意角，它的始边是 x 轴的正半轴，终边与单位圆交于点 $P(a,b)$，

则定义角 x 的正弦函数是 $\sin x=b$；余弦函数是 $\cos x=a$；正切函数是 $\tan x=b/a$；余割函数 $\csc x=1/b$；正割函数是 $\sec x=1/a$；$1/b$ 余切函数是 $\cot x=a/b$。

容易看出来后面 3 个函数分别是前面 3 个函数的倒数，这些函数的定义域是使得比值有意义的角的范围（图 8–2）。

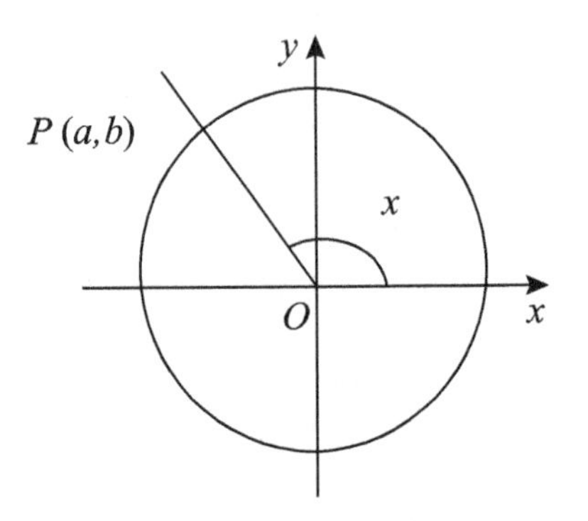

图 8–2　三角函数的定义

下面列举一些三角函数公式，它们体现了数学的形式美、简洁美、逻辑美、统一美和有用美。

（1）三角函数之间的恒等式

$$\sin^2 x+\cos^2 x=1, \tag{8–3}$$

$$\tan^2 x+1=\sec^2 x, \tag{8–4}$$

$$\cot^2 x+1=\csc^2 x, \tag{8–5}$$

$$\tan x=\frac{\sin x}{\cos x}。 \tag{8–6}$$

（2）2 个角的和与差的公式

$$\sin(\alpha+\beta)=\sin\alpha\cos\beta+\cos\alpha\sin\beta, \tag{8–7}$$

$$\sin(\alpha-\beta)=\sin\alpha\cos\beta-\cos\alpha\sin\beta, \tag{8–8}$$

$$\cos(\alpha+\beta)=\cos\alpha\cos\beta-\sin\alpha\sin\beta, \tag{8–9}$$

$$\cos(\alpha-\beta)=\cos\alpha\cos\beta+\sin\alpha\sin\beta, \tag{8–10}$$

$$\tan(\alpha+\beta)=\frac{\tan\alpha+\tan\beta}{1-\tan\alpha\tan\beta}, \tag{8–11}$$

$$\tan(\alpha-\beta)=\frac{\tan\alpha-\tan\beta}{1+\tan\alpha\tan\beta}。 \tag{8–12}$$

这里给出一个简单的证明。首先回忆平面一个点 $P(x, y)$ 绕着原点旋转 β 角度后的点为 $Q(x', y')$，它们之间的关系是

$$\begin{pmatrix} x' \\ y' \end{pmatrix} = \begin{pmatrix} \cos\beta & -\sin\beta \\ \sin\beta & \cos\beta \end{pmatrix} \begin{pmatrix} x \\ y \end{pmatrix}。$$

注意到将点 $(\cos\alpha, \sin\alpha)$ 绕着原点旋转 β 角度后的点为 $(\cos(\alpha+\beta), \sin(\alpha+\beta))$，将它们代入上述关系即可得到公式

$$\sin(\alpha+\beta) = \sin\alpha\cos\beta + \cos\alpha\sin\beta,$$

和

$$\cos(\alpha+\beta) = \cos\alpha\cos\beta - \sin\alpha\sin\beta,$$

如图 8-3 所示。再在这 2 个公式中用 $-\beta$ 替换 β 即可得到另外 2 个公式

$$\sin(\alpha-\beta) = \sin\alpha\cos\beta - \cos\alpha\sin\beta,$$

和

$$\cos(\alpha-\beta) = \cos\alpha\cos\beta + \sin\alpha\sin\beta,$$

用公式

$$\sin(\alpha+\beta) = \sin\alpha\cos\beta + \cos\alpha\sin\beta,$$

除以公式

$$\cos(\alpha+\beta) = \cos\alpha\cos\beta - \sin\alpha\sin\beta,$$

即可得到

$$\tan(\alpha+\beta) = \frac{\tan\alpha + \tan\beta}{1 - \tan\alpha\tan\beta}。$$

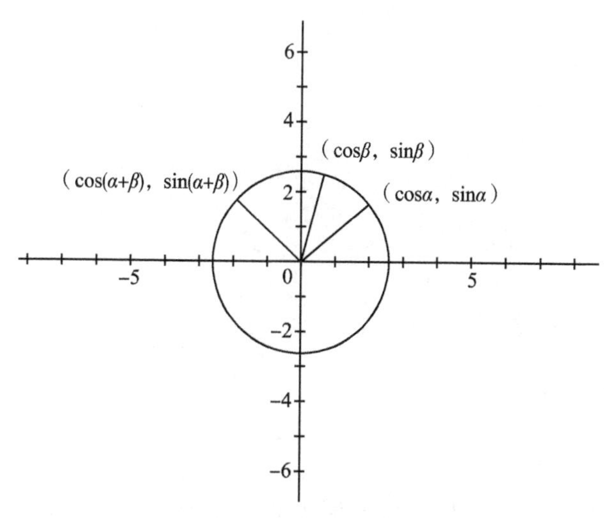

图 8-3 和角公式的证明

在 2 个角和与差的公式中令 $\alpha=\beta$ 即可得到下面的倍角公式。

(3) 倍角公式

$$\sin 2\alpha = 2\sin\alpha\cos\alpha, \tag{8-13}$$

$$\cos 2\alpha = \cos^2\alpha - \sin^2\alpha = 2\cos^2\alpha - 1 = 1 - 2\sin^2\alpha, \tag{8-14}$$

$$\tan 2\alpha = \frac{2\tan\alpha}{1-\tan^2\alpha}。 \tag{8-15}$$

从上面公式中容易得到半角公式。

(4) 半角公式

$$\sin\frac{\alpha}{2} = \pm\sqrt{\frac{1-\cos\alpha}{2}}, \tag{8-16}$$

$$\cos\frac{\alpha}{2} = \pm\sqrt{\frac{1+\cos\alpha}{2}}, \tag{8-17}$$

$$\tan\frac{\alpha}{2} = \pm\sqrt{\frac{1-\cos\alpha}{1+\cos\alpha}}。 \tag{8-18}$$

因为

$$\alpha = \frac{\alpha+\beta}{2} + \frac{\alpha-\beta}{2},\ \beta = \frac{\alpha+\beta}{2} - \frac{\alpha-\beta}{2},$$

所以利用 2 个角和与差的公式很容易得到下面的和差化积公式。

(5) 和差化积公式

$$\sin\alpha + \sin\beta = 2\sin\frac{\alpha+\beta}{2}\cos\frac{\alpha-\beta}{2}, \tag{8-19}$$

$$\sin\alpha - \sin\beta = 2\cos\frac{\alpha+\beta}{2}\sin\frac{\alpha-\beta}{2}, \tag{8-20}$$

$$\cos\alpha + \cos\beta = 2\cos\frac{\alpha+\beta}{2}\cos\frac{\alpha-\beta}{2}, \tag{8-21}$$

$$\cos\alpha - \cos\beta = -2\sin\frac{\alpha+\beta}{2}\sin\frac{\alpha-\beta}{2}。 \tag{8-22}$$

如果在和差化积公式中令

$$\alpha' = \frac{\alpha+\beta}{2},\ \beta' = \frac{\alpha-\beta}{2},$$

即可得到如下的积化和差公式。

(6) 积化和差公式

$$\sin\alpha\cos\beta = \frac{1}{2}(\sin(\alpha+\beta) + \sin(\alpha-\beta)), \tag{8-23}$$

$$\cos\alpha\sin\beta = \frac{1}{2}(\sin(\alpha+\beta) - \sin(\alpha-\beta)), \tag{8-24}$$

$$\cos\alpha\cos\beta=\frac{1}{2}(\cos(\alpha+\beta)+\cos(\alpha-\beta)),\tag{8-25}$$

$$\sin\alpha\sin\beta=-\frac{1}{2}(\cos(\alpha+\beta)-\cos(\alpha-\beta))。\tag{8-26}$$

（7）万能公式

$$\sin\alpha=\frac{2\tan\frac{\alpha}{2}}{1+\tan^2\frac{\alpha}{2}},\tag{8-27}$$

$$\cos\alpha=\frac{1-\tan^2\frac{\alpha}{2}}{1+\tan^2\frac{\alpha}{2}},\tag{8-28}$$

$$\tan\alpha=\frac{2\tan\frac{\alpha}{2}}{1-\tan^2\frac{\alpha}{2}}。\tag{8-29}$$

证明 因为

$$\sin\alpha=2\sin\frac{\alpha}{2}\cos\frac{\alpha}{2}=\frac{\frac{2\sin\frac{\alpha}{2}\cos\frac{\alpha}{2}}{\cos^2\frac{\alpha}{2}}}{\frac{1}{\cos^2\frac{\alpha}{2}}}=\frac{2\tan\frac{\alpha}{2}}{1+\tan^2\frac{\alpha}{2}}。\tag{8-30}$$

类似地可以证明另外 2 个万能公式。

下面一组优美的公式选自《三角之美：边边角角的趣事》[①]。

$$\sin\alpha+\sin 2\alpha+\sin 3\alpha+\cdots+\sin n\alpha=\frac{\sin\frac{n\alpha}{2}\sin\frac{(n+1)\alpha}{2}}{\sin\frac{\alpha}{2}},\tag{8-31}$$

$$\cos\alpha+\cos 2\alpha+\cos 3\alpha+\cdots+\cos n\alpha=\frac{\sin\frac{n\alpha}{2}\cos\frac{(n+1)\alpha}{2}}{\sin\frac{\alpha}{2}},\tag{8-32}$$

① 马奥尔 . 三角之美：边边角角的趣事 [M]. 曹雪林，边晓娜，译 . 2 版 . 北京：人民邮电出版社，2019.

$$\frac{\sin\alpha+\sin 2\alpha+\sin 3\alpha+\cdots+\sin n\alpha}{\cos\alpha+\cos 2\alpha+\cos 3\alpha+\cdots+\cos n\alpha}=\tan\frac{(n+1)\alpha}{2}, \tag{8-33}$$

$$\sin\frac{2\pi}{n}+\sin\frac{4\pi}{n}+\sin\frac{6\pi}{n}+\cdots+\sin\frac{2n\pi}{n}=0, \tag{8-34}$$

$$\cos\frac{\pi}{n}+\cos\frac{2\pi}{n}+\cdots+\cos\frac{n\pi}{n}=-1, \tag{8-35}$$

$$\frac{\sin\frac{\pi}{2(n+1)}+\sin 2\frac{\pi}{2(n+1)}+\sin 3\frac{\pi}{2(n+1)}+\cdots+\sin n\frac{\pi}{2(n+1)}}{\cos\frac{\pi}{2(n+1)}+\cos 2\frac{\pi}{2(n+1)}+\cos 3\frac{\pi}{2(n+1)}+\cdots+\cos n\frac{\pi}{2(n+1)}}=1。 \tag{8-36}$$

证明 采用数学归纳法证明等式(8–31)，类似地可以证明等式(8–32)，等式(8–31)和等式(8–32)相除就得到等式(8–33)。

当 $k=1$，显然等式(8–31)成立。下面假设当 $k=n-1$ 时等式成立，即

$$\sin\alpha+\sin 2\alpha+\sin 3\alpha+\cdots+\sin(n-1)\alpha=\frac{\sin\frac{n\alpha}{2}\sin\frac{(n-1)\alpha}{2}}{\sin\frac{\alpha}{2}},$$

成立。当 $k=n$ 时，

$$\begin{aligned}
&\sin\alpha+\sin 2\alpha+\sin 3\alpha+\cdots+\sin n\alpha\\
&=\frac{\sin\frac{(n-1)\alpha}{2}\sin\frac{n\alpha}{2}}{\sin\frac{\alpha}{2}}+\sin n\alpha\\
&=\frac{\sin\frac{(n-1)\alpha}{2}\sin\frac{n\alpha}{2}+2\sin\frac{n\alpha}{2}\cos\frac{n\alpha}{2}\sin\frac{\alpha}{2}}{\sin\frac{\alpha}{2}}\\
&=\frac{\sin\frac{n\alpha}{2}\left(\sin\frac{n\alpha}{2}\cos\frac{\alpha}{2}-\cos\frac{n\alpha}{2}\sin\frac{\alpha}{2}+2\cos\frac{n\alpha}{2}\sin\frac{\alpha}{2}\right)}{\sin\frac{\alpha}{2}}\\
&=\frac{\sin\frac{n\alpha}{2}\left(\sin\frac{n\alpha}{2}\cos\frac{\alpha}{2}+\cos\frac{n\alpha}{2}\sin\frac{\alpha}{2}\right)}{\sin\frac{\alpha}{2}}\\
&=\frac{\sin\frac{n\alpha}{2}\sin\frac{(n+1)\alpha}{2}}{\sin\frac{\alpha}{2}},
\end{aligned} \tag{8-37}$$

成立，得证。

正如马奥尔所想到的那样，注意到等式里面是一个等差数列，受到等差数列求和公式的启发，我们可以采用如下的方式证明第一个等式[①]。

设

$$S=\sin\alpha+\sin 2\alpha+\cdots+\sin(n-1)\alpha+\sin n\alpha, \tag{8-38}$$

$$S=\sin n\alpha+\sin(n-1)\alpha+\cdots+\sin 2\alpha+\sin\alpha。 \tag{8-39}$$

两式等号两边分别相加，并利用和差化积公式得到

$$2S=2\sin\frac{(n+1)\alpha}{2}\left(\cos\frac{(1-n)\alpha}{2}+\cos\frac{(3-n)\alpha}{2}+\cdots+\cos\frac{(n-3)\alpha}{2}+\cos\frac{(n-1)\alpha}{2}\right)。 \tag{8-40}$$

上式等式两边都乘以 $\sin\frac{\alpha}{2}$，并利用积化和差公式得到

$$\begin{aligned}2S\sin\frac{\alpha}{2}&=\sin\frac{(n+1)\alpha}{2}\left[\left(\sin\frac{(2-n)\alpha}{2}+\sin\frac{n\alpha}{2}\right)+\left(\sin\frac{(4-n)\alpha}{2}+\sin\frac{(n-2)\alpha}{2}\right)+\cdots+\right.\\&\left.\sin\left(\frac{(n-2)\alpha}{2}+\sin\frac{(4-n)\alpha}{2}\right)\right]\\&=2\sin\frac{(n+1)\alpha}{2}\sin\frac{n\alpha}{2},\end{aligned} \tag{8-41}$$

于是

$$S=\frac{\sin\frac{n\alpha}{2}\sin\frac{(n+1)\alpha}{2}}{\sin\frac{\alpha}{2}}。$$

在等式(8–31)中令 $\alpha=\frac{2\pi}{n}$，得到恒等式(8–34)。在等式(8–32)中令 $\alpha=\frac{\pi}{n}$，得到恒等式(8–35)。在等式(8–33)中令 $\alpha=\frac{\pi}{2(n+1)}$，得到恒等式(8–36)。

下面用向量的方法给出等式(8–31)和等式(8–32)的优美证明。

在平面直角坐标系中，给定角 α。设 P_0 是原点，以不是原点的点 P 为圆心，$|PP_0|$ 为半径作圆，在圆上画一条弦 P_0P_1，使得 $\overrightarrow{P_0P_1}$ 与 x 轴的正半轴所成的角是 α 且 $|\overrightarrow{P_0P_1}|=1$，$\angle P_0PP_1=\alpha$（通过移动 P 的位置可以满足）。在圆上画一条长度为 1 的弦 P_1P_2 使得角 $\langle\overrightarrow{P_0P_1},\overrightarrow{P_1P_2}\rangle=\alpha$，继续这个过程直到 $P_{n-1}P_n$。于是有

$$\overrightarrow{P_{i-1}P_i}=(\cos i\alpha,\ \sin i\alpha),$$

① 马奥尔. 三角之美：边边角角的趣事 [M]. 曹雪林，边晓娜，译. 2 版. 北京：人民邮电出版社，2019.

$$\overrightarrow{P_0P_n}=\left|\overrightarrow{P_0P_n}\right|\left(\cos\frac{(n+1)\alpha}{2},\sin\frac{(n+1)\alpha}{2}\right)=\frac{\sin\frac{n\alpha}{2}}{\sin\frac{\alpha}{2}}\left(\cos\frac{(n+1)\alpha}{2},\sin\frac{(n+1)\alpha}{2}\right)。$$

由于

$$\overrightarrow{P_0P_n}=\overrightarrow{P_0P_1}+\overrightarrow{P_1P_2}+\cdots+\overrightarrow{P_{n-1}P_n},$$

所以得到

$$\frac{\sin\frac{n\alpha}{2}}{\sin\frac{\alpha}{2}}\left(\cos\frac{(n+1)\alpha}{2},\sin\frac{(n+1)\alpha}{2}\right)=(\cos\alpha,\sin\alpha)+(\cos 2\alpha,\sin 2\alpha)+\cdots+(\cos n\alpha,\sin n\alpha)。\tag{8-42}$$

从证明过程读者可以发现等式（8-31）和等式（8-32）的左边为什么会有相同的部分 $\sin\frac{n\alpha}{2}\Big/\sin\frac{\alpha}{2}$。

笔者认为数学的美在于数学公式的优美，在于命题的思想，在于证明命题的方式方法，也在于发现命题的灵感，更在于数学命题解决实际问题的有用性。

在所有函数中多项式函数是一类比较简单的函数，它的性质简单，函数值容易计算，特别是在工程技术里面多项式计算显得尤为重要。是否能通过某种方式把其他函数转化为多项式函数，而这种转化与原来函数相差不大？泰勒公式提供了这样的一种方法，它可以将一些复杂的函数近似地表示为多项式函数。它集中体现了微积分“逼近法”的精髓，在近似计算上有独特的优势。

定理 8.1 设 $f(x)$ 在 $x=x_0$ 处有 n 阶导数，则

$$f(x)=f(x_0)+\frac{f'(x_0)}{1!}(x-x_0)+\frac{f''(x_0)}{2!}(x-x_0)^2+\cdots+\frac{f^{(n)}(x_0)}{n!}(x-x_0)^n+o((x-x_0)^n)。\tag{8-43}$$

定理 8.1 中的等式称为函数 $f(x)$ 的泰勒公式，以下是几个常见函数的泰勒公式：

$$\sin x=x-\frac{x^3}{3!}+\cdots+(-1)^{m-1}\frac{x^{2m-1}}{(2m-1)!}+o(x^{2m}),\tag{8-44}$$

$$\cos x=1-\frac{x^2}{2!}+\cdots+(-1)^m\frac{x^{2m}}{(2m)!}+o(x^{2m+1}),\tag{8-45}$$

$$\ln(1+x)=x-\frac{x^2}{2}+\frac{x^3}{3}+\cdots+(-1)^{n-1}\frac{x^n}{n}+o(x^n),\tag{8-46}$$

$$\frac{1}{1-x}=1+x+x^2+\cdots+x^n+o(x^n),\tag{8-47}$$

$$e^x=1+x+\frac{x^2}{2!}+\frac{x^3}{3!}+\cdots+\frac{x^n}{n!}+o(x^n)。\tag{8-48}$$

定理 8.2 设 $f(x)$ 在点 x_0 具有任意阶导数，那么 $f(x)$ 在区间 (x_0-r, x_0+r) 上等于它的泰勒级数的和函数的充分条件是：对一切满足不等式 $|x-x_0|<r$ 的 x 有 $f(x)$ 在点 x_0 的泰勒公式的余项 $R_n(x)$ 的极限为 0，即 $\lim\limits_{n\to\infty}R_n(x)=0$。

$$\sin x=x-\frac{x^3}{3!}+\frac{x^5}{5!}+\cdots+(-1)^{n+1}\frac{x^{2n-1}}{(2n-1)!}+\cdots,\tag{8-49}$$

$$\cos x=1-\frac{x^2}{2!}+\frac{x^4}{4!}+\cdots+(-1)^n\frac{x^{2n}}{(2n)!}+\cdots,\tag{8-50}$$

$$\ln(x+1)=x-\frac{x^2}{2}+\frac{x^3}{3}-\frac{x^4}{4}+\cdots+(-1)^{n-1}\frac{x^n}{n}+\cdots,\tag{8-51}$$

$$e^x=1+x+\frac{x^2}{2!}+\frac{x^3}{3!}+\cdots。\tag{8-52}$$

图 8–4 给出了正弦函数的多项式近似。

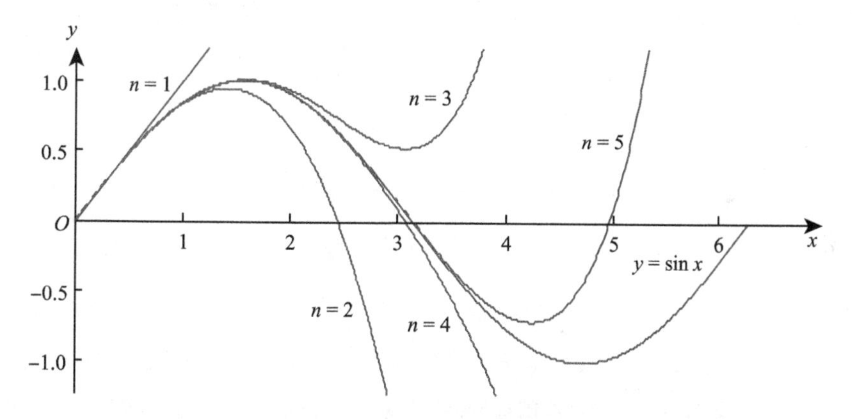

图 8–4 正弦函数的多项式近似

在科学实验与工程技术的某些现象中，常会碰到周期运动。最简单的周期运动可用正弦函数 $y=A\sin(\omega x+\varphi)$ 来描述，把这样的周期运动称为简谐振动，其中 A 为振幅，φ 为初相角，ω 为角频率，于是简谐振动 y 的周期是 $T=\frac{2\pi}{\omega}$，较为复杂的周期运动，则常常是几个简谐振动 $y_k=A_k\sin(k\omega x+\varphi_k)$，$k=1,2,\cdots,n$ 的叠加，

$$y=\sum_{k=1}^{n}y_k=\sum_{k=1}^{n}A_k\sin(k\omega x+\varphi_k)。$$

对无穷多个简谐振动进行叠加就得到函数项级数

$$A_0+\sum_{n=1}^{\infty}A_n\sin(n\omega x+\varphi_n)。$$

如果该级数收敛，则它所描述的是更为一般的周期运动现象。根据两个角和的正弦公式得到

$$\sin(nx+\varphi_n)=\sin\varphi_n\cos nx+\cos\varphi_n\sin nx,$$

所以

$$A_0+\sum_{n=1}^{\infty}A_n\sin(n\omega x+\varphi_n)=\sum_{n=1}^{\infty}A_n\sin\varphi_n\cos nx+A_n\cos\varphi_n\sin nx。\tag{8-53}$$

令 $a_0=2A_0$，$a_n=A_n\sin\varphi_n$, $b_n=A_n\cos\varphi_n$，则上面的级数可写成

$$\frac{a_0}{2}+\sum_{n=1}^{\infty}a_n\cos nx+b_n\sin nx。$$

定理 8.3 若在整个数轴上

$$f(x)=\frac{a_0}{2}+\sum_{n=1}^{\infty}a_n\cos nx+b_n\sin nx,$$

且等式右边级数一致收敛，则有如下关系式：

$$a_n=\frac{1}{\pi}\int_{-\pi}^{\pi}f(x)\cos nx\mathrm{d}x,\ b_n=\frac{1}{\pi}\int_{-\pi}^{\pi}f(x)\sin nx\mathrm{d}x,\ n=0,1,2,\cdots。$$

由此可知，若 $f(x)$ 是以 2π 为周期且在 $[-\pi,\pi]$ 上的可积函数，则可按上面公式计算出 a_n, b_n 的值，它们称为函数 $f(x)$ 的傅里叶系数。以 $f(x)$ 的傅里叶系数为系数的三角级数称为 $f(x)$ 的傅里叶级数，记作

$$f(x)\sim\frac{a_0}{2}+\sum_{n=1}^{\infty}a_n\cos nx+b_n\sin nx。$$

其中，记号 ~ 表示上式右边是左边函数的傅里叶级数。由定理知道，若上式右边的三角级数在整个数轴上一致收敛于和函数 $f(x)$，则此三角级数就是 $f(x)$ 的傅里叶级数，此时 ~ 可换为等号。然而，若从以 2π 为周期且在 $[-\pi,\pi]$ 上可积的函数 $f(x)$ 出发，按定理中的公式求出其傅里叶系数并得到傅里叶级数，这时还需讨论此级数是否收敛，如果收敛，是否收敛于 $f(x)$ 本身。

定理 8.4（傅里叶级数收敛定理） 若以 2π 为周期的函数 $f(x)$ 在 $[-\pi,\pi]$ 上按段光滑，则在每一点 $x\in[-\pi,\pi]$，$f(x)$ 的傅里叶级数收敛于 $f(x)$ 在点 x 的左、右极限的算术平均值，即

$$\frac{f(x+0)+f(x-0)}{2}=\frac{a_0}{2}+\sum_{n=1}^{\infty}a_n\cos nx+b_n\sin nx,$$

其中，a_n, b_n 为 $f(x)$ 的傅里叶系数。

根据本定理，若 $f(x)$ 是以 2π 为周期且在 $[-\pi,\pi]$ 上可积的函数连续，在 $[-\pi,\pi]$ 上按段光滑，则 $f(x)$ 的傅里叶级数在 $(-\infty,+\infty)$ 上收敛于 $f(x)$。在具体讨论函数的傅里

叶级数展开式时，经常只给出函数在 $[-\pi,\pi]$ 或者 $[-\pi,\pi]$ 上的解析式，可以将其周期延拓为定义在整个数轴上以 2π 为周期的函数

$$\hat{f}(x)=\begin{cases}f(x), & x\in(-\pi,\pi],\\ f(x-2k\pi), & x\in((2k-1)\pi,(2k+1)\pi],k=\pm1,\pm2,\cdots。\end{cases}\tag{8-54}$$

但是这并不影响我们对于函数在局部傅里叶级数的展开的理解和运用，因为对于函数有时候局部的性质更为重要。

当 $f(x)$ 的周期不是 2π 时，可以通过等量替换的方式将其转化为以 2π 为周期的函数。设 $f(x)$ 是以 $2l$ 为周期的函数，通过等量替换 $x=\frac{lt}{\pi}$ 就可以将 $f(x)$ 变换成以 2π 为周期的关于变量 t 的函数

$$F(t)=f\left(\frac{lt}{\pi}\right)$$

例 8.1 在电子技术中经常用到矩形波反映的是一种复杂的周期运动，用傅里叶级数展开后，就可以将复杂的矩形波看成一系列不同频率的简谐振动的叠加，在电工学中称为谐波分析。设 $f(x)$ 是周期为 2π 矩形波函数，如图 8-5 所示。

$$f(x)=\begin{cases}-\frac{\pi}{4}, & -\pi\leqslant x\leqslant0,\\ \frac{\pi}{4}, & 0<x<\pi。\end{cases}\tag{8-55}$$

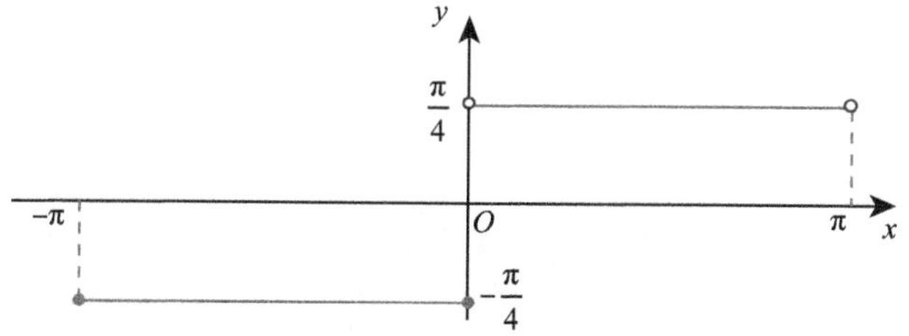

图 8-5 矩形波函数

解 显然 $f(x)$ 是奇函数，而积分区间是对称区间，所以

$$a_0=\frac{1}{\pi}\int_{-\pi}^{\pi}f(x)\,\mathrm{d}x=0,$$

$$a_n=\frac{1}{\pi}\int_{-\pi}^{\pi}f(x)\cos nx\,\mathrm{d}x=0,$$

$$\begin{aligned}b_n&=\frac{1}{\pi}\int_{-\pi}^{\pi}f(x)\sin nx\,\mathrm{d}x\\&=\frac{2}{\pi}\int_{0}^{\pi}\frac{\pi}{4}\sin nx\,\mathrm{d}x\end{aligned}$$

$$=\frac{1}{2}\cdot\frac{1}{n}\cos nx\Big|_0^{\pi}=\frac{1}{2n}(1-\cos n\pi)$$

$$=\begin{cases}\frac{1}{n}, n=1,3,5,\cdots,\\ 0,\ n=2,4,6,\cdots。\end{cases}$$

所以，当 $x\neq k\pi$, $k=0,\pm1,\pm2,\cdots$时，

$$f(x)=\sin x+\frac{1}{3}\sin 3x+\cdots+\frac{1}{2n-1}\sin(2n-1)x+\cdots,$$

当 $x=k\pi(k=0,\pm1,\pm2,\cdots)$，级数收敛到 0。

图 8–6 给出 $n=1$, $n=2$ 和 $n=7$ 时矩形波函数的三角函数近似。

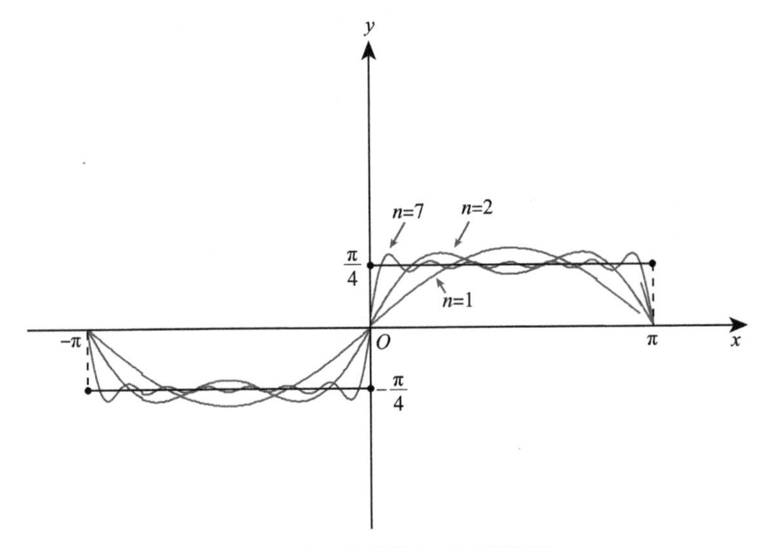

图 8–6　矩形波函数的三角函数近似

在数学分析中，有许多关于级数的优美等式，如

$$\frac{\pi}{4}=1-\frac{1}{3}+\frac{1}{5}-\frac{1}{7}+\frac{1}{9}-\frac{1}{11}+\cdots,\tag{8–56}$$

$$\frac{\sqrt{2}\pi}{4}=1+\frac{1}{3}-\frac{1}{5}-\frac{1}{7}+\frac{1}{9}+\frac{1}{11}-\cdots,\tag{8–57}$$

（每隔两项改变一次符号）

$$\frac{\pi^2}{6}=\frac{1}{1^2}+\frac{1}{2^2}+\frac{1}{3^2}+\cdots,\tag{8–58}$$

$$\frac{\pi}{4}=\frac{1}{1}+\frac{1}{3}+\frac{1}{5}+\cdots。\tag{8–59}$$

这些公式是以什么样的方式得到的？事实上可以使用傅里叶级数来得到这些优美的等式。

设 $f(x)=x$，$-\pi<x<\pi$，将其展开成傅里叶级数，

$$f(x)=2\left(\frac{\sin x}{1}-\frac{\sin 2x}{2}+\frac{\sin 3x}{3}-\cdots\right)。$$

在这个函数中令 $x=\frac{\pi}{2}$，得到等式（8–56）；令 $x=\frac{\pi}{4}$，得到等式（8–57）。

设 $g(x)=x^2$，$-\pi<x<\pi$，将其展开成傅里叶级数，

$$g(x)=\frac{\pi^2}{3}-4\left(\frac{\cos x}{1^2}-\frac{\cos 2x}{2^2}+\frac{\cos 3x}{3^2}-\cdots\right)。$$

在这个函数中令 $x=\frac{\pi}{2}$，得到等式（8–58）。

设

$$h(x)=\begin{cases}1, & 0<x<\pi,\\ -1, & -\pi<x<0,\end{cases}$$

将其展开成傅里叶级数，

$$h(x)=\frac{4}{\pi}\left(\frac{\sin x}{1}+\frac{\sin 3x}{3}+\frac{\sin 5x}{5}-\cdots\right)。$$

在这个函数中 $x=\frac{\pi}{2}$，得到等式（8–59）。

上面所讲的傅里叶定理是19世纪分析学最伟大的成就之一。它指出了正弦函数和余弦函数是研究周期函数必不可少的工具。正弦函数和余弦函数是周期现象的基石，就像素数是所有整数的基石一样[①]。

① 马奥尔. 三角之美：边边角角的趣事[M]. 曹雪林，边晓娜，译. 2版. 北京：人民邮电出版社，2019.

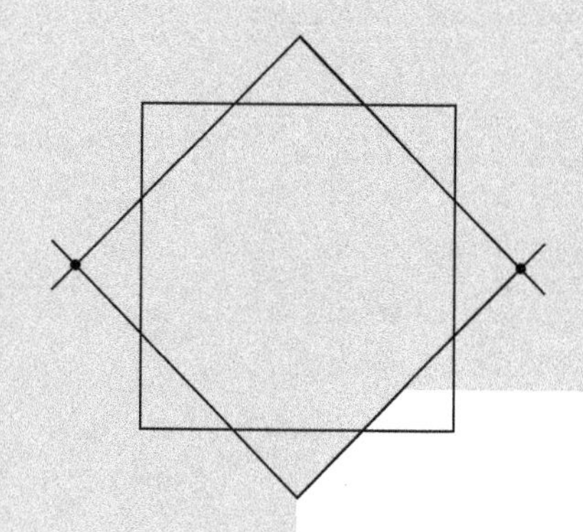

The infinite! No other question has ever moved so profoundly the spirit of man; no other idea has so fruitfully stimulated his intellect; yet no other concept stands in greater need of clarification than that of the infinite.

—David Hilbert

无限！从来没有其他问题能如此深刻地打动着人类的心灵；从来没有其他思想能如此富有成效地启发着人类的才智；然而，也没有比无限更需要澄清的概念了。

——大卫·希尔伯特

第九讲　有限与无限

我们都听过愚公移山的故事。愚公答智者的话说："虽我之死，有子存焉。子又生孙，孙又生子，子又有子，子又有孙，子子孙孙，无穷匮也；而山不加增，何苦而不平？"《愚公移山》的故事出自《列子・汤问》，象征了"道"的永恒性。从数学的角度来讲，这正体现了中国古人对无限的理解。"山不加增"说明山是有限的，但子孙无穷匮也，说明人的繁衍生息是无限的，无限的人定能将有限的山移走。关于《愚公移山》包含的数学思想，读者可以参考周向宇院士的文章《中国古代数学的贡献》①。我国古代还有一个有关无限思想的例子，"飞鸟之景未尝动也；镞矢之疾，而有不行、不止之时；狗非犬；黄马骊牛三；白狗黑；孤驹未尝有母；一尺之捶，日取其半，万世不竭。"该语出自《庄子・天下》。这说明了古人已经认识到了事物的无限可分性。

芝诺(Zeno of Elea)是古希腊数学家，芝诺悖论(Zeno's paradox)是芝诺提出的几个哲学悖论。

芝诺认为，一个人从 A 点走到 B 点，要先走完路程的1/2，再走完剩下总路程的1/2，再走完剩下的1/2，……"如此循环下去，永远不能到终点。

阿基里斯是古希腊神话中善跑的英雄。在他和乌龟的竞赛中，他的速度为乌龟的10倍，乌龟在前面100米跑，他在后面追，但他不可能追上乌龟。因为在竞赛中，追者首先必须到达被追者的出发点，当阿基里斯追到100米时，乌龟已经又向前爬了10米，于是，一个新的起点产生了；阿基里斯必须继续追，而当他追到乌龟爬的这10米时，乌龟又已经向前爬了1米，阿基里斯只能再追向那个1米。就这样，乌龟会制造出无穷个起点，它总能在起点与自己之间制造出一个距离，不管这个距离有多小，但只要乌龟不停地奋力向前爬，芝诺认为阿基里斯就永远也追不上乌龟！

但是事实显然不如芝诺所言。在第一个例子中，芝诺认为"一个人总是要走完剩余

① 周向宇．中国古代数学的贡献[J]. 数学学报，2022，65(4)：581-598.

的 1/2”这本来没有错。错在他将时间和空间割裂开来，在讲空间的时候，讲到了无穷个 1/2，如果说距离是连续的和无限可分的话，那时间未尝不是呢？既然芝诺能够承认能到达第一个 1/2，所花的时间是 t，那走完第二个 1/2，所花的时间就是 $\frac{1}{2}t$，将所有这样的时间加起来，一定是一个有限数，实际上由无穷求和知道所需要的时间是

$$\frac{1}{1-\frac{1}{2}}t=2t,$$

因此，只要芝诺承认能够到达第一个 1/2，那到达终点一定是必然的结果。对于第二个悖论的解释也是如此。

下面再来看一个非常奇妙的例子。它首先由希尔伯特提出，所以被称为希尔伯特悖论。假设有一个旅馆叫作希尔伯特旅馆，内设有无限个房间，并且所有的房间都客满了。假如现在又来了一个客人，问这个客人有房间住吗？希尔伯特的回答是：有。他是这样来做的，先让 1 号房间的客人搬到 2 号房间，2 号房间的客人搬到 3 号房间，3 号房间的客人搬到 4 号房间，这样继续下去，原来所有客人都有房间住，同时 1 号房间却空出来了，新来的客人就可以住在 1 号房间。

那如果来的是无穷多个客人，是否有足够的房间让这些人住呢？希尔伯特的回答仍然是：有。他是这样做的，他让 1 号房间的客人搬到 2 号房间，2 号房间的客人搬到 4 号房间，3 号房间的客人搬到 6 号房间，这样继续下去，也就是让原来的客人住进偶数房间里，而将奇数房间空出，这样新来的人住进奇数房间。当然这样的问题在现实中是不可能存在的，试问在挪动所有客人的过程中需要多长的时间？但在逻辑上是没有问题的。其本质在于集合“基数”的概念，也就是集合元素的个数的概念。这里无限实际上是“可数无限”的意思，即集合的元素可以一个一个地数或者一个一个地列举，这样的集合的基数是 $\aleph_0$。它具有性质：

$$1+\aleph_0=\aleph_0,\quad \aleph_0+\aleph_0=\aleph_0,$$

因此，上面的解答就是可行的了。具体的理解可以参考后续内容。

在古希腊文明中，人们已经有对无限的理解和描述。大约生活在公元前 460—公元前 370 年的德谟克利特（Democritus），曾试图通过把圆锥当成是由平行于底面的薄片组成的方式来计算它的体积。如果薄片的数量有限，每个切片的厚度不为零，则圆锥的表面将呈现“阶梯形”，而不是光滑的——这意味着真正的体积在某种程度上是无限多个零的和[①]。值得一提的是我国古代数学著作《九章算术》中有一个关于体积的原理，叫

① BOYER C B，MERZBACH U C. A history of mathematics[M]. 2nd ed. New York：Wiley，1989.

作祖暅原理："幂势既同，则积不容异。""幂"是截面积，"势"是立体的高。意思是2个同高的立体，如在等高处的截面积相等，则体积相等。这里面也蕴含了无限求和的思想①。在古希腊思想家中，亚里士多德（Aristotle）对无限的思考最为深刻。他得出结论，任何几何量，如线段长度，都是无限可分的，他认为极小量的思想是毫无意义的。类似地，数的集合——对亚里士多德来说，数字只包括自然数1，2，3，…——显然可以无限扩展。时间也具有这2个属性：它可以无限地延伸，它的任何部分都可以无限地分割。但是，亚里士多德更进一步地考虑了一个非常重要的根本区别。他认为虽然我们可以把自然数集推到任意远，但是我们无法领会到它们作为一个整体的全部。这种"潜在的无限"与"现实的无限"之间的差别也出现在几何学中，亚里士多德认为，直线不能是无限的，但是数学家可以把它扩展到他或她需要或喜欢的程度。这种避免"现实的无限"无疑反映了希腊思想与物质世界的紧密联系②。

其实，数学中无限的例子早在13世纪就曾出现过。通过建立一一对应关系将一个圆的点与另一个圆的点唯一对应起来：将2个圆放置在一起，使得它们具有相同的圆心，通过圆心的半径建立起2个圆上的点的一一对应关系，从而得到论断"直径不相等的2个圆具有相同数量的点"，如图9-1所示。但是显然这样的圆的周长不相等。这似乎又是一个悖论。从现代数学的角度来讲，并不是一个悖论，周长相等只是说集合的测度相同，而点的数量相同只是说集合的基数一样③。详细地理解可以参考后续的内容。

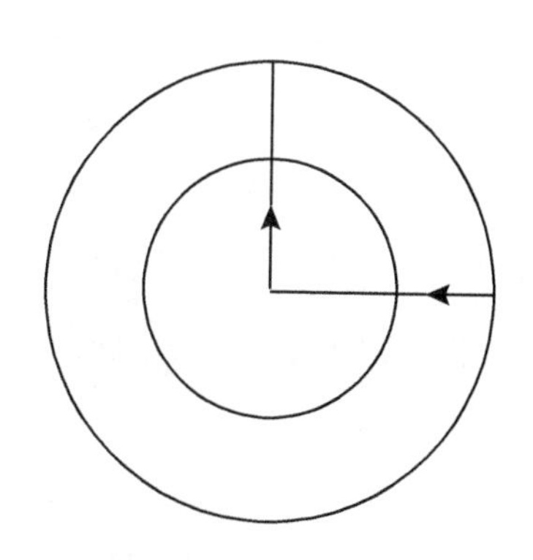

图9-1　2个同心圆，直径不等但点的数量相等

17世纪，伽利略·加利雷在他的著作《关于两种新科学的对话》(*Dialogues Concerning Two New Sciences*，1638年）中仔细思考了当人们试图比较正整数集及其平方集大小时所产生的矛盾。一方面，他认为前者明显多于后者，因为正整数的平方仍然

① 周向宇．中国古代数学的贡献[J]．数学学报，2022，65（4）：581-598.

② BOCHNER S. Dictionary of the history of ideas II infinity[M]. New York：Scribner's，1973.

③ 格兰特，克莱纳．数学史上的转折点[M]．黄朝凌，孙艳琴，译．北京：中国农业出版社，2019.

是整数，同时存在正整数它不是正整数的平方；另一方面，可以在 2 个数集之间建立一个一一对应，使得第一个集合中的每个元素与第二个集合中的唯一的一个元素对应，如下所示：

$$\begin{array}{ccccc} 1 & 2 & 3 & 4 & \cdots \\ \updownarrow & \updownarrow & \updownarrow & \updownarrow & \cdots \\ 1 & 4 & 9 & 16 & \cdots \end{array}$$
。

伽利略得出结论，之所以出现这些困难是因为“We attempt，with our finite minds to discuss the infinite，assigning to it those properties which we give to the finite and limited；but this … is wrong，for we cannot speak of infinite quantities as being the one greater or less than or equal to another.[①]”（我们试图用有限的思想来讨论无限，我们将那些给予有限或者极限的性质赋予无限；但这……是错误的，因为我们不能说无限的数量大于或小于或等于另外一个无限的数量。）事实上也正是如此。在有限的世界里，显然在 $n \neq 0$ 的时候，$n+1 \neq n$。但是在无限的世界里，我们有 $1+\aleph_0=\aleph_0$，$n+\aleph_0=\aleph_0$，$\aleph_0+\aleph_0=\aleph_0$，甚至是 $\aleph_0 \times \aleph_0=\aleph_0$，$\aleph_0^n=\aleph_0$。

像笛卡儿、斯宾诺莎（Spinoza）、莱布尼茨、霍布斯（Hobbes）和伯克利（Berkeley）等著名的数学家拒绝接受现实的无限。甚至伟大的高斯也反对使用它，他在 1831 年给他的朋友舒马赫（Schumacher）的一封信中写道：“I protest against the use of an infinite quantity as an actual entity；this is never allowed in mathematics. The infinite is only a manner of speaking，in which one properly speaks of limits to which certain ratios can come as near as desired，while others are permitted to increase without bound.[②]（我反对使用无限量作为实际的量；这是数学绝对不能允许的。无限只是一种说话的方式，一个人可以用这种方式恰当地表达某些比率，可以尽可能地接近期望中的极限值，而其他的人则允许理解为无限制地增加。）”

对于无限的理解，读者应该区分以下 3 个方面的内容：一是表示趋势，趋向无穷大，或者无限接近于某一个数或者点；二是表示集合元素个数的概念，基数；三是无限可分。

对于第一种情况，在表示事物的变化趋势的时候经常出现。例如，宇宙无穷地大，

① RUCKER R. Infinity and the mind：the science and philosophy of the infinite[M]. Boston：Birkhäuser，1982.

② EVES H. Great moments in mathematics (after 1650)[M]. Washington DC：mathematical association of America，1981.

时间无限地远等。人们经常用极限的概念来表示数列和函数的变化趋势。数列$\left\{\frac{1}{n}\right\}$，在$n\to\infty$时，$\frac{1}{n}\to 0$；$\lim\limits_{x\to 0}\frac{\sin x}{x}=1$，也就是说当$x\to 0$时，函数$\frac{\sin x}{x}$的变化趋势是趋向于1。一个重要的思想就是可以将$\infty$加入到自然数集合$\mathbf{N}$中，使得潜在的无限变成现实的无限。同样的道理，对于函数$\frac{\sin x}{x}$在自变量$x=0$没有定义，更谈不上连续了，但是可以定义一个新的函数

$$f(x)=\begin{cases}\dfrac{\sin x}{x}, & x\neq 0,\\ 1, & x=0,\end{cases}$$

使得它变成连续的函数，同样的将潜在的无限变成现实的无限。

对于第二种情况，我们知道集合有许多，如人们熟知的偶数集合、整数集合、自然数集合、有理数集合、实数集合、复数集合等。当一个集合的元素个数是有限的时候称之为有限集合，当元素的个数是无限的时候称之为无限集合。显然，一个有n个元素的集合与有$n+1$个元素的集合是有区别的，至少它们之间不能建立一一对应关系。而我们知道偶数集合与整数集合有很多的区别，显然偶数集合是整数集合的真子集，我们可以在它们之间建立一个一一对应关系：

$$\begin{matrix}1 & 2 & 3 & 4 & \cdots\\ \Updownarrow & \Updownarrow & \Updownarrow & \Updownarrow & \cdots\\ 2 & 4 & 6 & 8 & \cdots\end{matrix}$$

因此，单从集合元素“个数”的角度来讲，它们是一样的，对于无限集合使用个数的概念似乎并不太清楚，康托尔称它们具有相同的基数。而对于实数集合与有理数集合来讲，尽管它们的元素个数都是无穷的，但是它们有本质的区别。前者称之为可数无限集，后者称之为不可数无限集。

对于第三种情况，指对于连续变化的事物总是可以无限地对其进行划分。例如，一条线段，可以取其1/2、再取剩余的1/2，这样的过程可以无限的进行下去。但是需要注意的是尽管这个过程可以无限的进行，但是所进行的步骤一定是可数无限次。再如，在第7讲从科赫曲线到分形几何中所讲到的科赫曲线及三分康托尔集就是如此。

对数学无限的现代理解几乎是格奥尔格·康托尔一手创造的。康托尔认为潜在的无限与现实的无限之间旧的区别是值得怀疑的：“in truth the potentially infinite concept has only a borrowed reality，insofar as a potentially infinite concept always points toward a logically prior actually infinite concept whose existence it depends on.[①]（事实上，潜在无限的概念只是来源于现实的无限，因为潜在无限的概念总是指向其存在所依赖的逻辑上优先的实际无限的概念）”。他的革命性方法源于1870年对于三角函数列的研究。在这项研究中，他发现需要正确理解实数，这在当时是相当缺乏的。这个结果就是现在所熟知的实数表示，即表示成柯西（基本）数列。后者需要与现实的无限结合，因为柯西序列是满足给定条件的有理数的无限集合。具体来讲，如定义 9.1 所示。

定义 9.1 一个度量空间 (X, d) 中的一个序列 $\{a_n\}$ 称为柯西序列，如果对于任何一个正实数 $\varepsilon>0$，存在一个正整数 N，当 m，$n>N$，都有 $d(x_n, x_m)<\varepsilon$。

定理 9.1 任意一个无限十进制小数 $\alpha=0.b_1b_2b_3\cdots$ 的 n 位不足近似值所组成的数列是柯西序列。

证明 记 $a_n=\dfrac{b_1}{10}+\dfrac{b_2}{10^2}+\cdots+\dfrac{b_n}{10^n}$，不妨设 $n>m$，则有

$$|a_n-a_m|=\frac{b_{m+1}}{10^{m+1}}+\frac{b_{m+2}}{10^{m+2}}+\cdots+\frac{b_n}{10^n}\leqslant\frac{9}{10^{m+1}}\left(1+\frac{1}{10}+\cdots+\frac{1}{10^{n-m+1}}\right)<\frac{1}{10^m}<\frac{1}{m},$$

对于任意给定的 $\varepsilon>0$，取 $N=\dfrac{1}{\varepsilon}$，则对一切 $n>m>N$，有 $|a_n-a_m|<\varepsilon$。

人类对数的认识是一个渐进的过程。克罗内克（Leopold Kronecker）曾经说过：“上帝创造了整数，所有其余的数都是人造的。”但是包括实数和复数在内的数系有其存在的必然性和自然性。整数的形式是很清楚的，即

$$\mathbf{Z}=\{\cdots, -3, -2, -1, 0, 1, 2, 3, \cdots\},$$

有理数的构造也是容易理解的，

$$\mathbf{Q}=\left\{\frac{q}{p}\middle|p, q\in\mathbf{Z}, p\neq0\right\}。$$

这种由整数集构造有理数集的过程叫作环的局部化。整数集 **Z** 是一个环，但不是域，可以通过对 **Z** 的局部化得到一个包含 **Z** 的域使得 **Z** 中的每个非零元素都有逆元。那么，该如何理解实数呢？我们知道实数是由有理数和无理数构成，对实数的理解关键是对无理数的理解，那到底什么是无理数？由于人们早发现了勾股定理的存在，因此人们也早都意识到无理数的存在，因为一个直角边的长是 1 的等腰直角三角形的斜边无论如何都不可能是有理数。从现代数学的角度来讲，实数域 **R** 具有以下重要的性质：**R** 是一个域，具有全序性、阿基米德性、完备性、连续性（连通性）等，一旦人们对实数性质认识到一定程度的时候，通过有理数构造实数就成为可能。

① RUCKER R. Infinity and the mind：the science and philosophy of the infinite[M]. Boston：Birkhäuser，1982.

定理 9.2 对于任意一个实数 $\gamma \in [0,1)$ 都唯一地对应着一个整数列 $\{c_n\}$，其中 c_n 是 0，1，2，…，9 中的某个数，且有无限个 $c_n<9$，使得有理数列 $\{a_n\}$（$a_n=0.c_1c_2\cdots c_n$）满足不等式 $a_n \leqslant \gamma < a_n+10^{-n}$，$n=1$，2，3，…。反之，任意满足上述条件的整数列 $\{c_n\}$，必存在唯一实数 $\gamma \in [0,1)$，使得不等式 $a_n \leqslant \gamma < a_n+10^{-n}$，$n=1$，2，3，…成立。

根据定理 9.2，$\gamma \in [0,1)$ 可以表示成 $\gamma=0.c_1c_2c_3\cdots$，任何实数都可以表示

$$\alpha=c_0.c_1c_2c_3\cdots$$

的形式。

康托尔开始研究无限的时候，跟其他人一样反对完全无限的概念，但是他很快意识到，如果不接受这一点，他的研究就不会有什么进展。为了使他不断发展的无限思想具体化，康托尔设计了一个完全无限的算术，一种所谓的超限算术（Transfinite Arithmetic）。这个关键的想法——对应的概念，它是无限算术的基石，可以用来比较集合的“大小”。

定义 9.2 设 A，B 是 2 个集合。如果对于集合 A 的每个元素，在集合 B 中存在唯一的一个元素与之对应；相反地，集合 B 中的每个元素对应于 A 中的唯一元素，于是我们称在集合 A 和 B 之间建立了一一对应关系，并且称这 2 个集合具有相同的元素数，即具有相同的“基数”。

康托尔的定义解决了伽利略的困境：自然数集合及其平方的集合确实具有相同的基数，因为我们可以像伽利略所做的那样在它们之间建立一一对应关系。直径不相等的任何 2 个圆也是类似的：它们也具有相同的基数。因此，这 2 个例子并不会引起悖论。

那么“整体大于其任何部分”的教条又该怎样看待呢？伽利略和中世纪学者在得出各自的悖论时经常含蓄地引用这个学说。这个学说是欧几里得公理几何公式中给出的一个常见的概念（公理）。对于有限集来说非常有意义，但对于无限集合而言必须放弃这个理论。事实上，欧几里得的学说从来不适用于无限集合：每个无限集合都包含一个与原始集合具有相同基数的真子集。可以拿这个性质来定义无限集合：如果集合 S 包含与其本身具有相同基数的真子集，则称 S 是“无限的”。

上文提到可数集的定义，即集合中的元素可以排成一列（不必按着大小顺序），从第一、第二、第三等开始；因此这些集合的基数与自然数 1，2，3，…的基数相同。下面证明代数数也可以排成一列。所谓“代数数”是整系数多项式方程的复数根。那些不是代数数的复数被称为“超越数”。代数数是有理数的推广：有理数 m/n 是方程 $nx-m=0$ 的根，这里 m 和 n 是整数。代数数在数论中特别重要。

定理 9.3 代数数可以排成一列。

证明 为了证明代数数可以排成一列，考虑每个多项式：

$$a_0+a_1x+a_2x^2+\cdots+a_nx^n,$$

其中，$a_i(i=0,1,2,\cdots,n)$是整数；以及有理数 $2^{a_0}\times3^{a_1}\times5^{a_2}\times\cdots\times p_n^{a_n}$，其中 p_n 是第 $n+1$ 个素数。这个映射是所有整系数多项式与正有理数之间的一一对应关系。因为每个多项式都有有限多个根，因此代数数可以排成一列。

我们给出了许多可以排成一列的集合的例子，把这些集合叫作“可列集”或“可数集”——可以枚举的集合。它们都有相同的基数，用 $\aleph_0$ 来表示它（阿列夫零，“阿列夫”是希伯来语字母表中的第一个字母）。它是最小的无限基数。更一般地，用 $|S|$ 来表示集合 S 的基数；于是，给定 2 个无限集合 S 和 T，如果在 S 和 T 的子集合之间存在一一对应关系，则 $|S|\leqslant|T|$。如果 $|S|\leqslant|T|$，但 $|S|\neq|T|$，则 $|S|<|T|$。

定理 9.4 设 $A_i(i=1,2,3,\cdots)$是可数集，则 $\bigcup\limits_{i=1}^{\infty}A_i$ 也是可数集。

证明 先设 $A_i\cap A_j=\varnothing(i\neq j)$。因为集合的个数是可数个，而每个集合也是可数集，所以可以将集合排列，同时将每个集合中的元素也一一列举。

$$A_1=\{a_{11},a_{12},a_{13},a_{14},\cdots\}$$

$$A_2=\{a_{21},a_{22},a_{23},a_{24},\cdots\}$$

$$A_3=\{a_{31},a_{32},a_{33},a_{34},\cdots\}$$

$$A_4=\{a_{41},a_{42},a_{43},a_{44},\cdots\}$$

……

按图 9-2 箭头的前进方式排列 $\bigcup\limits_{i=1}^{\infty}A_i$ 的元素，

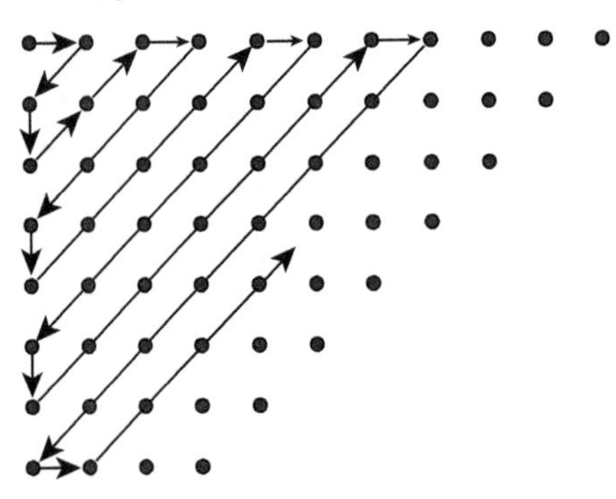

图 9-2 可数个可数集并集的可数性

$$a_{11},a_{12},a_{21},a_{31},a_{22},a_{13},a_{14},a_{23},a_{32},a_{41},a_{51},\cdots,$$

因此，$\bigcup\limits_{i=1}^{\infty}A_i$ 也是可数集。

下证一般的情形。令 $A_1'=A_1$，$A_i'=A_i-\bigcup\limits_{j=1}^{i-1}A_j$，则 $A_i'\cap A_j'=\varnothing(i\neq j)$，$\bigcup\limits_{i=1}^{\infty}A_i=\bigcup\limits_{i=1}^{\infty}A_i'$ 则根据上面的类似讨论可以证明 $\bigcup\limits_{i=1}^{\infty}A_i$ 是可数集。

定理 9.5 有理数集的基数是 $\aleph_0$。

证明 设

$$A_i=\left\{\frac{1}{i},\frac{2}{i},\frac{3}{i},\cdots\right\}(i=1,2,3,\cdots),$$

则 A_i 是一个可数集。根据上述定理可以得到 $\mathbf{Q}^+=\bigcup_{i=1}^{\infty}A_i$ 是可数集。而负有理数集与正有理数集之间存在一一对应，故也是可数集，因此 $\mathbf{Q}=\mathbf{Q}^+\cup\mathbf{Q}\cup\{0\}$ 是可数集。

需要指出的是，我们知道在距离任意小的两个有理数之间还存在其他有理数，因此有理数集是处处稠密的，但是有理数的个数却与自然数一一对应。这说明在实数轴上更多的是无理数。

现在考虑一些其他无限集合的例子。已经观察到，直径不等的两个圆具有相等的基数。因此，任意两条线段具有相同的基数是不足为奇的。例如，函数 $f(x)=2x$，$x\in(a,b)$ 给出了 2 个区间——一个区间是另外一个区间长度的 2 倍——之间的一一对应关系。令人惊讶的是一条无论多么短的线段上的点，都与整个实数轴的点具有相同基数。映射 $f(x)=\tan x$，$-\pi/2<x<\pi/2$ 给出了区间 $(-\pi/2,\pi/2)$ 与实数轴之间的一一对应关系。

另外一个意想不到但基本的结果是实数是不可列的（不可数的），即它们的基数比 $\aleph_0$ 大。康托尔在徒劳的尝试证明相反结果之后，成功地建立了这一点。下面是一个简单的证明。假设区间 $(0,1)$ 中的实数可以排成一列 a_1，a_2，a_3，…。将每个 a_i 放在长度为 $1/10^i$ 的区间里。于是区间 $(0,1)$ 被封闭在总长度为 $1/10+1/10^2+1/10^3+\cdots=1/9$ 的区间里，这显然是一个矛盾。

康托尔的另一个结果（19 世纪 70 年代被证明）与普遍观念相悖，即实数和复数具有相同的基数。他发现这是一个令人惊讶的结果，因为这 2 个集合有不同的维数，实数集合作为实数域上的线性空间是一维的，而复数集合作为实数域上的线性空间维数是二维的。这里证明一个与之等价的结果，即开区间 $A=(0,1)$ 与它的平方 $B=(0,1)\times(0,1)$ 具有相同的基数。定义映射 $f:A\to B$ 使得 $f(0.r_1r_2r_3\cdots)=(0.r_1r_3r_5\cdots,0.r_2r_4r_6\cdots)$ 和映射 $g:B\to A$ 使得 $g(0.b_1b_2b_3\cdots,0.c_1c_2c_3\cdots)=(0.b_1c_1b_2c_2b_3c_3\cdots)$。这 2 个映射在 A 和 B 之间建立了一一对应关系。

按照如下方式定义基数的和与积：如果 A 和 B 是 2 个集合，则定义 $|A|+|B|=|A\cup B|$ 和 $|A|\times|B|=|A\times B|$，不失一般性，选取 A 和 B 使得 $A\cap B=\varnothing$（$A\times B$ 是 A 和 B 的笛卡儿积，$\varnothing$是空集）。

定理 9.6 $\aleph_0=1+\aleph_0$，$n+\aleph_0=\aleph_0$，$\aleph_0+\aleph_0=\aleph_0$，$n\times\aleph_0=\aleph_0$，$\aleph_0^n=\aleph_0$。

因为自然数和非负整数都是可数的，所以 $\aleph_0=1+\aleph_0$，当然也有 $\aleph_0=2+\aleph_0$，于是

$1+\aleph_0=2+\aleph_0$。根据消去律，得到 $1=2$。这又是一个悖论吗？不完全是。当然，不应该期望超限算术的运算规律与有限数的运算规律一致。特别地，超限算术的加法消去律是不成立的。

可以用归纳法证明 $n+\aleph_0=\aleph_0$，也很容易证明 $\aleph_0+\aleph_0=\aleph_0$。例如，可以利用 $\mathbf{N}=\mathbf{E}\cup\mathbf{O}$ 来证明，其中 $\mathbf{N}$ 是自然数集，$\mathbf{E}$ 是非负偶数集，$\mathbf{O}$ 是正奇数集，它们的基数都是 $\aleph_0$。至于乘法，注意到 $2\times\aleph_0=\aleph_0+\aleph_0=\aleph_0$，于是 $1\times\aleph_0=2\times\aleph_0$。因此，超限算术乘法的消去律也不成立。通过归纳法，我们也有 $n\times\aleph_0=\aleph_0$。既然有理数是整数对，所以 $\aleph_0\times\aleph_0=\aleph_0$。于是 $\aleph_0^2=\aleph_0$，以及由归纳法得到 $\aleph_0^n=\aleph_0$。

定理 9.7 $c+c=c$，$c\times c=c$，$\aleph_0+c=c$，$\aleph_0\times c=c$。

如果用 c(连续统)表示实数的基数，已经证明 $\aleph_0<c$。因为每个线段的基数是 c，所以 $c+c=c$；因为实数和复数具有相同的基数，所以 $c\times c=c$。于是，有 $c\leqslant\aleph_0+c<c+c=c$，因此 $\aleph_0+c=c$。类似地，$\aleph_0\times c=c$。

康托尔解决的 2 个重要问题是确定无理数和超越数的基数。可以证明它们都是 c。用 T 表示超越数的集合，设 $t=|T|$，则 $c=t+\aleph_0=|T|+|A|$，其中 A 是代数数的集合。现在从 T 中“去掉” $\aleph_0$ 个元素，如 $T=J\cup K$，其中 $|K|=\aleph_0$。则

$$c=|T|+|A|=|J\cup K|+|A|=|J|+|K|+|A|=|J|+|K|=|T|=t,$$

这样 $t=c$。现在，如果 I 表示无理数集合，那么既然 $T\leqslant I$，$c=|T|\leqslant|I|\leqslant|\mathbf{R}|=c$，所以 $|I|=c$。

欧拉于 18 世纪定义了超越数，但是第一个超越数的例子是由约瑟夫·刘维尔(Joseph Liouville)于 1844 年给出的。查尔斯·埃尔米特(Charles Hermite)于 1873 年证明了 e 是超越数(可以参考高斯与数列这一章内容)。卡尔·路易斯·费迪南德·林德曼(Carl Louis Ferdinand Lindemann)于 1882 年证明了 π 是超越数(最后的一个结果意味着不可能化圆为方)。康托尔于 1874 年证明了超越数多于代数数的这一显著事实。但他实际上并没有构造任何超越数——他的证明是一个“非构造”存在性证明的例子。

不等式 $\aleph_0<c$ 给康托尔带来了 2 个主要问题：在 $\aleph_0$ 和 c 之间存在其他的基数吗？有没有超过 c 的基数？第 2 个问题相对容易回答。

人们从有限的情形中得到启示。注意到，

$$2^n=(1+1)^n=\sum_{i=0}^{n}\binom{n}{i}=\text{集合 }\{1,2,3,\cdots,n\}\text{ 的子集合的个数}$$

$$=\text{函数 }f:\{1,2,3,\cdots,n\}\to\{0,1\}\text{ 的个数。}$$

由于 $n<2^n$，猜想 $c<2^c=$ 实数集 $\mathbf{R}$ 的子集合的个数；更一般地，对于任何集合 A，

$|A|<|P(A)|$，其中 $P(A)$ 是 A 的所有子集合的集合，称之为 A 的“幂集”。很容易看出 $|P(A)|$ 是函数 $f: A \to \{0, 1\}$ 的个数。

为了证明 $|A|<|P(A)|$，首先注意到 $|A| \leqslant |P(A)|$。如果 $|A|=|P(A)|$，则存在一一映射 $f: A \to P(A)$。设 $B=\{b \in A: b \notin f(b)\}$。既然 f 是满的，存在 $a \in A$ 使得 $f(a)=B$。那么 $a \in B$ 当且仅当 $a \notin B$，这是一个矛盾。因此 $|A|<|P(A)|$ 得证。

注意到“算子”P 可以迭代，这样就得到一个无限递增的基数链，$|A|<|P(A)|<|P(P(A))|<\cdots$。这种看似“幸福”的状态会导致严重的困难。因为如果设 $S=$ 所有的集合，则对于每个集合 T，$|T| \leqslant |S|$。特别地，$|P(S)| \leqslant |S|$。但是我们已经证明过对于任何集合 A 都有 $|A|<|P(A)|$。所以 $|S|<|P(S)|$。这是一个矛盾——一个悖论，而且它是一个严重的悖论，因为它规定了一个受到限制的集合的概念。特别是，$S=\{$ 所有的集合 $\}$ 不是一个集合，尽管人们会认为任何对象的类都是一个集合。S 确实是太大了，所以需要限制集合的概念，为了避免麻烦，不能说所有集合的集合，涉及集合构成的范畴的时候，可以使用范畴或者类的概念。另一个悬而未决的问题是：是否存在比 $\aleph_0$ 大且比 c 小的基数。康托认为这样的基数不存在，并试图证明这一点，但是没有成功。原来，回答“是”和“不是”都是有效的答案！

在康托尔工作之后的几十年里，集合论中还出现了其他的问题与悖论。例如，考虑集合 $S=\{x \mid x \notin x\}$。那么 $S \in S$ 当且仅当 $S \notin S$。这是著名的罗素悖论。关于这一个悖论，可以使用下面例子形象地描述它。假设在一个孤岛上只有一位理发师，这位理发师只给那些不给自己理发的人理发，问这个理发师给自己理发吗？这个问题是没有答案的，因为不管他给不给自己理发都会带来矛盾。

在上面的描述中，有许多地方值得进一步厘清其中的含义。只要有适当的纠正措施，集合论这个研究超限的理论将依然盛行。最初康托尔创立了集合论，许多杰出的数学家紧随其后，它是数学史上的重大转折点之一。对学生来说，吸收掌握下列超限算术的含义是非常重要的——这一切都与过去的经验相背离①：

①无限不仅仅是有限的缺失，也不仅仅是“说话的方式”。它是一个精确的数学概念，产生了丰富而深刻的理论。

②整体不必大于部分。事实上，整体等于无穷多个部分。

③一些算术运算不满足基本的运算律，如加法和乘法的消去律和交换律。

④无限有不同的大小——事实上，无限有无穷多个大小。

---

① 格兰特，克莱纳.数学史上的转折点 [M].黄朝凌，孙艳琴，译.北京：中国农业出版社，2019.

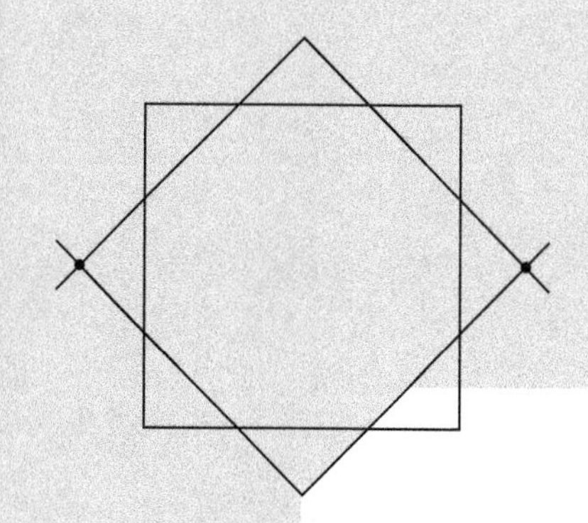

数学是一门演绎的学问，从一组公设，经过逻辑的推理，获得结论。

——陈省身

第十讲 田忌赛马与博弈论

读者小时候想必都学过田忌赛马的故事。该故事出自司马迁的《史记·孙子吴起列传》。

> 齐使者如梁，孙膑以刑徒阴见，说齐使。齐使以为奇，窃载与之齐。齐将田忌善而客待之。忌数与齐诸公子驰逐重射。孙子见其马足不甚相远，马有上、中、下辈。于是孙子谓田忌曰："君弟重射，臣能令君胜。"田忌信然之，与王及诸公子逐射千金。及临质，孙子曰："今以君之下驷与彼上驷，取君上驷与彼中驷，取君中驷与彼下驷。"既驰三辈毕，而田忌一不胜而再胜，卒得王千金。於是忌进孙子於威王。威王问兵法，遂以为师。

最开始田忌采用的是上对上，中对中，下对下的策略，毫无疑问，自己每个档次的马都不如齐威王，结果只能是输。孙膑来了之后，田忌采用他的策略，做了相应变动，改为下对上，上对中，中对下的策略。虽然先让自己的下等马对齐威王的上等马，先输一局，但是只是虚晃一枪，当自己的上等马对齐威王的中等马，自己的中等马对齐威王的下等马时，就稳操胜券了。最后的结果是，在先输一局的情况下，连赢两局，最终获胜。由此可见，策略直接决定博弈结果。表 10-1 是完整的策略图与效用矩阵。

表 10-1 田忌赛马效用矩阵

		田忌					
		上中下	上下中	中上下	中下上	下上中	下中上
齐威王	上中下	3、-3	1、-1	1、-1	1、-1	-1、1	1、-1
	上下中	1、-1	3、-3	1、-1	1、-1	1、-1	-1、1
	中上下	1、-1	-1、1	3、-3	1、-1	1、-1	1、-1
	中下上	-1、1	1、-1	1、-1	3、-3	1、-1	1、-1
	下上中	1、-1	1、-1	1、-1	-1、1	3、-3	1、-1
	下中上	1、-1	1、-1	-1、1	1、-1	1、-1	3、-3

田忌赛马是一个经典的博弈论案例，它包含博弈论的 3 个要素——参与者、策略和收益。所谓策略，就是根据对手的情况实施自己的行动，如在田忌赛马中田忌和齐威王的策略集本应该都是{上中下、上下中、中上下、中下上、下上中、下中上}。田忌之所以能够取胜，是因为孙膑掌握了更多的信息，那就是他知道了齐威王保持自己的策略不变，属于信息不对称。一旦双方都隐藏自己的策略，胜负就很难判定了。同时，还有一个重要的信息就是田忌每个档次的马都不如齐威王，但只是稍微逊色一点，一旦田忌的中等马不如齐威王的下等马或者上等马不如齐威王的中等马，不管田忌采取什么样的策略结果都是输，这充分说明了信息对决策的重要作用。

博弈是指在利益冲突的情境之下，不同行为主体之间产生的既有相互合作又有相互竞争的行为选择。博弈的行为主体总是在信息集的基础上，根据行为策略，选择最优策略行为组合，以期望获得自身收益的最大化。博弈论亦名“对策论”，属应用数学的一个分支。博弈论研究具有斗争或竞争性质现象的数学理论和方法、公式化了的激励结构间的相互作用，考虑博弈方个体的预测行为和实际行为，并研究它们的优化策略。一般博弈问题由 3 个要素所构成：即局中人(Players)又称当事人、参与人，策略(Strategies)集合及每一对局中人所做的选择和赢得(Payoffs)集合。其中所谓赢得是指如果一个特定的策略关系被选择，每一个局中人所得到的效用。所有的博弈问题都会遇到这 3 个要素，下面是策略式博弈的数学定义。

定义 10.1(策略式博弈) 策略式博弈 $\Gamma=\{N,(S_i),(u_i)\}$ 是一个三元组，参与人集合 N，我们用 $N=\{1,2,\cdots,n\}$ 来表示，纯策略空间集 $(S_i)_{i\in N}$ 及效用函数 $(u_i)_{i\in N}$。对于给定的某个参与人 i，S_i 是他的策略空间，也就是不同种可供选择的策略的集合；对于给定的一个策略组合 $s=(s_1,s_2,\cdots,s_n)$，u_i 表示参与人 i 的效用 $u_i(s)$，效用有可能是收益，也有可能是损失，或者是其他有意义的量。

常将给定某个参与人 i 之外的其他参与人称为参与人 i 的对手，记作 $-i$。这并不意味着其他参与人要击败 i，而是每个参与人的目标都是使得自己的收益函数最大化。

1. 博弈的类型

①博弈可以分为合作博弈和非合作博弈。合作博弈和非合作博弈的区别在于相互发生作用的当事人之间有没有一个具有约束力的协议，如果有，就是合作博弈；如果没有，就是非合作博弈。

②从行为的时间序列性，博弈论可以分为静态博弈、动态博弈。静态博弈是指在博弈中，参与人同时选择或虽非同时选择但后行动者并不知道先行动者采取了什么具体行动；动态博弈是指在博弈中，参与人的行动有先后顺序，且后行动者能够观察到先行动者所选择的行动。例如，田忌赛马和下面要讲到的囚徒困境就是同时决策的，属于静态博弈；而棋牌类游戏的决策或行动有先后次序，属于动态博弈。

③按照参与人对其他参与人的了解程度分为完全信息博弈和不完全信息博弈。完全博弈是指在博弈过程中，每一位参与人对其他参与人的特征、策略空间及收益函数有准确的信息。不完全信息博弈是指如果参与人对其他参与人的特征、策略空间及收益函数信息了解得不够准确或者不是对所有参与人的特征、策略空间及收益函数都有准确的信息，在这种情况下进行的博弈就是不完全信息博弈。

④零和博弈是指参与博弈的各方，在严格竞争下，一方的收益必然意味着另一方的损失，博弈各方的收益和损失相加总和永远为"零"。与零和博弈相对是非零和博弈。

2. 纳什均衡

博弈论中最重要的概念之一便是纳什均衡（Nash Equilibrium），又称为非合作博弈均衡，以约翰·纳什的名字命名。1950 年和 1951 年纳什在他两篇关于非合作博弈论的重要论文中证明了非合作博弈及其均衡解，并证明了均衡解的存在性，即著名的纳什均衡，从而揭示了博弈均衡与经济均衡的内在联系。纳什的研究奠定了现代非合作博弈论的基石，后来的博弈论研究基本上都是沿着这条主线展开的。在一个博弈过程中，无论对方的策略选择如何，当事人一方都会选择某个确定的策略，则该策略被称作支配性策略。如果任意一位参与者在其他所有参与者的策略确定的情况下，其选择的策略都是支配性策略，那么这个组合就被定义为纳什均衡。纯策略纳什均衡的具体数学定义如下

定义 10.2（纯策略纳什均衡） 给定策略式博弈 $\Gamma=\{N,(S_i),(u_i)\}$ 及其策略组合 $s^*=(s_1^*,s_2^*,\cdots,s_n^*)$，如果

$$u_i(s_i^*,s_{-i}^*)\geqslant u_i(s_i,s_{-i}^*)，对所有的\ s_i\in S_i,\ i=1,2,\cdots,n,$$

则称 $s^*=(s_1^*,s_2^*,\cdots,s_n^*)$ 是 Γ 的一个纯策略纳什均衡。

上述条件另外一种表达为 $u_i(s_i^*, s_{-i}^*) = \max_{s_i \in S_i} u_i(s_i, s_{-i}^*)$，对所有的 $i=1, 2, \cdots, n$。

定义 10.3［最优反应对应（Best Response Correspondence）］ 给定策略式博弈 $\Gamma=\{N, (S_i), (u_i)\}$。参与人 i 的最优反应对应是映射 b_i：$S_{-i} \to 2^{S_i}$，

$$b_i(s_{-i}) = \{s_i \in S_i | u_i(s_i, s_{-i}) \geqslant u_i(s_i', s_{-i}),\ s_i' \in S_i\}。$$

也就是说，给定所有其他参与人的策略组合 s_{-i}，$b_i(s_{-i})$ 给出了参与人 i 的所有最优反应策略组成的集合。

下面看一个著名的博弈论例子。在博弈论中，含有占优战略均衡的一个著名例子是由塔克给出的“囚徒困境”(Prisoners' Dilemma) 博弈模型，它是非合作博弈的典型例子。该模型用一种特别的方式讲述了一个警察与小偷的故事。假设有 2 个小偷 A 和 B 联合作案，私入民宅被警察抓住。警方将 2 人分别置于不同的 2 个房间内进行审讯，对每一个犯罪嫌疑人，警方给出的政策是：如果 2 个犯罪嫌疑人都坦白了罪行，交出了赃物，于是证据确凿，2 人都被判有罪，各判刑 8 年；如果只有一个犯罪嫌疑人坦白，另一个人没有坦白而是抵赖，则以妨碍公务罪（因已有证据表明其有罪）再加刑 2 年，而坦白者有功被减刑 8 年，立即释放。如果 2 人都抵赖，则警方因证据不足不能判 2 人的偷窃罪，但可以私入民宅的罪名将 2 人各判入狱 1 年。表 10–2 给出了这个博弈的效用矩阵。

表 10–2　囚徒困境博弈情况

行动选择		B	
		坦白	抵赖
A	坦白	−8，−8	0，−10
	抵赖	−10，0	−1，−1

这个博弈可预测的均衡是什么？对 A 来说，尽管他不知道 B 作何选择，但他知道无论 B 选择什么，他选择“坦白”总是最优的。显然，根据对称性，B 也会选择“坦白”，结果是 2 人都被判刑 8 年。但是，倘若他们都选择“抵赖”，每人只被判刑 1 年。在表 10–2 中的 4 种行动选择组合中，（抵赖、抵赖）是帕累托最优的，因为偏离这个行动选择组合的任何其他行动选择组合都至少会使一个人的境况变差。不难看出，“坦白”是任一犯罪嫌疑人的占优战略，而（坦白，坦白）是一个占优策略均衡，也就是所谓的纳什均衡。

在“囚徒困境”中，对于形成的结果所依据的人都是从维护自己利益出发做出选择，是一个既定的前提条件。很明显在既定的前提条件下，这样做的案例分析是受前提

条件限定的，所谓的结果是在既定的前提条件的约束下得到的。从本案例中可以看到 2 个囚徒有共同利益的存在而没有得到他们的理性维护，在现实的社会经济生活中也存在很多的共同利益或公共利益没有得到理性维护的情况，其结果往往是损害了整体利益。在囚徒困境中，如果 2 个囚徒能从对方利益或整体利益出发做出选择，最终结果将是各自坐 1 年牢，从整体利益来看，这是最佳的策略。因此，作为社会人都应该认识到社会整体利益的重要性，都应该积极维护社会整体利益，只有这样才能更好地维护每个人的自身利益。当然社会中总是有像本案例中的囚徒一样的想法，总是追求自身利益的最大化，这就要求建立社会共同利益的管理机制，对于那些不维护社会公共利益的行为进行必要的惩戒。

所谓帕累托最优是指资源分配的一种状态，在不使任何人境况变坏的情况下，而不可能再使某些人的处境变好。与之相关联的概念是帕累托改进，是指在没有使任何人境况变坏的前提下，使得至少一个人变得更好。帕累托最优是指没有进行帕累托改进的余地的状态，而帕累托改进是达到帕累托最优的路径和方法。帕累托最优是博弈论中的重要概念，并且在经济学、工程学和社会科学中有着广泛的应用。帕累托最优是以提出这个概念的意大利经济学家维弗雷多·帕雷托的名字命名的。从“纳什均衡”的普遍意义中可以深刻领悟司空见惯的经济、社会、政治、国防、管理和日常生活中的博弈现象。

下面的例子说明一个博弈可能会有多个纳什均衡。

例 10.1（多数投票） 有三个参与人 1、2、3 及三种选项 A，B，C，参与人同时选择一种选项投票，不允许弃权。策略空间是 $S_i=\{A, B, C\}$。获得最大票数的选项赢得投票，如果没有选项获得多数，则选项 A 被选中。收益函数是

$$u_1(A)=u_2(B)=u_3(C)=2$$

$$u_1(B)=u_2(C)=u_3(A)=1$$

$$u_1(C)=u_2(A)=u_3(B)=0。$$

这一博弈具有 3 个纯策略均衡结果：A，B，C。如果参与人 1 和 3 投票选择结果 A，则参与人 2 的投票不会改变结果，而参与人 3 对自己如何投票无差异，因此，组合 (A, A, A) 和 (A, B, A) 均是纳什均衡，结果为 A。组合 (A, A, B) 不是纳什均衡，原因是如果参与人 3 投票 B，则参与人 2 也偏好于投票 B。

纳什均衡是关于博弈将会如何进行的一致性的预测，意思是说，如果所有参与人预测特定纳什均衡会出现，那么参与人就没有动力采取与均衡不同的行动。因此，纳什均衡具有性质使得参与人能预测到它，预测到它们对手也会预测到它，如此继续。与之相反，任何固定的非纳什均衡策略组合的出现都意味着至少有一个参与人犯了错，或者是

对对手行动的预测犯了错，或者是在最优化自己的收益时犯了错。

事实上，博弈模型不一定总是存在纯策略纳什均衡，一个常见的例子是石头、剪刀、布，就没有纯策略的纳什均衡，如表 10–3 所示。

表 10–3　无纯策略纳什均衡博弈

结果		B		
		石头	剪刀	布
A	石头	0，0	1，-1	-1，1
	剪刀	-1，1	0，0	1，-1
	布	1，-1	-1，1	0，0

下面来看另外一个例子，用来说明不存在纯策略纳什均衡的情况下如何分析均衡。

2 个人 A 和 B 玩硬币游戏。规则如下：如果都出正面，B 给 A 赔 3 元；如果都是反面，B 给 A 1 元；其他的情况下 A 给 B 赔 2 元，如表 10–4 所示。

表 10–4　无纯策略纳什均衡博弈的均衡分析

结果		B	
		正面	反面
A	正面	3，-3	-2，2
	反面	-2，2	1，-1

这个例子也是不存在纯策略纳什均衡。那么该如何考虑纳什均衡呢？假设 A 出正面的概率是 x，出反面的概率是 $1-x$；B 出正面的概率是 y，出反面的概率是 $1-y$。为了使得利益最大化，不管对手采取什么策略，都应该使得自己的收益相等，否则对手可以改变策略的概率，让期望收益减少。由此列出方程

$$3y+(-2)\times(1-y)=(-2)y+1\times(1-y),$$

解得

$$y=\frac{3}{8}。$$

同理，

$$-3x+2(1-x)=2x+(-1)\times(1-x),$$

解得

$$x=\frac{3}{8}。$$

只要 A 采用以概率 $\left(\frac{3}{8},\frac{5}{8}\right)$ 的方案采取策略的话，不管对手采取什么策略，都不会改变局面。

定义 10.4（混合策略博弈） 混合策略博弈是指三元组 $G=\{N,(\Delta(S_i),(U_i))\}$，其具体含义如下：

混合策略是给每个策略分配一个概率，一个玩家的策略集就是一个样本空间，用 $\Delta(S_i)$ 表示 S_i 的概率分布，即

$$\Delta(S_i)=\left\{p_i=(p_{i1},p_{i2},\cdots,p_{in_i})\middle|p_{ij}\geqslant 0,\ \sum_{j=1}^{n_i}p_{ij}=1\right\}。$$

混合策略博弈的结果是 $p=(p_1,p_2,\cdots,p_n)$，$p_i\in\Delta(S_i)$，$i=1,2,\cdots,n$。如果定义 $p_{-i}=(p_1,p_2,\cdots p_{i-1},p_{i+1},\cdots,p_{n_i})$，则 $p=(p_i,p_{-i})$

在混合策略博弈中，使用期望来计算收益，就是纯策略的博弈结果的收益乘对应的概率，再求和。给定一个策略式博弈 $\Gamma=\{N,(S_i),(u_i)\}$ 和一个混合策略博弈结果 $p=(p_1,p_2,\cdots,p_n)$，参与人 i 的期望收益是

$$U_i(p)=\sum_{a\in S}p(a)u_i(a)=\sum_{a=(a_1,\ \cdots,\ a_n)\in S}p_1(a_1)\times\cdots\times p_n(a_n)\times u_i(a)。$$

例 10.2 2 个人的博弈，每个人都有 3 种纯策略，如叫作上、中、下，他们的收益矩阵如表 10–5 所示。

表 10–5 混合策略博弈收益矩阵

收益情况		参与人 2		
		上	中	下
参与人 1	上	4，3	5，1	6，2
	中	2，1	8，4	3，6
	下	3，0	9，6	2，8

假如参与人的一个混合策略是一个向量 (p_{11},p_{12},p_{13})，给定组合 $\boldsymbol{p}_1=\left(\frac{1}{3},\frac{1}{3},\frac{1}{3}\right)$，$\boldsymbol{p}_2=\left(0,\frac{1}{2},\frac{1}{2}\right)$，则参与人 1 的收益

$$u_1(\boldsymbol{p}_1,\ \boldsymbol{p}_2)=\frac{1}{3}\left(0\times4+\frac{1}{2}\times5+\frac{1}{2}\times6\right)+\frac{1}{3}\left(0\times2+\frac{1}{2}\times8+\frac{1}{2}\times3\right)+$$

$$\frac{1}{3}\left(0\times3+\frac{1}{2}\times9+\frac{1}{2}\times2\right)=\frac{11}{2},$$

同理可求得参与人 2 的收益

$$u_2(p_1, p_2)=\frac{27}{6}。$$

该如何对这个博弈给出可信的预言呢？可以看到，无论参与人 1 如何行动，参与人 2 采用下的策略总是比采用中的策略收益要严格高。也就是说对参与人 2 来讲，采用中的策略是严格劣势策略，因此理性的人不会采用中的策略。如果参与人 1 知道参与人 2 不会采用中的策略的话，对参与人 1 来讲，采用上的策略要比中和下好。同样地，如果参与人 2 知道参与人 1 的策略的话，那么参与人 2 最终就会采用策略上。这个剔除过程叫作重复优势。

再看下面的简单例子。仍然是 2 个人的博弈，他们的收益矩阵如表 10–6 所示。

表 10–6　2 人博弈收益矩阵

收益情况		参与人 2	
		上	下
参与人 1	上	2，0	-1，0
	中	0，0	0，0
	下	-1，0	2，0

参与人 1 的中策略不劣于上策略，因为首先中策略不劣于下策略，另外如果参与人 2 采用下策略，那么参与人 1 的中策略比上策略强。

下面给出严格劣势策略的定义。

定义 10.5　如果存在 $p_i'\in\Delta(S_i)$，使得 $u_i(p_1', s_{-i})>u_i(s_i, s_{-i})$，$s_{-i}\in S_{-i}$，则称纯策略 s_i 对于参与人 i 来说是严格劣势的。如果 $u_i(p_1', s_{-i})\geqslant u_i(s_i, s_{-i})$，$s_{-i}\in S_{-i}$，并且至少对一个 s_{-i} 不等式严格成立，则称策略 si 对于参与人 i 来说是弱劣势的。

定义 10.6（混合策略纳什均衡）　一个混合策略博弈结果 $p=(p_1, p_2, \cdots, p_n)$ 是一个混合策略纳什均衡，如果对于每个参与人 i，都有

$$U_i(p_i, p_{-i})\geqslant U_i(p'_i, p_{-i}),\ \forall p_i'\in\Delta(A_i)。$$

也就是说每个玩家都选择对手不改变的情况下的最好的分布。

当剔除一系列的严格劣势策略得到唯一的策略组合 $s^*=(s_1^*, s_2^*, \cdots, s_n^*)$ 时，这一策略组合必然是一个纳什均衡。下面是严格定义。

定义 10.7 重复剔除严格劣势策略的过程如下所示：集合 $s_i^0 \equiv S_i$，$\Delta(S_i)^0=\Delta(S_i)$。通过递推的方式定义 S_i^n, $S_i^n=\{s_i \in S_i^{n-1}|$ 不存在 $p_i \in \Delta(S_i)^{n-1}$，使得对于所有 $s_{-i} \in S_i^{n-1}$ 有 $u_i(p_i, s_{-i}) > u_i(s_i, s_{-i})\}$。

集合 $S_i^{\infty}=\bigcap_{n=0}^{\infty} S_i^n$ 是在重复剔除严格劣势策略过程中剩余的参与人 i 的纯策略集合。$\Delta(S_i)^{\infty}$ 是混合策略 pi 的满足下列条件的集合，使得不存在 p_i' 对所有的 $s_{-i} \in S_{-i}^{\infty}$ 满足 $u_i(p'_i, s_{-i}) > u_i(s_i, s_{-i})$，它是参与人 i 在重复严格优势之后剩下的混合策略。

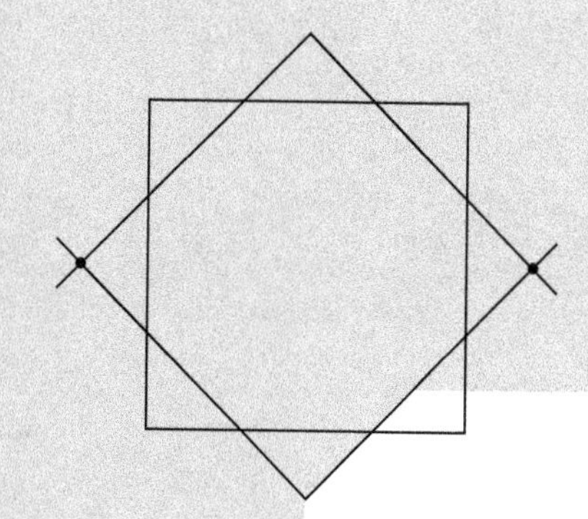

Number rules the universe.

—The Pythagoreans

数学统治着宇宙。

——毕达哥拉斯学派

第十一讲 韩信点兵与中国剩余定理

秦末时期，楚汉相争，汉初三杰之一的韩信有一次带1500名士兵打仗，战死三四百人。为了统计剩余士兵的个数，韩信令士兵3人一排，多出1人；5人一排，多出2人；7人一排，多出4人。韩信据此很快说出人数：1117人。汉军本来就十分信服韩信大将军，经此之后就更加相信韩信是“天神下凡，神机妙算”，于是士气大振，鼓声喧天，在接下来的战役中汉军步步紧逼，楚军乱作一团，大败而逃。韩信由此名扬天下，被后世誉为“兵仙”“神帅”。

韩信是如何快速算出士兵人数的呢？我们不得而知，但是我们稍加分析还是可以得出答案来的。可以用现代数学语言描述韩信点兵问题：设剩余士兵人数为x，则用x除以3余1，除以5余2，除以7余4。首先找到被3，5，7去除余数分别是1，2，4的最小整数67。根据限定条件“士兵1500名，战死三四百人”，可以得到$1100 \leqslant x = 105n + 67 \leqslant 1200$，解得$n = 10$，故$x = 1117$。

在数学史上韩信点兵问题也被称为物不知数问题，宋朝数学家秦九韶于1247年在《数书九章》卷一、二《大衍类》中对“物不知数”问题做出了完整系统的解答。明朝数学家程大位将解法编成易于上口的《孙子歌诀》：“三人同行七十稀，五树梅花廿一（二十一）支，七子团圆正半月，除百零五使得知。”这首诗的意思是：用3除所得的余数乘上70，加上用5除所得余数乘以21，再加上用7除所得的余数乘上15，结果大于105就减去105的倍数，这样就知道所求的数了。例如，在韩信点兵问题中的67可以这样计算：$(1 \times 70 + 2 \times 21 + 4 \times 15) \div 105$余数为67。那么这里的70，15，21是怎么来的呢？用现代数学的表示就是

$$l_1 \equiv \begin{cases} 1 \pmod 3, \\ 0 \pmod 5, \\ 0 \pmod 7, \end{cases} \quad l_2 \equiv \begin{cases} 0 \pmod 3, \\ 1 \pmod 5, \\ 0 \pmod 7, \end{cases} \quad l_3 \equiv \begin{cases} 0 \pmod 3, \\ 0 \pmod 5, \\ 1 \pmod 7, \end{cases}$$

所以

$$l_1=70, l_2=21, l_3=15。$$

“物不知数”问题最早记载于公元4世纪，南北朝时期的《孙子算经》中：“今有物不知其数，三三数之剩二，五五数之剩三，七七数之剩二，问物几何？”此问题更易解答，因为它同时被3和7除都余2。首先设此物数为x，则$x-2$是21的倍数，可以表示为$x-2=21n$。同时被5除余3，因此最小的x是23。所以$x=21n+23$。当然也可以用上面的方法计算出来。将上面的方法一般化可以得到一个定理，就是下面的中国剩余定理。

定理11.1（中国剩余定理） 设m_1，m_2，…，m_k是k个两两互素的正整数，任给k个正整数a_1，a_2，…，a_k，则必存在整数x，使得$x \equiv a_i (\mathrm{mod}\, m_i)$ $(i=1, 2, \cdots, k)$。

证明 对于i，当$j \neq i$时，$(m_i, m_j)=1$，所以存在u_j，$v_j \in \mathbf{Z}$，使得$u_j m_i + v_j m_j = 1$。令

$$w_i=\prod_{\substack{j=2 \\ j\neq i}}^{k} v_j m_j \equiv 0 (\mathrm{mod}\, m_l) \quad (l\neq i), \tag{11-1}$$

则

$$w_i=\prod_{\substack{j=2 \\ j\neq i}}^{k} (1-u_j m_i) \equiv 1+q_i m_i。 \tag{11-2}$$

取$x=\sum_{j=1}^{k} a_j w_j$。当$j\neq i$时，$w_j=q_j m_i$，所以

$$x \equiv \sum_{j\neq i} a_j q_j m_i + a_i(1+q_i m_i) \equiv a_i (\mathrm{mod}\, m_i)。 \tag{11-3}$$

中国剩余定理还有如下更广的形式：

定理11.2 设环R的理想I_1，I_2，…，I_k两两互素，则任意给定$a_1 \in R$，$a_2 \in R$，…，$a_k \in R$，存在$x \in R$使得$x \equiv a_i (\mathrm{mod}\, I_i)$ $(i=1, 2, \cdots, k)$。

推论11.1 设环R的理想I_1，I_2，…，I_k两两互素，则有环同构：

$$\rho: R/(I_1 \cap \cdots \cap I_k) \xrightarrow{\cong} R/I_1 \oplus \cdots \oplus R/I_k,$$
$$a+I \mapsto (a+I_1, \cdots, a+I_k)。 \tag{11-4}$$

推论11.2 设正整数m_1，m_2，…，m_k是k个两两互素的正整数，则有环同构：

$$\rho: Z_{m_1 \cdots m_k} \xrightarrow{\cong} Z_{m_1} \oplus \cdots \oplus Z_{m_k},$$
$$[a]_{m_1 \cdots m_k} \mapsto ([a]_{m_1}, \cdots, [a]_{m_k})。 \tag{11-5}$$

要理解这些结论及证明，以期望以后能更好地应用，首先需要理解环及其相关的理论。

定义11.1 设R是一个非空集合，在R上定义了两种运算，一般叫作加法“+”和乘法“·”，如果下列公理成立的话，则称$(R, +, \cdot)$或者R是一个环：

(1) $(R, +)$是一个交换加群，即加法满足结合律，交换律，存在一个零元0，对每一个元$a \in R$，存在一个$b \in R$使得$a+b=0$，也就是说对每一个元，在R中都有一个负元；

(2) $(R, \cdot)$ 是一个半群，即乘法满足结合律；

(3) 乘法对加法满足左、右分配律。

例 11.1 (1) 所有整数集合，有理数集合，实数集合，复数集合都构成环。

(2) 所有 n 阶矩阵的集合也构成一个环，称 n 阶矩阵环。

(3) 所有一元多项构成的集合也构成一个环，称一元多项环。

(4) 整数模 m 的剩余类的集合 $\mathbf{Z}_m$ 也构成一个环。

定义 11.2 环 R 的非空集合 I 称为环 R 的理想，如果以下两条满足：

(1) $(I, +)$ 是 $(R, +)$ 的子群；

(2) 对任何 $r \in R$，$a \in I$ 有 $ar \in I$，$ra \in I$。

环论的发展可追溯到 19 世纪关于实数域的扩张及其分类的研究。弗罗贝尼乌斯、戴德金、嘉当、哈密顿和莫利恩等是发展超复系理论的主要数学家。后来，发展成一般域上的代数结构理论，是源于韦德伯恩在 1907 年发表的著名论文。阿尔贝特、布饶尔及诺特等发展与简化了单纯代数理论与算术的理想理论。1927 年，阿廷的论文又把代数结构的主要结果推广到具极小条件的环上，而成为韦德伯恩 - 阿廷结构定理。此后，对于不具链条件的环换成一些拓扑或度量的条件进行研究，如约翰 · 冯 · 诺伊曼与默里在希尔伯特空间中研究变换环，冯 · 诺伊曼的正则环理论与盖尔范德的赋范环论等。环论在拓扑学和代数表示论领域有着广泛的应用。

中国剩余定理从形式上讲是一个存在性定理，但是定理的证明是一个构造性的证明，构造出了整数存在的形式。不仅定理的描述简洁优美，而且定理的证明过程也简单漂亮，更重要的是它在解同余问题时所展现出来的强大力量。它蕴含了一种重要的数学思维方式——把几个局部的解粘合起来成为需要的解，而这种黏合的思想在数学中比比皆是，如在代数表示论、三角范畴、导出范畴及代数几何中都有这种思想。中国剩余定理的推论建立了两个不同事物之间的一一对应关系，它们形式优美，内涵丰富。

我们看到中国剩余定理关键的地方就在于同余。同余理论是 18 世纪和 19 世纪数论的主要研究对象之一。同余的概念始于欧拉、拉格朗日和勒让德的著作[①]，但中国在 4 世纪《孙子算经》中已有同余的思想。同余理论的集大成者是高斯。

给定一个正整数 m，如果两个整数 a 和 b 满足 $a-b$ 能够被 m 整除，即 $m|a-b$，那么就称整数 a 和 b 对模 m 同余，记作 $a \equiv b \pmod m$。容易看出 $a \equiv b \pmod m$ 等价于存在整数 q，使得 $a=b+qm$。同余具有以下简单的性质：

① 克莱因 . 古今数学思想：第 1 册 [M]. 北京大学数学系数学史翻译组，译 . 上海：上海科学技术出版社，1979.

（1）反身性：$a \equiv a \pmod m$。

（2）对称性：若 $a \equiv b \pmod m$，则 $b \equiv a \pmod m$。

（3）传递性：若 $a \equiv b \pmod m$，$b \equiv c \pmod m$，则 $a \equiv c \pmod m$。

（4）同余式相加：若 $a \equiv b \pmod m$，$c \equiv d \pmod m$，则 $a+c \equiv b+d \pmod m$。

（5）同余式相乘：若 $a \equiv b \pmod m$，$c \equiv d \pmod m$，则 $ac \equiv bd \pmod m$。

（6）除法：若 $ac \equiv bc \pmod m$ $(c \neq 0)$，则 $a \equiv b \pmod{m/(c, m)}$，其中 (c, m) 表示 c 和 m 的最大公约数。特别地，当 $(c, m)=1$ 时，$a \equiv b \pmod m$。

（7）幂运算：如果 $a \equiv b \pmod m$，那么 $a^n \equiv b^n \pmod m$。

（8）若 $a \equiv b \pmod{m_i}$ $(i=1, 2, \cdots, n)$，则 $a \equiv b \pmod{[m_1, m_2, \cdots, m_n]}$，其中 $[m_1, m_2, \cdots, m_n]$ 表示 m_1，m_2，$\cdots$，m_n 的最小公倍数。

定理 11.3 设 $a_i, b_i (0 \leqslant i \leqslant n)$ 及 x, y 都是整数，如果 $x \equiv y \pmod m$，$a_i \equiv b_i \pmod m$ $(0 \leqslant i \leqslant n)$，则

$$\sum_{i=0}^{n} a_i x^i \equiv \sum_{i=0}^{n} b_i y^i \pmod m。$$

高斯研究了同余问题的不同方面，如他研究了同余方程，特别是幂的同余方程。称

$$a_n x^n + a_{n-1} x^{n-1} + \cdots + a_1 x + a_0 \equiv 0 \pmod m, \tag{11-6}$$

是关于未知数 x 的模 m 的 n 次同余方程，简称为模 m 的 n 次同余方程。其中，a_1，a_2，$\cdots$，a_n 都是整数，且 m 不整除 a_n。当整数 x_0 使得上式成立，则称 x_0 是同余方程的解。凡对于模 m 同余的解，被视为同一个解。上述同余方程解的个数是指它的关于模 m 互不同余的所有解的个数，也即在模 m 的一个完全剩余系中的解的个数，因此不会超过 m 个。

对方程而言，人们关心的问题就是什么时候有解，在有解的时候如何求解。关于一次同余方程有下面的判断定理。

定理 11.4 设 a，b 是整数，m 不整除 a。则同余方程 $ax \equiv b \pmod m$ 有解的充要条件是 $(a, m) | b$。若有解，则恰有 (a, m) 个解。

证明 显然，上述同余方程等价于不定方程 $ax+my=b$。因此，第一个结论容易证明。

若上述同余方程有解 x_0，则存在 y_0，使得 x_0 与 y_0 是方程 $ax+my=b$ 的解，此时，方程 $ax+my=b$ 的全部解是

$$\begin{cases} x=x_0+\dfrac{m}{(a,\ m)}t, \\ y=y_0-\dfrac{a}{(a,\ m)}t, \end{cases} \quad t\in\mathbf{Z}。$$

由该式所确定的 x 都满足同余方程 $ax\equiv b(\bmod m)$。记 $d=(a,m)$，以及

$$t=dq+r,\ q\in\mathbf{Z},\ r=0,\ 1,\ \cdots,\ d-1,$$

则

$$x=x_0+qm+\frac{m}{d}r\equiv x_0+\frac{m}{d}r(\bmod m)。\tag{11-7}$$

容易验证，当 $r=0$，1，…，$d-1$ 时，相应的解

$$x_0,\ x_0+\frac{m}{d},\ x_0+\frac{2m}{d},\ \cdots,\ x_0+\frac{(d-1)m}{d}。$$

对于模 m 是两两不同余的，所以原同余方程恰有 $(a,\ m)$ 个解。

在定理 11.4 的证明中，给出了解同余方程 $ax\equiv b(\bmod m)$ 的方法，但是对于具体的方程，可采用不同的方法求解。

拉格朗日证明了如下定理 11.5。

定理 11.5 一个 n 次同余式

$$a_nx^n+a_{n-1}x^{n-1}+\cdots+a_1x+a_0=0(\bmod p),\tag{11-8}$$

不可能有多于 n 个互不同余的根，其中模 p 是素数且不能整除 a_n。

处理高次同余方程并不是一件容易的事情，勒让德和高斯研究了形如 $x^2\equiv a(\bmod b)$ 的二次同余方程，由此得到的关于二次同余方程的判定定理——二次互反律，是数论中最出色的定理之一。私下里高斯把二次互反律誉为算术理论中的宝石，是一个黄金定律。有人说：“二次互反律无疑是数论中最重要的工具，并且在数论的发展史中处于中心地位。”二次互反律涉及平方剩余的概念。设 a，b 是 2 个非零整数，定义雅克比符号 $\left(\dfrac{a}{b}\right)$：若存在整数 x，使得 $x^2\equiv a(\bmod b)$，那么就记 $\left(\dfrac{a}{b}\right)=1$，此时称 a 是 b 的二次剩余；否则就记 $\left(\dfrac{a}{b}\right)=-1$。

定理 11.6（高斯二次互反律） 设 p 和 q 是两个不同的奇素数，则

$$\left(\frac{q}{p}\right)\left(\frac{p}{q}\right)=(-1)^{\frac{p-1}{2}\cdot\frac{q-1}{2}}。\tag{11-9}$$

定理 11.6 说明如果 -1 的指数是偶数，那么 p 和 q 互为二次剩余，或者相互不为对方的二次剩余；如果 -1 的指数是奇数，那么 p 和 q 其中一个是另外一个的二次剩余，且反过来不是。

例 11.2 已知 563 是素数，判定方程 $x^2 \equiv 429 \pmod{563}$ 是否有解。

解 利用定理 11.6，有

$$
\begin{aligned}
\left(\frac{429}{563}\right) &= \left(\frac{3\times 11\times 13}{563}\right) = \left(\frac{3}{563}\right)\left(\frac{11}{563}\right)\left(\frac{13}{563}\right) \\
&= (-1)^{\frac{3-1}{2}\times\frac{563-1}{2}}\left(\frac{563}{3}\right)(-1)^{\frac{11-1}{2}\times\frac{563-1}{2}}\left(\frac{563}{11}\right)(-1)^{\frac{13-1}{2}\times\frac{563-1}{2}}\left(\frac{563}{11}\right) \qquad (11\text{-}10) \\
&= \left(\frac{2}{3}\right)\left(\frac{2}{11}\right)\left(\frac{4}{13}\right) = (-1)(-1) = 1,
\end{aligned}
$$

所以，方程有解。

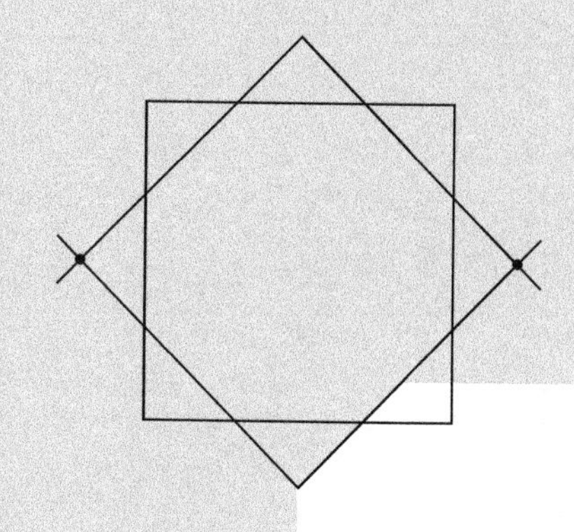

The further elaboration and development of systematic arithmetic, like nearly everything else which the mathematics of our (nineteenth) century has produced in the way of original scientific ideas, is knit to Gauss.

— Leopold Kronecker

系统的算术（理论）进一步地阐述和发展，就如同 19 世纪的数学以创新的科学思想方式所引起的几乎同其他每一件东西一样，都与高斯密切相关。

——利奥波德·克罗内克

第十二讲　费马最后猜想与代数数论

数论是一门研究整数性质的学科，它可能是最古老的数学分支。数论的结果往往容易表达并且易于理解，大多是通过具体的例子提出来的，但结果往往很难证明。例如，在此前提到的哥德巴赫猜想非常容易理解，但是到目前为止也没有得到完全证明。历史上最伟大的数学家之一——卡尔·弗里德里希·高斯（Carl Friedrich Gauss）认为正是这些属性赋予数论独特而又神奇的魅力。也正因为此，数论吸引着无数的数学家和非数学家为之不懈努力和探索。

“丢番图方程”一直是数论的中心主题。它以希腊数学家丢番图（Diophantus，约250年）的名字命名。这些方程是具有整系数或有理系数的方程，研究这些方程的整数或有理数解。最早的此类方程是 $x^2+y^2=z^2$，可以追溯到公元前1800年左右的古巴比伦时代，它在整个数论史上是非常重要的。它的整数解被称为“毕达哥拉斯(Pythagorean)三元数组”。古巴比伦人将它们记录在泥版上，因此得以保存下来。其中，最著名的一个是被命名为“普林顿(Plimpton)322”泥版，由15行数字组成，被解释为15个毕达哥拉斯三元数组，每个三元数组给出一个直角三角形的三条边长。这表明在毕达哥拉斯（公元前570年）诞生1000多年前，古巴比伦人就已经知道毕达哥拉斯定理[①]。成书于公元前2世纪西汉时期的中国古代数学著作《周髀算经》中所记载的勾股定理，已经反映了毕达哥拉斯三元数组。它的解是无穷多组的，因为 $x=3n$，$y=4n$，$z=5n$ 都是它的解。定理12.1给出了方程 $x^2+y^2=z^2$ 几乎所有解的形式。

定理 12.1　方程 $x^2+y^2=z^2$ 的满足式 $x>0$，$y>0$，$z>0$，$(x, y)=1$，$2|x$ 的一切正整数解具有下面的形式：

$$x=2ab,\quad y=a^2-b^2,\quad z=a^2+b^2, \tag{12-1}$$

其中，$a>b>0$，$(a, b)=1$，a，b 具有不同的奇偶性。

① 格兰特，克莱纳．数学史上的转折点[M]．黄朝凌，孙艳琴，译．北京：中国农业出版社，2019.

证明 ①容易验证 $x=2ab$，$y=a^2-b^2$，$z=a^2+b^2$ 满足方程 $x^2+y^2=z^2$，并且 $2|x$。

设 d 是 (x,y) 的任一个素因数，则 $d^2|z^2$，因此 $d|z$，于是利用最大公约数的性质，有 $d|(y,z)=(a^2-b^2,a^2+b^2)$，故 $d|2(a^2,b^2)=2$。

由于 $2\nmid y$，所以 $d=1$，这说明 $(x,y)=1$。

②若 x，y，z 是方程 $x^2+y^2=z^2$ 的满足式 $x>0$，$y>0$，$z>0$，$(x,y)=1$，$2|x$ 的解，则 $2\nmid y$，$2\nmid z$，并且

$$\left(\frac{x}{2}\right)^2=\left(\frac{y+z}{2}\right)\left(\frac{y-z}{2}\right),$$

记

$$d=\left(\frac{y+z}{2},\frac{y-z}{2}\right),$$

则有

$$d\left|\frac{y+z}{2},d\right|\frac{y-z}{2},$$

所以，$d|y,d|z$，于是 $d|(y,z)=1$，$d=1$。因此，

$$\frac{x}{2}=ab,\frac{y+z}{2}=a^2,\frac{y-z}{2}=b^2,a>0,b>0,(a,b)=1。$$

从而得到式(12–1)。由 $y>0$，可知 $a>b$；由于 x，y 有不同的奇偶性，所以 $2\nmid y$，因此，a，b 有不同的奇偶性。

皮埃尔·德·费马(Pierre de Fermat)可以说是17世纪上半叶最伟大的数学家——虽然他是一名职业律师！他在数学的很多领域里都做出了根本性的贡献，他是解析几何的创始人之一、是微分学和概率论的先驱者之一。但是数论却是费马的最爱，事实上他创立了数论这个学科的现代形式，是近代数论的开拓者之一。

费马对数论的兴趣是通过丢番图的著作《算术》引起的。最著名的是他在丢番图的著作第二卷问题8的空白处写道："It is impossible to separate a cube into two cubes or a fourth power into two fourth powers or, in general, any power greater than the second into powers of like degree. I have discovered a truly marvelous demonstration, which this margin is too narrow to contain。"[①]（不可能将一个数的三次方表示成两个数的三次方之和或者将一个数的四次方表示成两个数的四次方之和，或者一般地一个数的大于二的次方不能表示

① EDWARDS H M. Fermat's last theorem: a genetic introduction to algebraic number theory[M]. New York: Springer-verlag, 1977.

成两个数的同次方之和。我发现了一个真正不可思议的证明方法，但是这处空白太小写不下。）

因此，费马声称当 $n>2$ 时方程 $x^n+y^n=z^n$ 没有（非零）整数解。这被称作是“费马最后猜想（FLC）”，这也许是长达 358 年内最杰出的未解决的数论问题。普林斯顿大学的数学家安德鲁·怀尔斯（Andrew Wiles）在 1994 年——在费马给出断言之后的三个多世纪——给出了该问题世界公认的证明。在此之后，人们将该猜想称为“费马最后定理（FLT）”。除了 $n=4$ 时的情形外，费马在他的数论著作中没有给出 FLT 的任何证明。因此，怀尔斯认为费马证明 FLT 的可能性极小。杰出数学家安德烈·韦尔（André Weil，1906—1998 年）对费马的断言做了这样的评价：“For a brief moment perhaps, and perhaps in his younger days, he must have deluded himself into thinking that he had the principle of a general proof（of FLT）; what he had in mind on that day can never be known. [也许有那么一个很短的时间段，也许在他年轻的时候，他一定欺骗了自己认为他有一个（关于 FLT）一般证明的方法；但是他在那一天所想到的永远不会为人所知。]”

从费马发现这个定理到怀尔斯给出严格证明，前后长达 358 年，其发展历史大致可以分为 3 个阶段[①]：

第一阶段：1637—1840 年是对 n 逐个研究的阶段。

1637 年，费马使用无限下降法证明了当 $n=4$ 时，$x^n+y^n=z^n$ 没有正整数解。大致思路如下：采用反证法。假设方程有解 (x_1, y_1, z_1)，进一步证明必有小一些的解 (x_2, y_2, z_2)，其中 $z_2<z_1$。由于正整数一定有最小元，所以上述过程必然在有限步以后终止，这样就得到矛盾，所以当 $n=4$ 时，$x^n+y^n=z^n$ 没有正整数解。

1753 年，欧拉利用无限下降法证明 $n=3$ 时，$x^n+y^n=z^n$ 没有正整数解。在证明的过程中欧拉用到了一个很重要的性质就是环 $\{a+b\sqrt{-3} \mid a,\ b\in\mathbf{Z}\}$ 是唯一因子分解整环。

欧拉的数论工作很大一部分是证明费马的结果并试图重建他的方法。欧拉在他的《代数基础》(*Elements of Algebra*，1770 年）一书中讨论了丢番图方程（及其他数论议题）。特别是，他通过引入一种新的——也是最重要的——思想，即对方程式的左边进行因式分解，解决了巴赫特方程 $x^2+2=y^3$。这导致了 $(x+\sqrt{2}\mathrm{i})(x-\sqrt{2}\mathrm{i})=y^3$，它是一个系数在“代数整数环 D”中的方程，其中 $D=\{a+b\mathrm{i}\sqrt{2} \mid a,\ b\in\mathbf{Z}\}$。欧拉进行了如下推导：

如果 a，b 和 c 是整数，满足 $ab=c^3$ 及 $(a, b)=1$ [这里 (a, b) 表示 a 和 b 的最

① 周明儒．费马大定理的证明与启示 [M]. 北京：高等教育出版社，2007.

大公因数]，于是存在整数 u 和 v 使得 $a=u^3$ 和 $b=v^3$。这是一个众所周知并且容易建立的数论结果。欧拉把这个结果直接应用于整环 D，却没有证明这是正确的。由于 $(x+\sqrt{2}\mathrm{i})(x-\sqrt{2}\mathrm{i})=y^3$ 和 $(x+\sqrt{2}\mathrm{i},\ x-\sqrt{2}\mathrm{i})=1$ [欧拉没有给出任何证明就断言在 $\mathbf{Z}$ 中 $(m,n)=1$ 意味着在 D 中 $(m+n\sqrt{2}\mathrm{i},\ m-n\sqrt{2}\mathrm{i})=1$]，于是存在整数 a 和 b 使得 $x+\sqrt{2}\mathrm{i}=(a+b\sqrt{2}\mathrm{i})^3=(a^3-6ab^2)+(3a^2b-2b^3)\sqrt{2}\mathrm{i}$。由于实部和虚部分别相等，可以得到 $x=a^3-6ab^2$ 和 $1=3a^2b-2b^3=b(3a^2-2b^2)$。因为 a 和 b 是整数，所以 $a=\pm1$，$b=1$，于是 $x=\pm5$，$y=3$。这样 $x^2+2=y^3$ 只有唯一正整数解。

为了使得欧拉的证明符合现代严格标准，需要定义"唯一因子分解整环"(UFD)的概念，证明整环 D 是唯一因子分解整环，并验证上述步骤具有正当的理由。但欧拉显然没有意识到他对巴赫特方程 $x^2+2=y^3$ 的解决方法是不严谨的。

抛开严谨性不谈，欧拉大胆地将复数引入到数论——对整数的研究中。安德烈·韦尔(André Weil，1906—1998 年)曾经说道"一件重要的事情发生了""它打开了代数数进入数论的大门"。欧拉早些时候已经将数论与分析结合起来，他现在又把数论与代数联系起来。这座搭建的桥梁将在下一个世纪被证明是最富有成效的。

很不幸的是欧拉的方法不能运用于 $n=5$ 的情形，因为环 $\mathbf{Z}_{-5}=\{a+b\sqrt{-5}\mid a,b\in\mathbf{Z}\}$ 不是唯一因子分解整环。显然，6 有两种分解：$6=2\times3=(1+\sqrt{-5})(1-\sqrt{-5})$，其中 2，3，$1+\sqrt{-5}$，$1-\sqrt{-5}$ 是 $\mathbf{Z}_{-5}$ 中的素数。

如果 $x^n+y^n=z^n$ 没有正整数解的话，则 $x^{kn}+y^{kn}=z^{kn}$ 也没有正整数解。另外一方面，大于 2 的偶数，或为偶数的 2 倍，或为奇数的 2 倍。如果是前者则可以转化为 $n=4$ 的情形，如果是后者可以转化为奇数的情形。如果不是奇素数，一定是平方数，进一步可以转化为奇素数的情形。因此费马定理最终只需要证明 n 是大于 2 的奇素数的情形。

1825 年，德国数学家狄利克雷和法国数学家勒让德分别独立地证明了 $n=5$ 的情形。1839 年，法国数学拉梅证明了 $n=7$ 的情形。

第二阶段：1840—1982 年取得第一次重大突破。

高斯通过引入环 $\mathbf{Z}(\mathrm{i})=\{a+b\mathrm{i}:a,b\in\mathbf{Z}\}$ 来扩大整数环，这个环被称为"高斯整数环"。高斯需要它们给出"四次互反律"的公式。$\mathbf{Z}(\mathrm{i})$ 的元素的确具有"整数"的性质，即它们满足普通"整数" $\mathbf{Z}$ 的所有重要的算术性质：它们可以加、减、乘，最重要的是它们服从算数基本定理—— $\mathbf{Z}(\mathrm{i})$ 的每个不可逆元素都是 $\mathbf{Z}(\mathrm{i})$ 中素数(被称作"高斯素数")的唯一乘积。它们是 $\mathbf{Z}(\mathrm{i})$ 中不能写成非平凡高斯整数乘积的元素；例如，$7+\mathrm{i}=(2+\mathrm{i})(3-\mathrm{i})$，其中 $2+\mathrm{i}$ 和 $3-\mathrm{i}$ 是高斯素数。因此 $\mathbf{Z}(\mathrm{i})$ 是一个唯一因子分解整环。

德国数学库默尔(E. E. Kummer)是高斯的学生。库默尔正是在欧拉和高斯等人工作的基础之上试图解决证明费马大定理中涉及的唯一因子分解定理这一关键技术。设 p 是奇素数，库默尔将 $x^p+y^p=z^p$ 写成

$$y^p=z^p-x^p=(z-x)(z-\zeta_p x)\cdots(z-\zeta_p^{p-1}x), \tag{12-2}$$

其中，$\zeta_p=\mathrm{e}^{2\pi i/p}$ 是 p 次单位根。为了重建唯一分解定理，库默尔创立了理想数理论，从而对于 100 以内除了 37，59 及 67 之外的所有奇素数 p 证明了费马大定理成立[①]。

库默尔的工作是出色的，远远超出了在费马最后猜想中的应用范畴。他的一个主要成就是“拯救”了分圆整数环

$$C_p=\{a_0+a_1w+a_2w^2+\cdots+a_{p-1}w^{p-1}:a_i\in\mathbf{Z}\}$$

的唯一因子分解性。他通过证明 C_p 中每个非零、不可逆元素都是“素理想”的唯一乘积而完成了这个工作。

库默尔的工作留下了一些重要的问题没有得到解答：

(i) 不管怎样，什么是“素理想”？这一中心概念含糊不清。

(ii) 有关他的分圆整数环 C_p 因子分解成素理想乘积的复杂理论能否变得简洁明了？

(iii) 可以将该理论推广到其他整环上去吗？例如，是否可以推广到“二次整环” $Z_d=\{a+b\sqrt{d}:a,\ b\in\mathbf{Z}\}$，如果 $d\equiv 2$ 或 $3\pmod 4$ 及 $Z_d=\{a/2+(b/2)\sqrt{d}:a,\ b$ 同是偶数或者奇数$\}$，如果 $d\equiv 1\pmod 4$ 呢？这些整环在二次型的研究中是很重要的。一般来说，它们不是唯一因子分解整环。例如，$\mathbf{Z}_{-5}=\{a+b\sqrt{-5}:a,\ b\in\mathbf{Z}\}$ 不是唯一因子分解整环。因为 $6=2\times 3=(1+\sqrt{-5})(1-\sqrt{-5})$，其中 2，3，$1+\sqrt{-5}$，$1-\sqrt{-5}$ 是 $\mathbf{Z}_{-5}$ 中的素数。

戴德金给出了这些问题的满意答案。他在 1871 年的革命性工作中完成了这些任务，他在复数中引入了域、环和理想的概念，以及系统阐述了具有广泛应用的唯一因子分解定理。

这些工作的中心思想是“代数数域”的思想。设 a 是一个代数数，设 $\mathbf{Q}(a)=\{q_0+q_1a+q_2a^2+\cdots+q_na^n:q_i\in\mathbf{Q}\}$，这里 $\mathbf{Q}$ 是有理数域。戴德金证明了 $\mathbf{Q}(a)$ 的所有元素都是代数数，以及 $\mathbf{Q}(a)$ 是一个域，叫作“代数数域”。事实上，戴德金是第一个定义域的人。

现在设 $I(a)=\{\alpha\in\mathbf{Q}(a):\alpha$ 是“代数整数”$\}$；也就是说，α 是整系数“首一”多项式的根。戴德金证明了 $I(a)$ 是一个环；它的元素被称为“$\mathbf{Q}(a)$ 的整数”（例如，$\sqrt{15}+3$ 是 $\mathbf{Q}(\sqrt{15})$ 的整数，既然它是首一多项式 x^2-6x-6 的根）。事实上，戴德金定义了环的概念——他是第一个这样定义环的人。$I(a)$ 是整环，但一般地不是唯一因子分解整环。

① 周明儒．费马大定理的证明与启示 [M]. 北京：高等教育出版社，2007.

$I(a)$是在本讲中考虑的整环——高斯整数、分圆整数、二次整数，当然还有普通整数很大的推广。它们也是由戴德金所确定的用来表示和证明唯一因子分解定理(UFT)的适当整环。所谓唯一因子分解定理是指在一些特殊的环上，它的某些元素可以唯一地分解为不可约元素的乘积，如整数环的唯一分解定理是指大于1的整数都可以唯一分解成素数的乘积；数域P上多项式环$P[x]$的唯一分解定理是指每个次数大于零的多项式都可以唯一分解为数域P上的不可约多项式的乘积。其结果是：$I(a)$中每个非零且不可逆的理想都可以唯一地表示成素理想的乘积。

这些$I(a)$是“戴德金整环”的例子，它们在代数数论中起着重要的作用（就像唯一因子分解整环在“初等数论”起着至关重要的作用一样）[①]。

第三阶段：1983—1994年取得第二次重大突破。

用代数的方法研究几何的思想，继出现解析几何之后，又发展为几何学的另一个分支，这就是代数几何。代数几何学研究的对象是平面的代数曲线、空间的代数曲线和代数曲面。主要是代数簇（代数簇是由空间坐标的一个或多个代数方程所确定的点的轨迹）的分类及给定的代数簇中的子簇的性质。代数几何用一个双有理变换不变量——亏格(Genus of a Curve)g来对代数曲线进行分类。当$g=0$时，称对应的曲线类为有理曲线(Rational Curve)；当$g=1$时，称对应的曲线类为椭圆曲线(Elliptic Curves)。由方程$x^n+y^n=1$定义的曲线叫作费马曲线，它的亏格是

$$g=\frac{1}{2}(n-1)(n-2)。$$

1922年，英国数学家莫德尔(Mordell)提出了一个重要猜想：亏格大于或等于2的不可约代数曲线上只有有限多个有理点。1983年，法尔廷斯证明了莫德尔猜想。当方程$x^n+y^n=z^n$中的$n\geqslant 4$时，对应的方程$x^n+y^n=1$的亏格是大于或等于3。因此根据莫德尔猜想，$x^n+y^n=1$最多只有有限多个有理数解。由于$x^n+y^n=z^n$的一组解总可以导出$x^n+y^n=1$的一组解，因此得到$x^n+y^n=z^n$最多只有有限多个解。

问题最后的解决源于模形式的出现及谷山 - 志村猜想：有理数域上的椭圆曲线都可以模形式化。当该猜想提出来时，没有人能想到这个抽象的猜想与费马大定理之间有什么联系。但是后来德国数学家弗雷(G. Frey)指出了两者之间的重要联系。弗雷在一次演讲中指出：假如费马大定理不成立，即存在一组非零的整数A，B，C使得$A^n+B^n=C^n$对于某个大于2的n成立。于是可以构造椭圆曲线$y^2=x^3+(A^n-B^n)x^2-A^nB^n$，它是不能被模形式化的。也就是说，如果谷山 - 志村猜想正确，则费马大定理也是成立的。这

① 格兰特，克莱纳. 数学史上的转折点[M]. 黄朝凌，孙艳琴，译. 北京：中国农业出版社，2019.

样要证明费马大定理，只需要证明谷山－志村猜想。完成这一历史任务的人便是安德鲁·怀尔斯(A. Wiles)。

证明谷山－志村猜想的困难在于椭圆曲线与模形式都是无穷多个，如何建立它们之间的关系是异常困难的。经过思考以后，怀尔斯决定使用数学归纳法。怀尔斯发现椭圆曲线可以导出一个数的序列，他把它称之为 *E* 序列；模形式之间的差异在于它们所包含的要素量不同，这也可以形成一个数的序列，它被称为 *M* 序列。怀尔斯利用伽罗瓦理论，成功地证明了每一个 *E* 序列的第一个元素和一个 *M* 序列的第一个元素配对。经过长期不懈的努力和跌宕起伏的过程，怀尔斯利用岩泽理论和科利瓦金－弗莱切方法，成功证明了“当 *E* 序列任意一个元素和 *M* 序列的对应元素配对时，那么下一个元素必定也可以配对。”这样数学归纳法就可以起作用了。

1995 年 5 月，美国《数学年刊》(*Annals of mathematics*) 刊登了 2 篇文章：一篇是由安德鲁·怀尔斯所写的 *Modular elliptic curves and Fermat's Last Theorem*，另外一篇由理查·泰勒和安德鲁·怀尔斯共写的 *Ring-theoretic properties of certain Hecke algebras*，从而宣告了费马大定理的完全证明。

怀尔斯后来在谈到他的伟大发现时讲到，单靠岩泽理论不足以解决问题，单靠科利瓦金－弗莱切方法也不足以解决问题，但是把它们结合在一起就可以完美地解决问题，这是他永远不会忘记的灵感迸发而产生顿悟的瞬间。“它真是无法形容的美，它又是多么简单和明确。我无法理解我怎么会没有发现它，足足有 20 多分钟我呆望着它，不敢相信。这是我工作经历中最重要的时刻，我所做的工作中再也没有哪一件会具有这样重要的意义。”①

① 周明儒. 费马大定理的证明与启示 [M]. 北京：高等教育出版社，2007.

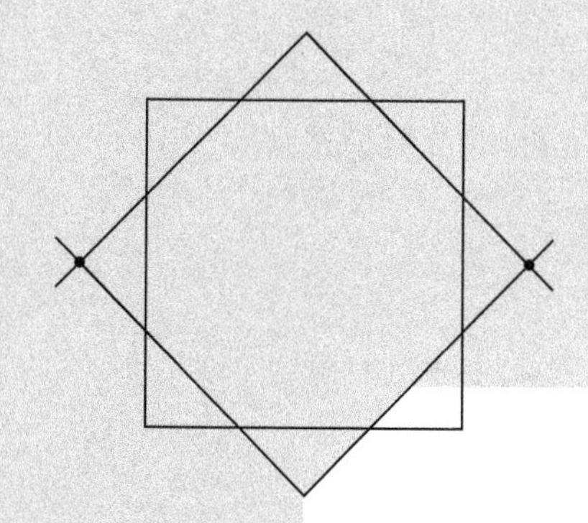

THEY SAY, WHAT THEY SAY, LET THEM SAY.

—Motto of Marischal College, Aberdeen

他们说，他们说什么，让他们说。

——阿伯丁大学马修院校训

第十三讲 三角形的内角和与非欧几何

2000多年以来，人们学习的几何都是欧氏几何，包括我们现在所熟悉的平面几何和空间立体几何，这里的欧氏指的就是欧几里得。一直以来，只有这一种几何学，因为它被认为是由从物质世界抽象出来的真理所组成，所以被认为是唯一可能的几何学[①]。欧几里得大约生活在公元前300年，古典时期学者们的数学工作的精华，幸运地在欧几里得等人的著作中流传至今[②]。欧几里得最著名的作品就是《几何原本》(*Elements*)，遗憾的是他本人写的手稿已经失传。《几何原本》共含十三章，在开篇就给出了若干个定义，包括点是没有部分的那种东西，面是只有长度和宽度的那种东西；线（段）是没有宽度的长度；直线是同其中各点看齐的线，平面是与其上的直线看齐的面等等。进一步地，欧几里得列出了五个公设：

1. 经过任意两点可以画一条直线。

2. 直线段可以无限地延长。

3. 可以以任意点为圆心和任意线段长为半径画圆。

4. 所有直角都相等。

5. 如果一条直线与位于平面中的另外两条直线相交，并且在相交线的同一侧上同旁内角之和小于180°，则如果无限延长的话，这两条直线最终将在该侧相交。

五个公理：[③]

1. 跟同一件东西相等的一些东西，它们彼此也相等。

2. 等量加等量，总量仍相等。

3. 等量减等量，余量仍相等。

4. 彼此重合的东西是相等的。

---

① 格兰特，克莱纳．数学史上的转折点 [M]. 黄朝凌，孙艳琴，译．北京：中国农业出版社，2019.

② 克莱因．古今数学思想：第1册 [M]. 北京大学数学系数学史翻译组，译．上海：上海科学技术出版社，1979.

③ 同②.

5. 整体大于部分。

欧几里得基于上面的定义、公设和公理，推导出了400多个命题，建立了欧氏几何。比如，我们所熟悉的如下结论：

命题 13.1 若两个三角形的两边和夹角对应相等，则它们就全等。

命题 13.2 若一直线与两平行线相交，则内错角相等，同位角相等，同旁内角互补。

命题 13.3 直角三角形斜边上的正方形（的面积）等于两直角边上的两个正方形（的面积）之和。

欧几里得的功绩是伟大的，不仅体现在他收集了过去3个世纪的数学知识，并在《几何原本》的宏伟公理体系中进行了出色的安排，而且体现在它建立了“历史上第一个数学演绎证明体系”①。2000多年来，初等几何的讲授本质上就像欧几里得所呈现的那样而进行着。他的杰作在1482年首次出现了印刷本（印刷机最早大约出现在1450年）。《几何原本》启发了牛顿（Newton）以公理化的形式撰写了他的物理学和宇宙学的杰作——《原理》，同时也启发了斯宾诺莎（Spinoza）以同样的风格创作了他的哲学巨著《伦理学》②。

尽管《几何原本》是光辉的，但是它仍然有缺点，如克莱因指出，欧几里得使用“重合法”，这建立在运动的概念之上，而这是没有逻辑依据的；“有些定义含糊其辞，而另一些无关宗旨”；在不自觉中做出了许多假设，比如直线和圆的连续性的假设；有些证明也有缺点等。尤为重要的是，欧几里得对第五公设的陈述比其他公设的陈述都要长，并且在第29个命题的证明中才用到它。一直以来，古希腊人对第五公设的真理性持怀疑态度。普罗克勒斯（Proclus）是希腊哲学家和数学家，他的著作是我们了解希腊几何学主要的信息来源。普罗克勒斯在他的著作《关于欧几里得 <几何原本> 的评论》中这样评论第五公设：“第五公设甚至应该被完全排除在公设之外；因为这是一个会带来许多困难的表述。越来越接近的两条直线，当它们无限延长后将会相交，这种说法貌似可信，但并不是必然的。”“我们必须寻找它的证明，因为它与公设的特殊性质格格不入的。”2000年来，人们一直在努力消除对第五公设的怀疑。人们大致采用了两种途径：一种是用更加自明的公设来代替第五公设，另外一种是试图同其他公设和公理推导出第五公设来。托勒密（Ptolemy）、普罗克勒斯、纳西雷丁（Nasir-Eddin）、沃利斯（Wallis）及勒让德等都试图给出第五公设的替代公设或者试图证明第五公设，但是事实上都不能让人信服，要么所给出的公设跟第五公设是等价的，要么仍然有需要证明的其他假设。

---

① 范后宏. 数学思想要义[M]. 北京：北京大学出版社，2018.

② 格兰特，克莱纳. 数学史上的转折点[M]. 黄朝凌，孙艳琴，译. 北京：中国农业出版社，2019.

以下是历史上出现过的与第五公设等价的命题：

1. 两条平行线距离相等［波西多尼(Posidonius)，公元前 1 世纪］。

2. 如果一条直线与两条平行线中的一条相交，则必与另外一条相交（普罗克罗斯，5 世纪）。

3. 存在矩形［纳西尔 – 爱丁(Nasir–Eddin)，13 世纪］。

4. 给定一个三角形，我们可以构造一个相同大小的三角形［约翰・沃利斯(John Wallis)，17 世纪］。

5. 通过直线外一点，有且仅有一条直线与已知直线平行［约翰・普莱费尔(John Playfair)，18 世纪］。

6. 三个不共线的点必共圆［勒让德(Legendre)，18 世纪末］。

7. 两条平行于第三条直线的直线必平行。

8. 与已知直线等距的所有点的轨迹是直线。

9. 任意三角形的内角和等于 180°。

10. 在平面上存在着一个三角形，它的内角和等于 180°。

11. 通过一个非平角的角内任一点可以作与此角两边相交的直线。

12. 存在两个相似而不全等的三角形[①]。

作为练习，读者可以试着在欧氏几何的公理体系下证明上述命题与第五公设之间的等价性。

随着人们对第五公设研究的深入，高斯、罗巴切夫斯基(Lobatchevsky)和鲍耶(Bolyai)认识到在其他剩余公设和公理的基础上无法证明第五公设。他们三人被认为是非欧几何的独立发明者。关于罗巴切夫斯基几何的详细历史，读者可以参考《数学史上的转折点》一书[②]。

用否定的“平行公设”来代替第五公设，即通过给定直线外一点，存在不止一条直线平行于给定的直线（起源于人们试图采用反证法证明第五公设，但最后发现没有矛盾）。由这些公设的逻辑结果导出来的主要定理构成非欧几何（后来被称作“双曲几何”）。下面是一些这样的定理[③]：

1. 三角形的内角之和小于 180°。特别地，这种几何学中不存在矩形。

2. 三角形的内角之和随三角形的面积变化而变化——面积越大，内角和越小。

① 王宗儒．三角形内角和等于 180° 吗 [M]. 长沙：湖南教育出版社，1998.

② 克莱因．古今数学思想：第 3 册 [M]. 北京大学数学系数学史翻译组，译．上海：上海科学技术出版社，1979.

③ 格兰特，克莱纳．数学史上的转折点 [M]. 黄朝凌，孙艳琴，译．北京：中国农业出版社，2019.

3. 相似三角形必全等。

4. 两条不同的直线不能等距。

5. 直线可以与两条平行线中的一条相交而不与另外一条相交。

6. 圆的周长与直径之比大于 π。此外，该比值随着圆的面积增大而增大。

关于双曲几何，人们开发了许多模型，如双曲几何的射影圆盘模型、双曲几何的共形圆盘模型、双曲几何的上半平面模型及双曲几何的伪球面模型等[①]。在双曲几何的共形圆盘模型中，“点”是平面上单位开圆盘内部上的点，即 $\{z||z|<1，z\text{ 是复数}\}$。“直线”是所有包含在单位开圆盘内，并与单位圆垂直相交的圆弧及单位开圆盘内部的开直径上的一段。双曲共形距离定义为

$$d_{HC}(z,\ w)=\ln\frac{|1-\bar{z}w|+|w-z|}{|1-\bar{z}w|-|w-z|}。$$

在这个模型内，可以证明过两“点”有唯一的“直线”等双曲几何的公理。但是可以看到，过“直线”外的一点有不止一条“直线”和已知“直线”平行（即不相交）。因此，会得到许多跟人们已有观念相左的结论，如同一直线的垂线和斜线不一定相交；不存在相似而不全等的多边形；过不在同一直线上的三点，不一定能做一个圆。多年以来，人们眼中的世界都是“横平竖直”的，因此仅仅利用欧氏几何来理解日常生活中的种种现象就已足够。于是人们认为欧氏几何才是唯一正确的几何，但是事实上欧氏几何只是理想化的几何。当大家将目光放在宇宙当中或者原子核当中时，罗氏几何则更符合那一空间的设定。感兴趣的读者可以更进一步了解有关罗氏几何的主要定理和内容。

人们不禁要问：从本质上讲人们为什么会质疑欧几里得的第五公设呢？这里就涉及公理系统的性质。一般认为，一个数学理论由一个公理系统及由公理系统导出的定理组成。一个良好的公理系统应该具有一致性、独立性和完备性。所谓一致性，就是要符合逻辑，不能同时推导出一个命题和它的否定命题同时成立的情况；所谓独立性，就是这个系统的某个公理不能由其他公理推出。独立性要求公理系统里面没有多余的公理；所谓完备性，也就是任何一个命题，都能在公理系统中被证明或者被证伪，注意这里所谓能被证明或被证伪不包括限于人类的认知而目前不能证明或证伪的猜想。如果一个公理系统满足独立性要求，也就是任何一条公理都不能从其他公理推导得出。在独立性基础上，去掉一条公理，那么这条被去掉的公理就不能被其他公理证明或者证伪。从欧氏几何来看，人们质疑第五公设，就是人们认为第五公设是多余的，或者说人们认为欧氏几何的公理系统不具有独立性。这里用 E 表示与第五公设等价命题“通过直线外一点，

① 范后宏 . 数学思想要义 [M]. 北京：北京大学出版社，2018.

有且仅有一条直线与已知直线平行”，而E'表示其否命题，用Σ表示欧氏几何中除去第五公设以外其他的公设构成的公理系统。罗巴切夫斯基大胆地用E'替代E，在系统$\Sigma+E'$中，对于$\Sigma+E$系统的每个命题运用归谬法进行逻辑推理，都得不出矛盾。根据系统的一致性，这说明E是独立于Σ的，从而罗氏几何证明了欧几里得的正确性。

另外一种非欧几何是黎曼创立的。1854 年，黎曼发表了论文《论作为几何学基础的假设》，这标志着黎曼几何的正式创立，也称之为椭圆几何。黎曼几何中的一条基本规定是：在同一平面内任何两条直线都有公共点（交点），也就是说，在黎曼几何学中不承认平行线的存在，它的另一条公设讲：直线可以无限延长，但总的长度是有限的。通俗来说，黎曼几何的模型不是欧氏几何当中平直的界面，而是别出心裁地设定在球面上。具体来讲，黎曼几何模型如下。

在欧氏空间中任取一个球面

$$S^2=\{(x,y,z)|x^2+y^2+z^2=r^2, x,y,z\text{ 都是实数}, r\text{ 是实常数}\}。$$

约定把球面上的对径点（球直径的两端点）“统一起来”，看作一个对象，这个对象便叫作黎曼几何的“点”。球面上的大圆叫作“黎氏直线”，大圆上的对径点仍看作一个点。对径点统一起来的球面，叫作“黎氏平面”。由于在球面上，任何两个大圆必相交于两个点，而这两个点恰好是对径点，把它们看成一个点，所以说黎氏平面上任何两条直线必相交于一个点，这样就实现了黎氏平行公理①。图 13-1 是黎曼几何模型。

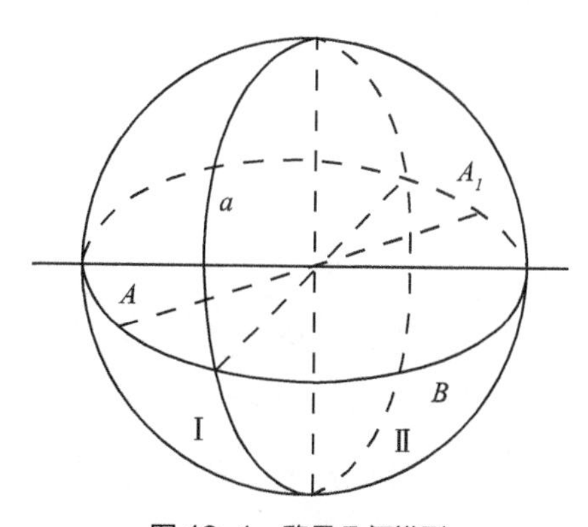

图 13-1　黎曼几何模型

黎曼几何的设定就代表着它更适用于解决地球的航海、飞机航行等问题。黎曼的研究是以高斯关于曲面的内蕴微分几何为基础的，在黎曼几何中，最重要的一种对象就是所谓的常曲率空间。对于三维空间，有以下 3 种情形：曲率恒等于零、曲率为负常数、曲率为正常数，分别对应于欧氏几何、罗氏几何和黎曼几何。

① 王宗儒. 三角形内角和等于 180° 吗 [M]. 长沙：湖南教育出版社，1998.

值得一提的是在这 3 种几何中三角形的内角和分别等于 180°、小于 180°和大于 180°。在欧氏几何中，三角形的定义是不在同一直线上的三条线段首尾顺次连接所组成的封闭图形叫作三角形。利用平行线的性质容易证明三角形的内角和等于 180°，如图 13–2 所示。

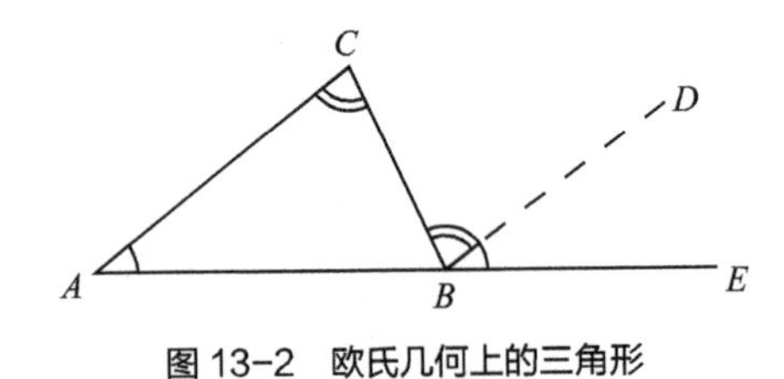

图 13–2　欧氏几何上的三角形

在罗氏几何中，任何三角形的内角和一定是严格小于 180°的；内角和与 180°的差称为这个三角形的“缺陷”(Defect)。这个数值与三角形的面积成正比例，也就是说三角形的内角和是随着面积的变换而变化，面积越大三角形的内角和越小。因为缺陷最多是 180°，所以在罗氏几何中，三角形的面积不可能无限大。这又是与欧氏几何的直觉完全相反的现象，图 13–3 显示了罗氏几何上的三角形。

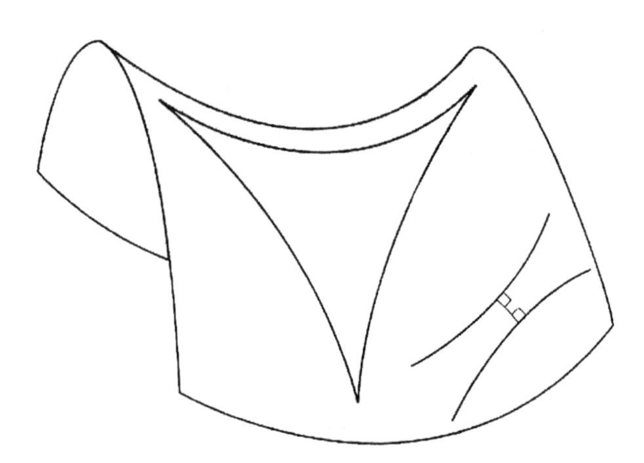

图 13–3　罗氏几何上的三角形

把球面上的 3 个点用 3 个大圆弧联结起来，所围成的图形叫作球面三角形。这 3 个大圆弧叫作球面三角形的边，通常用小写英文字母 a，b，c 表示；这 3 个大圆弧所构成的角叫作球面三角形的角，通常用大写英文字母 A，B，C 表示。并且规定：角 A 和边 a 相对，角 B 和边 b 相对，角 C 和边 c 相对。3 条边和 3 个角合称球面三角形的 6 个元素，如图 13–4 所示。可以证明球面三角形三角之和大于 180°而小于 540°，如地球的赤道、0°经线和 90°经线相交构成一个三角形，这个三角形的三个角都应该是 90°，它们的和就是 270°，如图 13–4 所示。

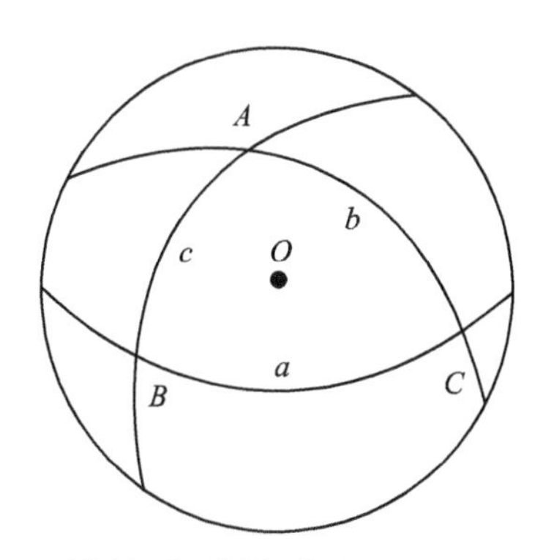

图 13-4 黎曼几何上的三角形

非欧几何的发现在人类认识史上有极其重要的意义。1900 年，在巴黎召开的第二届国际数学家大会上，大卫・希尔伯特做了关于“数学问题”的演讲，称这一突破是数学领域中两个“19 世纪最具启发性和最显著的成就”之一[①]。它的诞生是自希腊时代以来数学中一个重大的革新步骤[②]，打破了几千年来欧氏几何的统治地位，也打破了人们几何思维方式的固化。历史证明了欧几里得是正确的，第五公设在欧氏几何中是不可或缺的，欧几里得的公理系统是独立的，也证明了公理并不是不言自明的真理，它们只是数学理论的前提假设条件——是理论的“基石”。非欧几何的创立改变了人们认识几何的方式，正如范后宏指出的这种“只看球面内部的点，不看球面外部的点”的思维方式，使得数学家摆脱了欧氏空间的观念对思维的束缚，获得数学思维的自由[③]。近代黎曼几何学在广义相对论里得到了重要的应用。物理学家爱因斯坦广义相对论中的空间几何就是黎曼几何。在广义相对论中，爱因斯坦放弃了关于时空均匀性的观念，他认为时空是弯曲的，恰恰和黎曼几何学的背景相似，这正得益于科学家们思维方式的改变。非欧几何的创立进一步地证明了“数学的意义就在于它经常走在其他科学的前面，我们通过数学的研究，可以为其他科学提供很多帮助。”正如诺贝尔物理学奖得主尤金・维格纳（Eugene Wigner）在《数学在自然科学中不合理的有效性》(*the Unreasonable Effectiveness of Mathematics in the Natural Sciences*）一文中指出：“The enormous usefulness of mathematics in the natural sciences is something bordering on the mysterious and there is no rational explanation for it。…The miracle of the appropriateness of the language of mathematics for the formulation of the laws of physics is a wonderful gift which we neither understand nor deserve。 … [It is] quite comparable in its striking nature to the

① 格兰特，克莱纳．数学史上的转折点 [M]. 黄朝凌，孙艳琴，译．北京：中国农业出版社，2019.

② 克莱因．古今数学思想：第 3 册 [M]. 北京大学数学系数学史翻译组，译．上海：上海科学技术出版社，1979.

③ 范后宏．数学思想要义 [M]. 北京：北京大学出版社，2018.

miracle that the human mind can string a thousand arguments together without getting itself into contradictions or to the two miracles of the existence of laws of nature and of the human mind's capacity to divine them." ①(数学在自然科学中的巨大作用几乎是无法估量的，并且是无法理性解释的。……数学语言对物理定律的恰当表示是一种奇迹，是我们既不理解也不应该得到的绝妙的礼物。……它的伟大之处在于人类思想能将成千上万个论据串联在一起而不会陷入矛盾的奇迹，以及自然规律的存在性与人类思想对它们的预见能力的奇迹。)

① GRANT H，KLEINER I. Turning points in the history of mathematics[M]. New York：Birkhauser，2015.

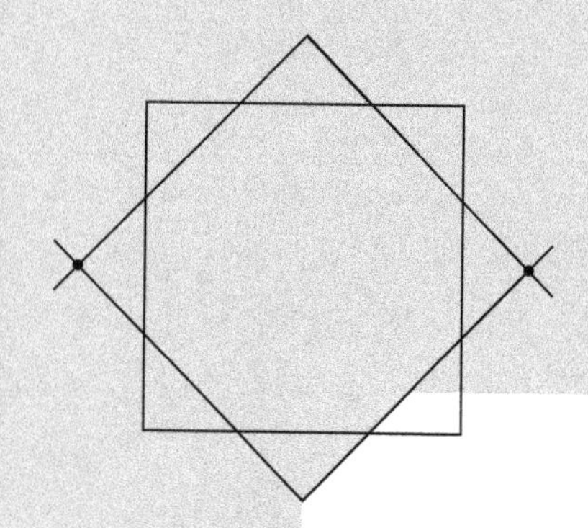

Arithmetic is one of the oldest branches，perhaps the very oldest branch，of human knowledge；and yet some of its most abstruse secrets lie close to its tritest truths.

—H. J · S · Smith

算术是人类知识中最古老的分支之一，也许是最古老的分支；然而它的一些最深奥的秘密却接近于它最重要的真理。

——H. J · S · 史密斯

第十四讲 高斯与数列

读者小的时候可能都听说过高斯计算 1+2+3+⋯+100 的故事，这个故事是真是假似乎不能考证。但是在国内外的文献中确实记载着这个故事，在马奥尔的《三角之美》这本书中也记载着这个故事。高斯上小学的时候，有一次他的数学老师让他求 1 加 2，一直加到 100 的值，他几乎马上就给出了答案“5050”。老师一脸惊讶，原来高斯发现了 1 到 100 的数列两头可以一一配对：1+100，2+99，3+98，⋯，50+51，每一对的和都是 101，总共有 50 对，所以总和就是 5050。在《数学大师》一书中，贝尔同样记载着高斯解答类似问题的故事：高斯 10 岁的时候开始上算术课，他的老师出了一道他自己用几秒钟由公式找到答案的多个数的加法问题，81297+81495+81693+⋯+100899。当他的老师念完题目的时候，高斯已经给出了答案[①]。

7—8 世纪，英国学者阿尔奎因出版了一本数学习题集，其中有一道应用题就是要求从 1 加到 100：一个楼梯有 100 个台阶，第 1 个台阶有 1 只鸽子，第 2 个台阶有 2 只鸽子，⋯⋯，第 100 个台阶有 100 只鸽子，问总共有多少只鸽子？阿尔奎因提供的算法与传说高斯想到的方法大同小异：第 1 个台阶和第 99 个台阶的鸽子数目相加等于 100，第 2 个台阶和第 98 个台阶的鸽子数目相加等于 100，⋯⋯，总共有 49 个 100，再加上第 50 和第 100 个台阶上鸽子的数目，和为 5050。

故事的真假似乎仅仅只对于我们追求事实的精神有意义，但是故事本身带给我们许多的启示。如果在缺少等差数列系统知识的年代，能够发现数列 1，2，3，⋯，100 是一个等差数列，同时意识到数列收尾配对和的值是一个定值的话，是一个了不起的发现。同时也说明了深入细致地观察事物，从中发现规律是多么地重要。而在发现规律之后能够系统总结规律，形成理论或许是更高的素养和追求了。

卡尔・弗里德里希・高斯（Carolus Fridericus Gauss）是德国著名数学家、物理学家、

① 贝尔．数学大师，从芝诺到庞加莱 [M]. 徐源，译．上海：上海科技教育出版社，2004.

天文学家、几何学家。高斯被认为是世界上最重要的数学家之一，享有“数学王子”的美誉。贝尔认为他与阿基米德和牛顿同属一个等级①。高斯在 3 岁的时候就显示出了他与生俱来的才能——能指出他爸爸账单的错误。12 岁时，已经可以用怀疑的眼光看待欧几里得几何基础了；16 岁时，已经发现了不同于欧氏几何的另外一种几何的端倪。算术成为高斯最喜爱的研究领域，他给出了包括二次互反律在内的许多数论的结论、他赋予了分析学的严格性、他还证明了代数基本定理。高斯对于什么是证明的本质，具有确信无疑的感知，同时又具有无人超越的丰富的数学创造能力。

至于数列理论有多少是高斯的贡献，已经无法考证，但任何人都无法否认数列理论的重要作用和它的优美。下面的内容简单汇集了数列带给人们的美的感受。

定义 14.1 按着一定顺序排列的一列数叫作数列。数列的一般形式可以写成

$$a_1, a_2, a_3, \cdots, a_n, a_{n+1}, \cdots,$$

简单记作 $\{a_n\}$。

数列可以看作是一个定义域为正整数集 $\mathbf{N}^*$ 或者子集上的函数，此时它是离散的函数。数列之所以重要是因为它是研究可数问题的重要工具。

定义 14.2 如果数列的第 n 项 a_n 与项的序数 n 之间的关系可以用一个公式 $a_n=f(n)$ 来表示，那么这个公式就叫作这个数列的通项公式。

如果数列 a_n 的第 n 项与它前一项或几项的关系可以用一个式子来表示，那么这个公式叫作这个数列的递推公式。

对于一个数列，有如下几个变量：项的序数 n、第一项 a_1、第 n 项 a_n、通项公式 a_n、前 n 项和 S_n。

定义 14.3 一般地，如果一个数列从第 2 项起，每一项与它的前一项的差等于同一个常数，这个数列就叫作等差数列（Arithmetic Sequence），这个常数叫作等差数列的公差（Common Difference），公差通常用字母 d 表示，前 n 项和用 S_n 表示。

命题 14.1 利用等差数列的定义，很容易推导出等差数列的通项公式

$$a_n=a_m+(n-m)d,$$

前 n 项和

$$S_n=na_1+\frac{1}{2}n(n-1)d。$$

自然地，可以通过定义直接推导出等差数列前 n 项和公式：

$$S_n=a_1+a_2+\cdots+a_n=a_1+(a_1+d)+(a_1+2d)+\cdots+[a_1+(n-1)d]$$

① 贝尔．数学大师，从芝诺到庞加莱 [M]. 徐源，译．上海：上海科技教育出版社，2004.

$$=na_1+\frac{1}{2}n(n-1)d$$

$$=\frac{(a_1+a_n)\times n}{2}。\tag{14–1}$$

也可以采用本讲开始提到的高斯所采用的首尾相加的方法，或者说倒序相加法推导前 n 项和公式：

$$S_n=a_1+a_2+\cdots+a_n,$$

$$S_n=a_n+a_{n-1}+\cdots+a_1,$$

将这 2 个式子相加得到

$$2S_n=(a_1+a_n)+(a_2+a_{n-1})+\cdots+(a_n+a_1),$$

所以

$$S_n=\frac{(a_1+a_n)\times n}{2}=na_1+\frac{1}{2}n(n-1)d。\tag{14–2}$$

定义 14.4 一般地，如果一个数列从第 2 项起，每一项与它的前一项的比等于同一个常数，这个数列就叫作等比数列（Geometric Sequence）。这个常数叫作等比数列的公比（Common Ratio），公比通常用字母 q 表示。

命题 14.2 利用等比数列的定义，很容易推导出等比数列的通项公式

$$a_n=a_mq^{n-m},$$

前 n 项和

$$S_n=\begin{cases}na_1, & q=1,\\ \dfrac{a_1(1-q^n)}{1-q}, & q\neq1。\end{cases}\tag{14–3}$$

斐波那契数列（Fibonacci Sequence），又称黄金分割数列，因数学家莱昂纳多·斐波那契（Leonardo Fibonacci）以兔子繁殖为例而引入，故又称为“兔子数列”，指的是这样一个数列：

$$0,1,1,2,3,5,8,13,21,34,\cdots$$

在数学上，斐波那契数列以如下递推的方法定义：

$$a_0=0,\ a_1=1,\ a_n=a_{n-1}+a_{n-2},\ n\geqslant2,\ n\in\mathbf{N}^*,$$

在现代物理、准晶体结构、化学等领域，斐波那契数列都有直接的应用。美国数学会从 1963 年起出版了以《斐波那契季刊》为名的一份数学杂志，用于专门刊载这方面的研究成果。

下面给出斐波那契数列的一个解释。将正整数 n 分解成 1 和 2 的数列的和，问总共有多少种可能？（值得注意的是数列是有序的）记这个数为 f_n。例如，将 4 分解成 1 和 2 的数列的和：1+1+1+1，1+1+2，1+2+1，2+1+1，2+2。因此 $f_4=5$。可以想象成平面上有 4 个正方形，从左到右都是 1，当出现 2 时，可以将连续 2 个正方形标注相同的颜色，图 14–1 表示了 4 的不同分解。

图 14–1　一种表示整数 4 分解 1 和 2 的数列和的方法

表 14–1 给出了 f_1 到 f_6 的取值，如果记 $f_0=0$，可以看到它们跟斐波那契数列前 7 项是一样的。

表 14–1　f_1 到 f_6 的值

1	2	3	4	5	6
1	11	111	1111	11111	111111
	2	12	112	1112	11112
		21	121	1121	11121
			22	1211	11211
				122	1122
				2111	12111
				212	1212
				221	1221
					21111
					2112
					2121
					2211
					222
$f_1=1$	$f_2=2$	$f_3=3$	$f_4=5$	$f_5=8$	$f_6=13$

事实上，可以证明 $f_n=a_{n+1}$。只需要证明 $f_n=f_{n-1}+f_{n-2}$。将正整数 n 分解成 1 和 2 的数列的和，共有 f_n 种可能，将第一个数是 1 的分为一组，去掉第一个 1，就是 $n-1$ 的所有分解，共有 f_{n-1} 种可能。第一个数是 2 的分为一组，去掉第一个 2，就是 $n-2$ 的所有分解，共有 f_{n-2} 种可能。所以，$f_n=f_{n-1}+f_{n-2}$。这种证明或者想法真是天才的想法，实在太优美了！

命题 14.3 斐波那契数列有以下性质：

(1) 奇数项和满足：$a_1+a_3+a_5+\cdots+a_{2n-1}=a_{2n}$；

(2) 偶数项和满足：$a_2+a_4+a_6+\cdots+a_{2n}=a_{2n+1}-1$；

(3) 平方和满足：$a_1^2+a_2^2+a_3^2+\cdots+a_n^2=a_na_{n+1}$；

(4) $a_{n-1}a_{n+2}=a_na_{n+1}+(-1)^n$；

(5) $a_{n-1}a_{n+1}-a_n^2=(-1)^n$；

(6) $(a_n,\ a_{n-1})=1$，$n\geqslant 1$；

(7) $f_{m+n}=f_mf_n+f_{m-1}f_{n-1}$，$a_{m+n}=a_{m+1}a_n+a_ma_{n-1}$，$m\geqslant 0$，$n\geqslant 0$；

(8) $(a_n, a_m)=a_{(n,m)}$，$m\geqslant 1$，$n\geqslant 0$。

证明 (1) 设

$$A_n=a_1+a_3+a_5+\cdots+a_{2n-1},\ B_n=a_2+a_4+a_6+\cdots+a_{2n}。$$

根据斐波那契数列的递推公式 $a_n=a_{n-1}+a_{n-2}$，得到

$$a_2=a_1+a_0,\ a_4=a_3+a_2,\ a_6=a_5+a_4,\ \cdots,\ a_{2n}=a_{2n-1}+a_{2n-2}。$$

将这 n 个式子相加得到 $B_n=A_n+B_n-a_{2n}$，所以 $A_n=a_{2n}$。

(2) 类似于 (1) 的证明方法，将偶数项的和相加就可以得到

$$a_2+a_4+a_6+\cdots+a_{2n}=a_{2n+1}-1。$$

(3) 根据斐波那契数列的递推公式 $a_n=a_{n-1}+a_{n-2}$，得到

$$\begin{aligned}
a_{n+1}a_n&=(a_n+a_{n-1})a_n\\
&=a_n^2+a_na_{n-1}\\
&=a_n^2+(a_{n-1}+a_{n-2})a_{n-1}\\
&=a_n^2+a_{n-1}^2+a_{n-1}a_{n-2}\\
&=\cdots\\
&=a_n^2+a_{n-1}^2+\cdots+a_2^2+a_1^2。
\end{aligned}$$

结论 (3) 的证明还可以使用几何的方法来证明，注意到斐波那契数列的递推关系，可以构造如图 14-2 的一个矩形。矩形的长是 $a_{n-1}+a_n$ 也就是 a_{n+1}，矩形的宽是 a_n，而大矩形是由若干个小正方形构成，正方形的面积之和等于大矩形的面积。

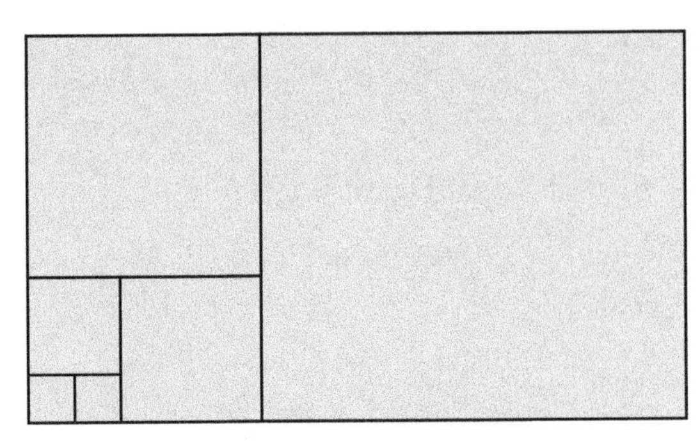

图 14-2 以斐波那契数列为边长构造的矩形

(4) 可以采用数学归纳法证明。显然当 $n=1$，2 时结论成立。假设当 $n=k$ 时，

$a_{k-1}a_{k+2}=a_ka_{k+1}+(-1)^k$ 成立，当 $n=k+1$ 时，

$$
\begin{aligned}
a_ka_{k+3}-a_{k+1}a_{k+2}-(-1)^{k+1}&=a_k(a_{k+1}+a_{k+2})-(a_{k-1}+a_k)a_{k+2}-(-1)^{k+1}\\
&=a_ka_{k+1}+a_ka_{k+2}-(a_{k-1}a_{k+2}+a_ka_{k+2})-(-1)^{k+1}\\
&=a_ka_{k+1}-a_{k-1}a_{k+2}+(-1)^k=0,
\end{aligned}
$$

所以，$a_ka_{k+3}=a_{k+1}a_{k+2}+(-1)^{k+1}$，根据归纳法，结论成立。

(5) 根据 (3)，有等式 $a_{n-1}a_n+a_n^2=a_na_{n+1}$，再根据 (4) 就可以得到

$$a_{n-1}a_{n+1}-a_n^2=(-1)^n。$$

(6) $(a_n, a_{n-1})=(a_{n-1}+a_{n-2}, a_{n-1})=(a_{n-2}, a_{n-1})=(a_{n-1}, a_{n-2})$，剩余的可以使用归纳法证明之。

(7) 为了证明本结论，假设平面上有 $m+n$ 个方格。当分解是 2 的时候，可以想象占据了 2 个方格。将 $m+n$ 的分解分成 2 类：一类是第 m 个方格恰好是 1，此时，前 m 个方格构成 m 的分解，后 n 个方格构成 n 的分解。另外一类是第 m 和 $m+1$ 个方格是 2。此时，前 $m-1$ 个方格构成 $m-1$ 的分解，后 $n-1$ 个方格构成 $n-1$ 的分解。于是，

$$f_{m+n}=f_mf_n+f_{m-1}f_{n-1},$$

进一步地，

$$a_{m+n}=f_{m+(n-1)}=f_mf_{n-1}+f_{m-1}f_{n-2}=a_{m+1}a_n+a_ma_{n-1},\ m\geqslant 0,\ n\geqslant 0。$$

(8) 设 $n=qm+r$，$0<r<m$。由 (7) 得：

$$a_n=a_{qm+r}=a_{qm+1}a_r+a_{qm}a_{r-1},\ (a_n, a_m)=(a_{qm+1}a_r+a_{qm}a_{r-1}, a_m)=(a_r, a_m)=a_{(n,m)}。$$

斐波那契数列的整除性与素数生成性有一定的关系，可以证明命题 14.4 成立。

命题 14.4 在斐波那契数列中，

(1) 每 3 个连续的数中有且只有一个被 2 整除；

(2) 每 4 个连续的数中有且只有一个被 3 整除；

(3) 每 5 个连续的数中有且只有一个被 5 整除；

(4) 每 6 个连续的数中有且只有一个被 8 整除；

(5) 每 7 个连续的数中有且只有一个被 13 整除；

(6) 每 8 个连续的数中有且只有一个被 21 整除；

(7) 每 9 个连续的数中有且只有一个被 34 整除。

证明 (1) 从斐波那契数列的定义可以看出，它们的奇偶性呈现偶数，奇数，奇数，重复循环的规律，也就是说当项数是 3 的倍数的时候是偶数，不能被 3 整除的时候是奇数。因此在连续的 3 个斐波那契数中只有一个偶数和两个奇数，于是每 3 个连续的数中有且只有一个被 2 整除。

(2) 采用反证法。如果每 4 个连续的斐波那契数中没有一个被 3 整除，或者至少有 2 个被 3 整除。如果是前者，那么这 4 个数被 3 除的余数只能是 1 和 2。分别设它们的余数是 i_1，i_2，i_3，i_4，那么 i_1+i_2，i_1+2i_2 被 3 除的余数就是后 2 个数被 3 除的余数，它们必然有一个被 3 整除，矛盾。如果是后者，容易推导出斐波那契数列的每一项都能被 3 整除，但 $3\nmid 1$，矛盾。

其他的结论可以类似地分析。

有时候知道数列的递推公式是不够的，因为如要知道它某一项的取值，就必须知道它前面的每一项。要是知道数列的通项公式就不一样了，可以任意计算数列的每一项。下面讨论斐波那契数列的通项公式，这并不是一件容易的事情。读者会惊奇地发现一个由整数构成的数列，它的通项公式却需要用无理数来表示。

定理 14.1 斐波那契数列的通项公式是

$$a_n=\frac{1}{\sqrt{5}}\left[\left(\frac{1+\sqrt{5}}{2}\right)^n-\left(\frac{1-\sqrt{5}}{2}\right)^n\right]。\tag{14-4}$$

证明 方法一：待定系数法。

由于 $a_n=a_{n-1}+a_{n-2}$，所以当 $\alpha\neq 0$，1 时，

$$a_n-\alpha a_{n-1}=a_{n-1}-\alpha a_{n-1}+a_{n-2}=(1-\alpha)a_{n-1}+a_{n-2}=(1-\alpha)\left(a_{n-1}-\frac{1}{\alpha-1}a_{n-2}\right)。$$

令 $\alpha=\frac{1}{\alpha-1}$，得到一个等比数列 $\{a_n-\alpha a_{n-1}\}$，公比 $q=1-\alpha$。根据等式 $\alpha=\frac{1}{\alpha-1}$，解得 $\alpha_{1,\ 2}=\frac{1\pm\sqrt{5}}{2}$。所以

$$a_n-\frac{1-\sqrt{5}}{2}a_{n-1}=\left(\frac{1+\sqrt{5}}{2}\right)^{n-1}，\quad a_n-\frac{1+\sqrt{5}}{2}a_{n-1}=\left(\frac{1-\sqrt{5}}{2}\right)^{n-1}。$$

从这两个等式中解出 a_n，得到公式 (14-4)。

方法二：母函数法。

令斐波那契数列为系数构造一个幂级数

$$S(x)=a_1x+a_2x^2+\cdots+a_nx^n+\cdots。$$

在上式两边乘以 $1-x-x^2$，得到

$$S(x)(1-x-x^2)=a_1x+(a_2-a_1)x^2+\cdots+(a_n-a_{n-1}-a_{n-2})x^n+\cdots=x,$$

于是

$$S(x)=\frac{x}{1-x-x^2}。$$

由于

$$1-x-x^2=\left(1-\frac{1-\sqrt{5}}{2}x\right)\left(1-\frac{1+\sqrt{5}}{2}x\right),$$

所以

$$S(x)=\frac{x}{1-x-x^2}=\frac{1}{\sqrt{5}}\left(\frac{1}{1-\frac{1+\sqrt{5}}{2}x}-\frac{1}{1-\frac{1-\sqrt{5}}{2}x}\right)。$$

根据幂级数

$$\frac{1}{1-x}=1+x+x^2+x^3+\cdots,$$

得到

$$S(x)=\frac{1}{\sqrt{5}}\left(\frac{1+\sqrt{5}}{2}-\frac{1-\sqrt{5}}{2}\right)x+\frac{1}{\sqrt{5}}\left[\left(\frac{1+\sqrt{5}}{2}\right)^2-\left(\frac{1-\sqrt{5}}{2}\right)^2\right]x^2+\cdots,$$

比较系数得到公式（14–4）。

方法三：特征向量法。

根据斐波那契数列以如下递推的方式定义 $a_0=0$，$a_1=1$，$a_n=a_{n-1}+a_{n-2}$，$n\geqslant 2$，$n\in\mathbf{N}^*$，得到以下矩阵表示，

$$\begin{pmatrix}a_n\\a_{n-1}\end{pmatrix}=\begin{pmatrix}1&1\\1&0\end{pmatrix}\begin{pmatrix}a_{n-1}\\a_{n-2}\end{pmatrix}(n\geqslant 3),\begin{pmatrix}a_2\\a_1\end{pmatrix}=\begin{pmatrix}1\\1\end{pmatrix},$$

于是

$$\begin{pmatrix}a_n\\a_{n-1}\end{pmatrix}=\begin{pmatrix}1&1\\1&0\end{pmatrix}^{n-2}\begin{pmatrix}a_2\\a_1\end{pmatrix}。$$

令

$$\boldsymbol{A}=\begin{pmatrix}1&1\\1&0\end{pmatrix},$$

解特征方程 $|\lambda\boldsymbol{E}-\boldsymbol{A}|=0$ 得到

$$\lambda_1=\frac{1+\sqrt{5}}{2},\lambda_2=\frac{1-\sqrt{5}}{2},$$

再求出它们的特征向量

$$\boldsymbol{Y}_1=\begin{pmatrix}\frac{1+\sqrt{5}}{2}\\1\end{pmatrix},\boldsymbol{Y}_2=\begin{pmatrix}\frac{1-\sqrt{5}}{2}\\1\end{pmatrix}。$$

令

$$\boldsymbol{T}=\begin{pmatrix}\frac{1+\sqrt{5}}{2}&\frac{1-\sqrt{5}}{2}\\1&1\end{pmatrix},$$

则

$$\boldsymbol{T}^{-1}=\frac{1}{\sqrt{5}}\begin{pmatrix}1&-\frac{1-\sqrt{5}}{2}\\-1&\frac{1+\sqrt{5}}{2}\end{pmatrix}。$$

于是

$$\boldsymbol{A}=\boldsymbol{T}\begin{pmatrix}\lambda_1&0\\0&\lambda_2\end{pmatrix}\boldsymbol{T}^{-1},\boldsymbol{A}^{n-2}=\boldsymbol{T}\begin{pmatrix}\lambda_1^{n-2}&0\\0&\lambda_2^{n-2}\end{pmatrix}\boldsymbol{T}^{-1}。$$

注意到 $\lambda_1+\lambda_2=1$，进一步地有，

$$\begin{pmatrix}a_n\\a_{n-1}\end{pmatrix}=\begin{pmatrix}1&1\\1&0\end{pmatrix}^{n-2}\begin{pmatrix}a_2\\a_1\end{pmatrix}=\boldsymbol{T}\begin{pmatrix}\lambda_1^{n-2}&0\\0&\lambda_2^{n-2}\end{pmatrix}\boldsymbol{T}^{-1}\begin{pmatrix}1\\1\end{pmatrix}=\frac{1}{\sqrt{5}}\begin{pmatrix}\lambda_1^n-\lambda_2^n\\\lambda_1^{n-1}-\lambda_2^{n-1}\end{pmatrix}。$$

当 $n=0$，1，2 时，斐波那契数列的前 3 项也满足公式。所以，斐波那契数列的通项公式是公式（14–4）。

方法四：向量空间法。

记

$$V=\{(a_n)=(a_0,a_1,a_2,\cdots)|a_i\in\mathbf{R},\ a_n=a_{n-1}+a_{n-2},\ n\geqslant 2\}。$$

显然 $(0,0,0,\cdots)\in V$。$\forall(a_n)\in V,(b_n)\in V,k\in\mathbf{R}$，定义 $(a_n)+(b_n)=(a_n+b_n)$，$k(a_n)=(ka_n)$，则容易证明 V 对上述定义的加法和数乘运算构成一个向量空间。$\forall(a_n)\in V$，$(b_n)\in V$，当 $a_0=b_0$，$a_1=b_1$ 时，必有 $a_n=b_n$，$\forall n\in\mathbf{N}$，所以 $(a_n)=(b_n)$ 当且仅当 $a_0=b_0$，$a_1=b_1$。下面证明 $V\cong\mathbf{R}^2$。定义

ψ：$V\to\mathbf{R}^2,(a_n)\mapsto(a_0,a_1)$，$\vartheta$：$\mathbf{R}^2\to V,(a_0,a_1)\mapsto(a_n)$，其中，$a_n=a_{n-1}+a_{n-2}$。容易看出 $\psi\vartheta=1_{\mathbf{R}^2}$，$\vartheta\psi=1_V$，且保持线性关系，所以 $V\cong\mathbf{R}^2$。于是 $\dim_{\mathbf{R}}V=2$。

下面从等比数列出发来寻找 V 的一组特殊的基（如何想到这样做是值得认真深入

分析的）。设 $h_n=q^n$ 满足 $h_n=h_{n-1}+h_{n-2}$，$n\geqslant 2$，$q\neq 0$。解得

$$q_1=\frac{1+\sqrt{5}}{2},\ q_2=\frac{1-\sqrt{5}}{2},$$

容易看出

$\left(1,\ \frac{1+\sqrt{5}}{2}\right),\left(1,\ \frac{1-\sqrt{5}}{2}\right)$ 是 $\mathbf{R}^2$ 的一组基。所以，(q_1^n)，(q_2^n) 构成 V 的一组基。于是斐波那契数列数可以由它们表示，设

$$(0,\ 1)=a\left(1,\ \frac{1+\sqrt{5}}{2}\right)+b\left(1,\ \frac{1-\sqrt{5}}{2}\right),$$

解得

$$a=\frac{1}{\sqrt{5}},\ b=-\frac{1}{\sqrt{5}}。$$

于是斐波那契数列数的通项公式为式（14–4）。

数列自然是有无穷多个的，要想弄清楚所有数列是不可能的，研究数列就是要梳理清楚一些具体数列或者某一类数列的性质。下面再列举一些数列，感兴趣的读者可以研究它们的性质。

1. Gibonacci 数列[①]

任意给定 2 个非负整数 G_0，G_1，对于 $n\geqslant 2$，定义 $G_n=G_{n-1}+G_{n-2}$。这样的数列称作是 Gibonacci 数列，它显然是斐波那契数列的推广形式。特别地，$L_0=2$，$L_1=1$，对于 $n\geqslant 2$，定义 $L_n=L_{n-1}+L_{n-2}$，这个数列叫作卢卡斯数列（Lucas Sequence）。它的前几项分别是

$$2,1,3,4,7,11,18,29,\cdots。$$

类似于在前面考虑斐波那契数列的一个解释的方法，可以想象将 n 个方格（拉伸）围成一个圆圈，同样将 n 分解成 1 和 2 的和，并将分解的结果用图 14–3 的方式表达，灰色表示 1，黑色表示 2。可以看出这比前面所讲到的斐波那契数列的可能结果要多。不同的分解方式的个数就是 L_n。

① ARTHUR T B，JENNIFER Q. Proofs that really count the art of combinatorial proof[M]. New York：The Mathematical Association of America，2003.

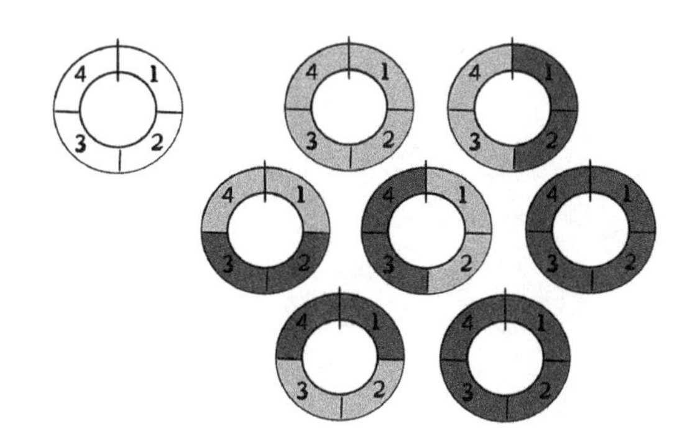

图 14-3 整数 4 分解成 1 和 2 的另外一种方式

定理 14.2 ①当 $n\geqslant1$，$L_n=f_n+f_{n-2}$；

②当 $n\geqslant0$，$f_{2n-1}=L_nf_{n-1}$；

③当 $n\geqslant0$，$5f_n=L_n+L_{n+2}$；

④当 $n\geqslant0$，$L_n^2=L_{2n}+2(-1)^n$；

⑤当 $n\geqslant1$，$G_n=G_1f_{n-1}+G_0f_{n-2}$；

⑥当 $n\geqslant0$，$m\geqslant1$，$G_{m+n}=G_mf_n+G_{m-1}f_{n-1}$；

⑦当 $n\geqslant0$，$\sum\limits_{k=0}^{n}G_k=G_{n+2}-G_1$。

作为习题，读者可以证明上述结论，以及推导出 G_n，f_n 的通项公式。

2. 帕多瓦数列

帕多瓦数列前几项是

$$1,1,1,2,2,3,4,5,7,9,12,16,21,28,37,49,65,86,114,151,\cdots。$$

它从第 4 项开始，每一项都是前面 2 项与前面 3 项的和，即

$$a_1=a_2=a_3=1,\ a_n=a_{n-2}+a_{n-3},\ n\geqslant4。$$

3. 卡特兰数（Catalan Number）

又称明安图数，是组合数学中一种常出现于各种计数问题中的数列。以比利时数学家欧仁·查理·卡特兰的名字来命名。1730 年左右，被蒙古族数学家明安图在研究三角函数幂级数时首次发现，1774 年被发表在《割圆密率捷法》上。其前几项为（从第 0 项开始）：

$$1,1,2,5,14,42,132,429,1430,4862,\cdots。$$

卡特兰数的递推公式是

$$C_0=1,\ C_{n+1}=C_0C_n+C_1C_{n-1}+\cdots+C_nC_0,\ n\geqslant0。$$

卡特兰数的一个模型是在一个凸 $n+2$- 边形中，通过若干条互不相交的对角线将这个

多边形划分成了若干个三角形。记 C_n 表示不同划分的方案数。例如，当 $C_4=14$，如图 14–4 所示。

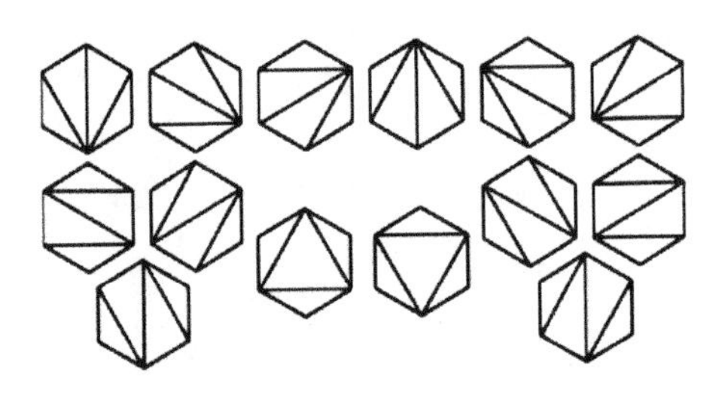

图 14–4 凸六边形分解成三角形的不同方式

依次记 $n+2$ 个顶点分别为 v_0，v_1，v_2，…，v_{n+1}。在三角划分中，边 v_0v_{n+1} 必定属于某个三角形，设这个三角形的第 3 个顶点为 v_k。这样就将多边形划分成 3 个多边形，一个三角形，一个由顶点 v_0，v_1，…，v_k 构成的多边形，一个由顶点 v_{k+1}，v_{k+2}，…，v_{n+1} 构成的多边形。为了完成三角划分，需要分别对这 2 个多边形进行划分（图 14–5）。让 k 变动，就得到

$$C_n=C_0C_{n-1}+C_1C_{n-2}+\cdots+C_{n-1}C_0。$$

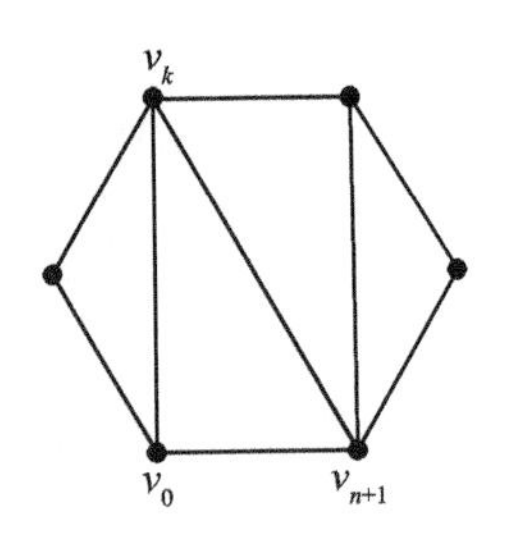

图 14–5 卡特兰数公式的推导示意

卡特兰数还可以用下面的模型来解释。从原点 $(0,0)$ 出发，每次向 x 轴或 y 轴正方向移动 1 个单位，直到到达点 (n,n)，且在移动过程中不跑到第一象限平分线上方的移动方案总数，记为 C_n，且记 $C_0=1$。容易计算 $C_1=1$，$C_2=2$，$C_3=5$。现在假设经过若干次移动后第一次到达 (k,k)。在 $(0, 0)$ 到达 (k,k) 的过程中，不能超过直线 $y=x-1$，一直到达点 $(k,k-1)$，总共需要移动 $2(k-1)$ 步，属于 C_{k-1}。而在 (k,k) 到达 (n,n) 过程中，总共需要移动 $2(n-k)$ 步，属于 C_{n-k}（图 14–6）。于是

$$C_n=C_0C_{n-1}+C_1C_{n-2}+\cdots+C_{n-1}C_0。$$

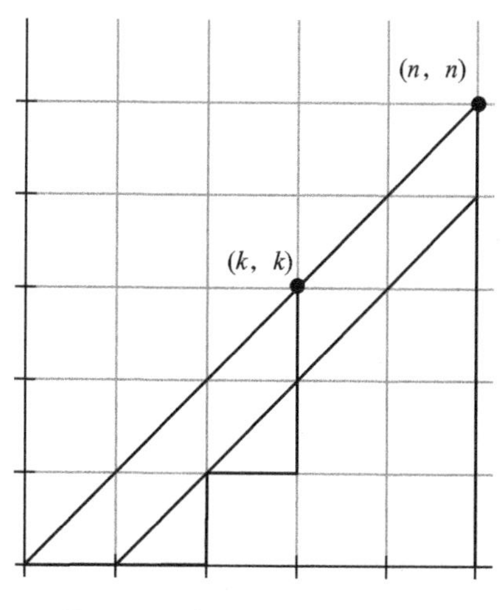

图 14-6 卡特兰数另外一种解释

命题 14.5 卡特兰数的通项公式是

$$C_n=\frac{1}{n+1}\mathrm{C}_{2n}^{n}。\tag{14-5}$$

证明 利用上面最后一个模型来证明。首先不考虑移动过程中不越过第一象限平分线这个约束条件，那么从点(0，0)到点(n，n)的过程中，总共需要向右移动 n 步，向上移动 n 步，一共 $2n$ 步。可以理解为在 $2n$ 步里面选出 n 步来向上移动，那么剩下的 n 步就是向右移动的步数，方案总数就是 C_{2n}^{n}。

不越过第一象限平分线等价于不触碰到 $y=x+1$ 这条直线。如果把触碰到直线 $y=x+1$ 的路线的第一个触碰点之后的路线关于直线 $y=x+1$ 对称，其终点变成($n-1$，$n+1$)。于是从点(0，0)到点(n，n)的非法路径条数为 C_{2n}^{n+1}，于是

$$C_n=\mathrm{C}_{2n}^{n}-\mathrm{C}_{2n}^{n+1}=\frac{(2n)!}{n!n!}-\frac{(2n)!}{(n+1)!(n-1)!}=\frac{1}{n+1}\mathrm{C}_{2n}^{n}。$$

4. Look-and-say 数列

1983 年 11 月，英国剑桥大学著名数学家约翰·霍顿·康威(John Horton Conway)首先发现了 Look-and-say 数列的奥秘。如果把 1 作为 Look-and-say 数列的第一项，那么，它的前几项是这样的：

1, 11, 21, 1211, 111221, 312211, 13112221, 1113213211, …

在确定了 Look-and-say 数列的第一项之后，就可以根据前一项确定后一项的值了，在上面的示例中，把 1 作为此种数列的第一项，那么，就可以这样来推导它的其余项了：

第 1 个是 1 时，记作 1；

第 2 个是读前一个数“1 个 1”，记作 11；

第 3 个是读前一个数“2 个 1”，记作 21；

第 4 个是读前一个数“1 个 2，1 个 1”，记作 1211；

第 5 个是读前一个数“1 个 1，1 个 2，2 个 1”，记作 111221；

……

以此类推。

5. Delannoy 数列

在平面直角坐标系的第一象限中，每次只向上、向右或者向对角线方向移动一次。从 $(0,0)$ 到 (m,n) 点的不同路径数记作 $d_{m,n}$，叫作 Delannoy 数。$d_{n,n}$ 叫作 Delannoy 数列。容易计算 $d_{1,1}=3$，$d_{2,2}=13$。我们可以看到在 $d_{2,2}$ 中两步走到的有 1 种，三步走到的有 6 种，四步走到的有 6 种。

命题 14.6 $d_{m,n}=\sum\limits_j C_m^j C_{n+m-j}^m=\sum\limits_k C_m^k C_{n+k}^m$。

证明 从 $(0,0)$ 到 (m,n) 点不走对角线的话共有 $C_{n+m}^m=C_{n+m}^n$ 条路；如果要走对角线的话，设走 j 条对角线，那么还需要向右走 $m-j$ 次，向上走 $n-j$ 次，总共走 $(m-j)+(n-j)+j=m+n-j$ 次。于是总共不同的路径数是 $C_m^j C_{n+m-j}^m$。让 j 变化，我们就得到 $d_{m,n}=\sum\limits_j C_m^j C_{n+m-j}^m$，另外一个等式可以类似地考虑。

人类追求对无限的理解的脚步从来没有停止过。无限数列是无限可数的，对此涉及无限的变化趋势。先来分析这样的三个数列：

$$a_n=n,\ b_n=(-1)^n,\ c_n=\frac{1}{2^n}。$$

数列 $a_n=n$ 是由正整数构成的数列，它是一个递增数列，随着项数的增大，数列的值越来越大，因此这个数列的变化趋势是趋于正无穷大。数列 $b_n=(-1)^n$ 是一个交错数列，当项数是奇数项的时候，数列的值是 -1，而当项数是偶数项的时候，数列的值是 1，因此这个数列的变化趋势是在 -1 和 1 二者之间跳动。数列 $c_n=\frac{1}{2^n}$ 是一个递减数列，随着 n 的增大，数列的值越来越小但总是大于 0，换句话说 c_n 与 0 的距离也越来越小。为了研究数列的上述变化趋势的不同，人们引入了极限的概念。用极限的语言表示就是 $\lim\limits_{n\to\infty}a_n=+\infty$，$\lim\limits_{n\to\infty}c_n=0$，而 $b_n=(-1)^n$ 没有极限。一般认为现代真正意义上的极限定义是由魏尔斯特拉斯给出的。

定义 14.5 设 $\{a_n\}$ 是一个数列，a 是一个常数，若对于任意给定的正数 $\varepsilon>0$，总

存在正整数 N，使得当 $n>N$ 时，$|a_n-a|<\varepsilon$ 成立，则称数列 $\{a_n\}$ 收敛于 a，且称 a 是数列 $\{a_n\}$ 的极限。记作 $\lim\limits_{n\to\infty}a_n=a$。

上述定义一般称之为“$\varepsilon-N$”语言。定义中的 ε 用来衡量数列 $\{a_n\}$ 的通项 a_n 与 a 的接近程度。它是任意给定的，但是一旦给定，后面的讨论是不变的。ε 越小，说明接近的程度越高。随着 ε 的变化，N 的取值也会变化，也就是说 N 依赖于 ε，但 N 的取值是不唯一的。从几何表示上看，“使得当 $n>N$ 时，$|a_n-a|<\varepsilon$ 成立”意思是说所有下标大于 N 的项 a_n 全都落在邻域 $U(a,\varepsilon)$ 之内，最多只有有限多项不在邻域 $U(a,\varepsilon)$ 之内。

收敛的数列有许多性质，如唯一性、有界性、保号性、迫敛性、保不等式性及四则运算性质等，读者可以参考《数学分析》或《高等数学》等教材。这里介绍几个非常重要的性质。

定理 14.3 单调有界数列必有极限。

下面例子说明一个有理数可以是一个无理数列的极限。

例 14.1 设 $a_1=\sqrt{2}$，$a_2=\sqrt{2+\sqrt{2}}$，…，$a_n=\underbrace{\sqrt{2+\sqrt{2+\cdots+\sqrt{2}}}}_{n}$，…。求 $\lim\limits_{n\to\infty}a_n$。

解 首先 $a_n>0$，$a_n=\sqrt{2+a_{n-1}}$。下面使用归纳法证明 $\{a_n\}$ 单调递增。显然 $a_2=\sqrt{2+\sqrt{2}}>\sqrt{2}=a_1$。假设 $a_n>a_{n-1}$，则有

$$a_{n+1}-a_n=\sqrt{2+a_n}-\sqrt{2+a_{n-1}}=\frac{a_n-a_{n-1}}{\sqrt{2+a_n}-\sqrt{2+a_{n-1}}}>0。$$

根据归纳法即证 $\{a_n\}$ 单调递增。

下面使用归纳法证明 $\{a_n\}$ 有界。显然 $a_1=\sqrt{2}<2$。假设 $a_n<2$，则有 $a_{n+1}=\sqrt{2+a_n}<\sqrt{2+2}=2$。根据归纳法 $\{a_n\}$ 有界。

根据单调有界数列必有极限知 $\lim\limits_{n\to\infty}a_n$ 存在，设 $\lim\limits_{n\to\infty}a_n=a$。由于 $a_n=\sqrt{2+a_{n-1}}$，$a_n^2=2+a_{n-1}$，根据极限的四则运算性质知，$a^2=2+a$，解得 $a=2$，$a=-1$（舍去）。所以 $\lim\limits_{n\to\infty}a_n=2$。

例 14.2 设 $a_n=1+\frac{1}{1!}+\frac{1}{2!}+\cdots+\frac{1}{n!}$，证明 $\{a_n\}$ 收敛。

证明 显然 $\{a_n\}$ 单调递增。因为

$$\frac{1}{n!}=\frac{1}{2}\times\frac{1}{3}\times\cdots\times\frac{1}{n}<\frac{1}{2}\times\frac{1}{2}\times\cdots\times\frac{1}{2}=\frac{1}{2^{n-1}},$$

所以，

$$a_n=1+\frac{1}{1!}+\frac{1}{2!}+\cdots+\frac{1}{n!}<1+1+\frac{1}{2}+\frac{1}{2^2}+\cdots+\frac{1}{2^{n-1}}=1+2\left(1-\frac{1}{2^n}\right)<3。$$

于是数列 $\{a_n\}$ 单调有界，故 $\{a_n\}$ 收敛。

记$\lim\limits_{n\to\infty}a_n=\mathrm{e}$。称e是欧拉数，它是一个无理数，下面来证明这个事实[①]。采用反证法，假设$\mathrm{e}=\dfrac{p}{q}$是一个既约分数。首先$2<\mathrm{e}<3$，故e不是整数，$q\geqslant 2$。由$\lim\limits_{n\to\infty}a_n=\mathrm{e}$得到

$$\mathrm{e}=1+\frac{1}{1!}+\frac{1}{2!}+\cdots+\frac{1}{n!}+\cdots。$$

等式右边是一个收敛的级数。在等式两边乘以$q!$，

$$\begin{aligned}\mathrm{e}q!&=p\cdot 2\cdot 3\cdot\cdots\cdot(q-1)\\&=[q!+q!+3\cdot 4\cdot\cdots\cdot q+4\cdot 5\cdot\cdots\cdot q+\cdots+(q-1)q+q+1]+\\&\quad\frac{1}{q+1}+\frac{1}{(q+1)(q+2)}+\cdots。\end{aligned}$$

$$\begin{aligned}&p\cdot 2\cdot 3\cdot\cdots\cdot(q-1)-[q!+q!+3\cdot 4\cdot\cdots\cdot q+4\cdot 5\cdot\cdots\cdot q+\cdots+(q-1)q+q+1]\\&=\frac{1}{q+1}+\frac{1}{(q+1)(q+2)}+\cdots。\end{aligned}$$

由于$q\geqslant 2$，$\dfrac{1}{q+1}+\dfrac{1}{(q+1)(q+2)}+\cdots\leqslant\dfrac{1}{3}+\dfrac{1}{3^2}+\dfrac{1}{3^3}+\cdots=\dfrac{1}{2}$。所以，等式左边是整数，而右边是分数，这是一个矛盾。因此e是一个无理数。

定理 14.4（柯西收敛准则） 数列$\{a_n\}$收敛的充要条件是对于任意给定的正数$\varepsilon>0$，总存在正整数N，使得当n，$m>N$时，$|a_n-a_m|<\varepsilon$成立。

定理14.4的意义在于仅仅需要根据数列本身就可以判断数列是否收敛，而不需要依赖于给定的一个数，但不足之处在于即使知道数列收敛也不一定能够知道极限是什么。

例 14.3 设$a_n=\dfrac{\sin 1}{2^1}+\dfrac{\sin 2}{2^2}+\cdots+\dfrac{\sin n}{2^n}$，$n=1，2，3\cdots$。证明：$\{a_n\}$收敛。

证明 任意给定的正数$1>\varepsilon>0$，不妨设$n>m$。

$$\begin{aligned}|a_n-a_m|&=\left|\frac{\sin(m+1)}{2^{m+1}}+\frac{\sin(m+2)}{2^{m+2}}+\cdots+\frac{\sin n}{2^n}\right|\\&<\frac{1}{2^{m+1}}+\frac{1}{2^{m+2}}+\cdots+\frac{1}{2^n}\\&=\frac{2}{2^{m+1}}\left(1-\frac{1}{2^{n-m}}\right)<\frac{1}{2^m},\end{aligned}$$

由不等式$\dfrac{1}{2^m}<\varepsilon$，可以解得$m>-\log_2\varepsilon$。取$N=-\log_2\varepsilon$，所以当$n>m>N$时，$|a_n-a_m|<\varepsilon$成立。所以，根据柯西收敛准则知数列$\{a_n\}$收敛。

① RICHARD C，HERBERT R. What is mathematics：an elementary approach to ideas and methods[M]. 2nd ed. Oxford：Oxford University Press，1996.

从例 14.2 和例 14.3 可以看到数列 $a_n=1+\frac{1}{1!}+\frac{1}{2!}+\cdots+\frac{1}{n!}$ 是数列 $\left\{\frac{1}{n!}\right\}$ 的前 $n+1$ 项和，数列 $a_n=\frac{\sin 1}{2^1}+\frac{\sin 2}{2^2}+\cdots+\frac{\sin n}{2^n}$ 是数列 $\left\{\frac{\sin n}{2^n}\right\}$ 的前 n 项和，并且它们都是收敛的，这一现象称之为级数收敛。级数是逼近理论的基础，是研究函数、进行近似计算的强有力工具。

定义 14.6 给定一个数列 $\{a_n\}$，称 $a_1+a_2+a_3+\cdots$ 是一个数项级数。将级数简单地记为 $\sum\limits_{n=1}^{\infty}a_n$。

若数项级数 $\{a_n\}$ 的部分和数列 $S_n=a_1+a_2+a_3+\cdots+a_n$ 的极限存在，设 $\lim\limits_{n\to\infty}S_n=S$，则称数项级数 $\sum\limits_{n=1}^{\infty}a_n$ 收敛，S 叫作数项级数 $\sum\limits_{n=1}^{\infty}a_n$ 的和。若 $\{S_n\}$ 是发散数列，则称数项级数 $\sum\limits_{n=1}^{\infty}a_n$ 发散。

例 14.4 等比数列 $a_n=aq^{n-1}(a\neq 0)$ 所对应的级数 $a+aq+aq^2+\cdots$ 叫作几何级数，它收敛的充要条件是 $|q|<1$。

证明

$$S_n=\begin{cases} na, & q=1, \\ \dfrac{a(1-q^n)}{1-q}, & q\neq 1。\end{cases}$$

当 $|q|<1$ 时，$\lim\limits_{n\to\infty}S_n=\frac{a}{1-q}$。几何级数 $a+aq+aq^2+\cdots$ 收敛。当 $|q|\geqslant 1$ 时，S_n 发散，所以几何级数 $a+aq+aq^2+\cdots$ 发散。

判断级数收敛是级数研究的最基本的问题。下面我们罗列一些重要的级数收敛的判定定理，读者可以参考《数学分析》或《高等代数》等教材。

定理 14.5（莱布尼茨判别法） 设数列 $\{a_n\}$ 单调递减趋于 0。则交错级数 $a_1-a_2+a_3-a_4+\cdots+(-1)^{n+1}a_n+\cdots$ 收敛。

定理 14.6 若级数 $\sum\limits_{n=1}^{\infty}|a_n|$ 收敛，则级数 $\sum\limits_{n=1}^{\infty}a_n$ 收敛。

定理 14.7（阿贝尔判别法） 若数列 $\{a_n\}$ 是单调有界数列，级数 $\sum\limits_{n=1}^{\infty}b_n$ 收敛，则级数 $\sum\limits_{n=1}^{\infty}a_nb_n$ 收敛。

定理 14.8（狄利克雷判别法） 若数列 $\{a_n\}$ 是单调递减趋于 0，级数 $\sum\limits_{n=1}^{\infty}b_n$ 的部分和数列有界，则级数 $\sum\limits_{n=1}^{\infty}a_nb_n$ 收敛。

正项级数有重要的地位，其收敛性的判别有下面 3 个重要的方法。

定理 14.9（比较判别法） 正项级数 $\sum\limits_{n=1}^{\infty}a_n$，$\sum\limits_{n=1}^{\infty}b_n$ 满足 $\lim\limits_{n\to\infty}\frac{a_n}{b_n}=q$，则当 $0\leqslant q<+\infty$ 时，级数 $\sum\limits_{n=1}^{\infty}a_n$，$\sum\limits_{n=1}^{\infty}b_n$ 同时收敛；当 $0<q\leqslant+\infty$ 时，级数 $\sum\limits_{n=1}^{\infty}a_n$，$\sum\limits_{n=1}^{\infty}b_n$ 同时发散。

定理 14.10（达朗贝尔比式判别法） 正项级数 $\sum_{n=1}^{\infty}a_n$ 满足 $\lim_{n\to\infty}\frac{a_{n+1}}{a_n}=q$，则当 $q<1$ 时，级数 $\sum_{n=1}^{\infty}a_n$ 收敛；当 $q>1$ 或者 $q=+\infty$ 时，级数 $\sum_{n=1}^{\infty}a_n$ 发散。

定理 14.11（柯西根式判别法） 正项级数 $\sum_{n=1}^{\infty}a_n$ 满足 $\lim_{n\to\infty}\sqrt[n]{a_n}=q$，则当 $q<1$ 时，级数 $\sum_{n=1}^{\infty}a_n$ 收敛；当 $q>1$ 时，级数 $\sum_{n=1}^{\infty}a_n$ 发散。

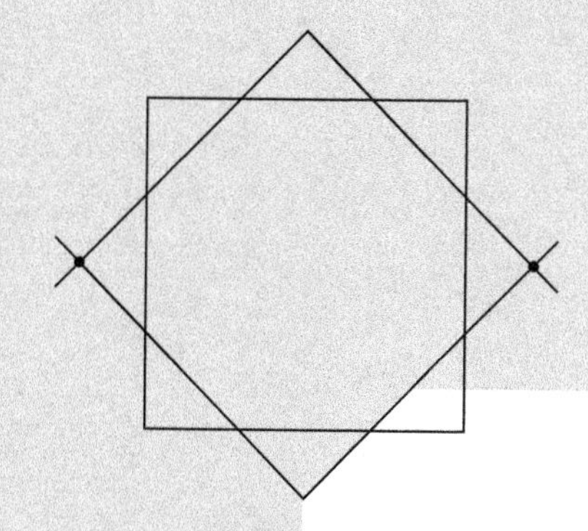

God made the integers，all the rest is the work of man.

—Leopold Kronecker

上帝创造了整数，所有其余的数都是人造的。

——利奥波德·克罗内克

第十五讲 贾宪三角与组合数学

牛顿二项式展开定理

$$(a+b)^n=\sum_{i=0}^{n}C_n^i a^i b^{n-i},$$

是一个非常重要的定理，结构优美，应用极其广泛，而它的展开系数跟本节要讲的主要内容息息相关。大约在公元 1050 年，北宋时期的贾宪著有《黄帝九章算经细草》一书，该书中包含了二项式展开系数表。1261 年，在南宋数学家杨辉所著的《详解九章算法》一书中也发现了这一规律，因此我们现在称之为“贾宪三角”或者“杨辉三角”，如图 15-1 所示[①]。在欧洲，帕斯卡在 1654 年发现这一规律。帕斯卡的发现比杨辉要迟 390 年，比贾宪迟 600 年。

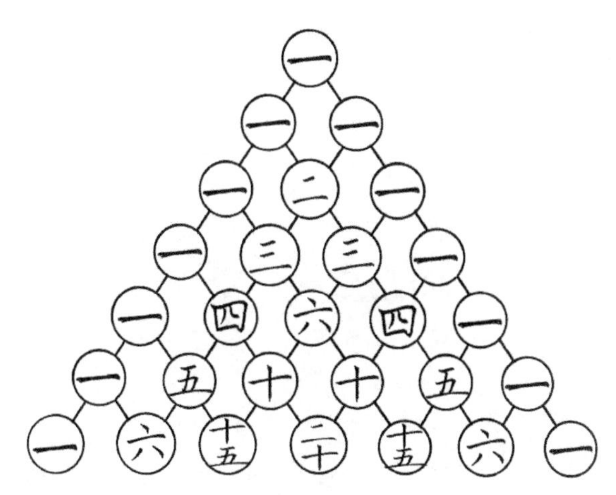

图 15-1 贾宪三角

我们知道组合数的计算公式是

$$C_n^i=\frac{n!}{i!(n-i)!},$$

它表示从 n 个不同对象中，任意取出 i 个，不同取法的总数。贾宪三角有很好的性质，

① 范后宏 . 数学思想要义 [M]. 北京：北京大学出版社，2018.

很容易观察到最左侧和最右侧的数全是 1，除此之外，每个数都等于它肩上方两数之和。用组合的表示就是 $C_n^i+C_n^{i+1}=C_{n+1}^{i+1}$，用组合数的计算公式很容易证明。每行数字左右对称，由 1 开始逐渐变大。第 n 行的数字有 n 项，前 n 行共 $(n+1)n/2$ 个数。

将贾宪三角按图 15–2 的方式排列，并按图 15–2 的直线方式将各数相加，也就是将各行数字左对齐，其右上到左下对角线数字的和，会发现得到的数是斐波那契数列。

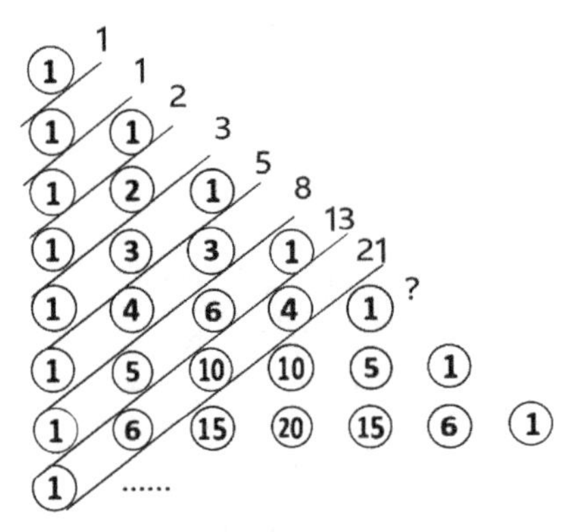

图 15–2　贾宪三角与斐波那契数列

如果将贾宪三角看成是一个整数的话，会发现它们是 11 的次方：11^0，11^1，11^2，11^3，…将第 n 行的数字分别乘以 10^{m-1}，其中 m 为该数所在的列，再将各数相加得到的和也是 11 的次方 11^{n-1}。

第 n 行的数字之和等于 2^{n-1}，如图 15–3 所示，这个结论很容易从牛顿二项式展开定理

$$(a+b)^n=\sum_{i=0}^{n}C_n^i a^i b^{n-i},$$

得到，只需要取 $a=b=1$ 即可。

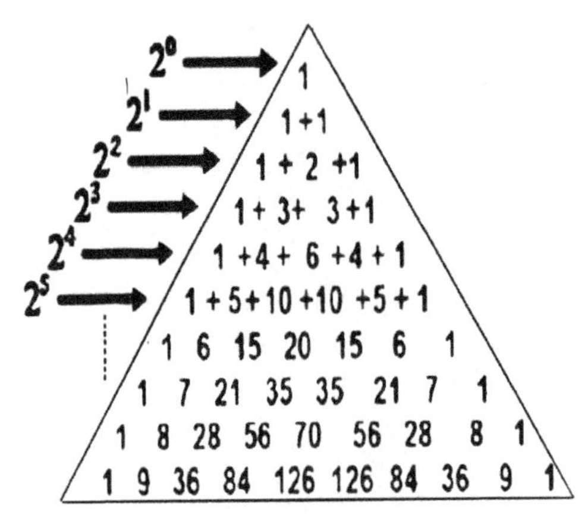

图 15–3　贾宪三角与牛顿二项式公式

由 1 开始，正整数在杨辉三角中出现的次数为∞，1，2，2，2，3，2，2，2，4，2，2，2，2，4，…，除了 1 之外，所有正整数都出现有限次，只有 2 出现刚好一次，6，20，70 等出现三次；出现两次和四次的数很多，还未能找到出现刚好五次的数。120，210，1540 等出现刚好六次。因为方程 $C_{n+1}^{k+1}=C_n^{k+2}$ 有无穷个解，所以出现至少六次的数有无穷个多，解为 $n=a_{2i+2}a_{2i+3}-1$，$k=a_{2i}a_{2i+3}-1$，其中 a_n 表示第 n 个斐波那契数（$a_1=1$，$a_2=1$，$a_n=a_{n-1}+a_{n-2}$）。3003 是第一个出现八次的数。

贾宪三角还蕴含了许多数字规律，如三角形数、五边形数等，请读者自己去挖掘其中无穷无尽的珍宝。

下面考虑牛顿二项式定理，它是组合数学最为重要的内容。

定理 15.1[①] 下面的结论成立：

(1) $C_n^0+C_n^1+C_n^2+\cdots+C_n^n=2^n$； (15-1)

(2) $C_n^0-C_n^1+C_n^2+\cdots+(-1)^nC_n^n=0$； (15-2)

(3) $C_n^0+\dfrac{1}{2}C_n^1+\dfrac{1}{3}C_n^2+\cdots+\dfrac{1}{n+1}C_n^n=\dfrac{2^{n+1}-1}{n+1}$； (15-3)

(4) $C_n^0+C_n^1+2C_n^2+\cdots+nC_n^n=n2^{n-1}-1$，$n\geqslant 1$； (15-4)

(5) $C_n^1-2C_n^2+\cdots+(-1)^{n+1}nC_n^n=0$，$n>1$； (15-5)

(6) $C_n^0-C_n^1+C_n^2+\cdots+(-1)^mC_n^m=\begin{cases}(-1)^mC_{n-1}^m, & m<n,\\ 0, & m=n;\end{cases}$ (15-6)

(7) $C_n^k+C_{n+1}^k+C_{n+2}^k+\cdots+C_{n+m}^k=\begin{cases}C_{n+m+1}^{k+1}-C_n^{k+1}, & k<n,\\ C_{n+m+1}^{n+1}, & k=n;\end{cases}$ (15-7)

(8) $C_{2n}^0-C_{2n-1}^1+C_{2n-2}^2-\cdots+(-1)^nC_n^n=\begin{cases}1, & n=3k,\\ 0, & n=3k+1,\\ -1, & n=3k+2;\end{cases}$ (15-8)

(9) $C_{2n}^n+2C_{2n-1}^n+2^2C_{2n-2}^n+\cdots+2^nC_n^n=2^{2n}$； (15-9)

(10) $(C_n^0)^2+(C_n^1)^2+(C_n^2)^2+\cdots+(C_n^n)^2=C_{2n}^n$； (15-10)

(11) $(C_n^0)^2-(C_n^1)^2+(C_n^2)^2+\cdots+(-1)^n(C_n^n)^2=\begin{cases}0, & n\text{ 是奇数},\\ (-1)^mC_{2m}^m, & n=2m\text{ 是偶数};\end{cases}$ (15-11)

(12) $C_n^0C_m^k+C_n^1C_m^{k-1}+C_n^2C_m^{k-2}+\cdots+C_n^kC_m=C_{n+m}^k$，$k\leqslant\min\{m,n\}$。 (15-12)

证明 (1) 由牛顿二项式展开定理 $(a+b)^n=\sum\limits_{i=0}^{n}C_n^ia^ib^{n-i}$，得到

① YAGLOM A M，YAGLOM I M. Challenging Mathematical Problems with Elementary Solutions：vol. 1 combinatorial analysis and probability theory[M]. New York：Dover Publications. Inc.，1964.

$$(1+1)^n=\sum_{i=0}^{n}C_n^i 1^i\times 1^{n-i},$$

即公式(15–1)。

(2)由牛顿二项式展开定理$(a+b)^n=\sum_{i=0}^{n}C_n^i a^i b^{n-i}$，得到

$$(1-1)^n=\sum_{i=0}^{n}C_n^i 1^{n-i}\times(-1)^i,$$

即公式(15–2)。

(3)注意到等式左边的通项是

$$\frac{1}{k+1}C_n^k=\frac{1}{k+1}\frac{n!}{k!(n-k)!}=\frac{1}{n+1}\frac{(n+1)!}{(k+1)!\ (n-k)!}=\frac{1}{n+1}C_{n+1}^{k+1}。\quad(15\text{–}13)$$

于是

$$\begin{aligned}&C_n^0+\frac{1}{2}C_n^1+\frac{1}{3}C_n^2+\cdots+\frac{1}{n+1}C_n^n\\&=\frac{1}{n+1}C_{n+1}^0+\frac{1}{n+1}C_{n+1}^1+\cdots+\frac{1}{n+1}C_{n+1}^n\\&=\frac{1}{n+1}(2^{n+1}-C_{n+1}^{n+1})\\&=\frac{2^{n+1}-1}{n+1}。\end{aligned}\quad(15\text{–}14)$$

(4)当$k\geqslant 1$时，$kC_n^k=nC_{n-1}^{k-1}$，所以当$n\geqslant 1$时，

$$\begin{aligned}&C_n^0+C_n^1+2C_n^2+\cdots+nC_n^n\\&=1+nC_{n-1}^0+nC_{n-1}^1+\cdots+nC_{n-1}^{n-1}\\&=n2^{n-1}-1。\end{aligned}\quad(15\text{–}15)$$

(5)类似于(4)的证明。

(6)容易看出所求等式的左边是以下多项式的x^n的系数：

$$x^n(1-x)^n+x^{n-1}(1-x)^n+\cdots+x^{n-m}(1-x)^n。$$

计算该多项式得到

$$\begin{aligned}&x^n(1-x)^n+x^{n-1}(1-x)^n+\cdots+x^{n-m}(1-x)^n\\&=(1-x)^n(x^n+x^{n-1}+\cdots+x^{n-m})\\&=x^{n-m}(1-x)^{n-1}-x^{n+1}(1-x)^{n-1},\end{aligned}\quad(15\text{–}16)$$

于是当$m<n$时，x^n的系数是$(-1)^m C_{n-1}^m$，当$m=n$时，x^n的系数是0。

(7)容易看出所求等式的左边是以下多项式的x^k的系数：

$$(1+x)^n+(1+x)^{n+1}+\cdots+(1+x)^{n+m}。$$

计算该多项式得到

$$(1+x)^n+(1+x)^{n+1}+\cdots+(1+x)^{n+m}=\frac{(1+x)^n[1-(1+x)^{m+1}]}{1-(1+x)}$$
$$=\frac{(1+x)^{n+m+1}-(1+x)^n}{x}, \tag{15-17}$$

于是得到公式(15–7)。

(8)容易看出所求等式的左边是以下多项式的 x^{2n} 的系数:

$$x^{2n}(1-x)^{2n}+x^{2n-1}(1-x)^{2n-1}+x^{2n-2}(1-x)^{2n-2}+\cdots+x^n(1-x)^n。$$

而多项式 $x^{n-1}(1-x)^{n-1}+x^{n-2}(1-x)^{n-2}+\cdots+x(1-x)+1$ 的次数小于 $2n$,将其加到上述多项式并整理得到,

$$x^{2n}(1-x)^{2n}+x^{2n-1}(1-x)^{2n-1}+x^{2n-2}(1-x)^{2n-2}+\cdots+x(1-x)+1$$
$$=\frac{1-x^{2n+1}(1-x)^{2n+1}}{x^2-x+1}$$
$$=[1-x^{2n+1}(1-x)^{2n+1}]\frac{x+1}{x^3+1}。 \tag{15-18}$$

将 $\frac{1}{1+x}$ 的幂级数展开带入上式,计算 x^{2n} 的系数得到公式(15–8)。

(9)类似(8)的证明。

(10)容易看出所求等式的左边是以下多项式的 x^n 的系数:

$$[(C_n^0)+(C_n^1)x+(C_n^2)x^2+\cdots+(C_n^n)x^n][(C_n^n)+(C_n^{n-1})x+(C_n^{n-2})x^2+\cdots+(C_n^0)x^n],$$

而此多项式等于 $(1+x)^{2n}$,所以得到公式(15–10)。

(11)同(10)的证明。

(12)同(10)的证明。

习题 1 请使用二项式展开定理求出以下代数式的值

(1) $C_n^0+C_n^2+C_n^4+\cdots$;

(2) $C_n^1+C_n^3+C_n^5+\cdots$, $n\geqslant 1$;

(3) $C_n^0+C_n^4+C_n^8+C_n^{12}+\cdots$;

(4) $C_n^1+C_n^5+C_n^9+C_n^{13}+\cdots$, $n\geqslant 1$;

(5) $C_n^2+C_n^6+C_n^{10}+C_n^{14}+\cdots$, $n\geqslant 2$;

(6) $C_n^3+C_n^7+C_n^{11}+C_n^{15}+\cdots$, $n\geqslant 3$。

提示:(1)和(2)可以根据定理 15.1 中(1)和(2)的结果;(3)—(6)利用虚数单位和牛顿二项式展开定理。

习题 2[①] 考虑如下数的三角

$$
\begin{array}{ccccccccc}
 & & & & 1 & & & & \\
 & & & 1 & 1 & 1 & & & \\
 & & 1 & 2 & 3 & 2 & 1 & & \\
 & 1 & 3 & 6 & 7 & 6 & 3 & 1 & \\
1 & 4 & 10 & 16 & 19 & 16 & 10 & 4 & 1
\end{array}
$$

它的规律如下：第 0 行只有一个 1，从第二行开始，每一个数都是它肩上最近（不超过）三个数的和，第 n 行共有 $2n+1$ 个数，用 B_n^0，B_n^1，B_n^2，…，B_n^{2n} 来表示。

请证明

(1) $B_n^0+B_n^1+B_n^2+\cdots+B_n^{2n}=3^n$；

(2) $B_n^0-B_n^1+B_n^2-\cdots+B_n^{2n}=1$；

(3) $(B_n^0)^2+(B_n^1)^2+(B_n^2)^2+\cdots+(B_n^{2n})^2=B_{2n}^{2n}$。

习题 3 请证明以下关于组合的恒等式。

(1) $\sum\limits_{k=1}^{n}\frac{1}{k+1}C_{2k}^{k}C_{2n-2k}^{n-k}=C_{2n+1}^{n}$；

(2) $\sum\limits_{k=1}^{n}\frac{1}{k}C_{2k-2}^{k-1}C_{2n-2k+1}^{n-k}=C_{2n}^{n-1}$；

(3) $\sum\limits_{k=0}^{s}C_{m+r}^{n-k}C_{r+k}^{k}C_{s}^{k}=\sum\limits_{k=0}^{r}C_{m+s}^{n-k}C_{s+k}^{k}C_{r}^{k}$；

(4) $\sum\limits_{k=0}^{n}C_{2n}^{k}C_{2n+1}^{k}+\sum\limits_{k=n+1}^{2n+1}C_{2n+1}^{k}C_{2n}^{k-1}=C_{4n+1}^{2n}+(C_{2n}^{n})^2$；

(5) $\sum\limits_{k\geqslant 0}(-1)^{n-k}C_{n-k}^{k}=\begin{cases}1, & n\equiv 0\pmod 3,\\ 0, & n\equiv 2\pmod 3,\\ -1, & n\equiv 1\pmod 3。\end{cases}$

组合数学是研究离散结构的存在、计数、分析和优化等问题的一门学科。组合问题在数学中有着悠久的历史，但直到 20 世纪下半叶，组合数学才成为一门独立的学科。长期以来，该学科被视为一系列孤立的技巧，但是现在组合数学的方法更加系统化，组合数学与其他数学领域之间的联系和应用正在引起人们极大的研究兴趣。集合、映射和关系是组合数学主要的语言表达，集合和映射几乎在任何一门数学分支中都会涉及，这里不再赘述。下面我们给出等价关系的严格定义，事实上在前几讲许多地方都出现过等价关系的思想，如在考虑群的商群及环的局部化的时候就是如此。设 A，B 是 2 个集合，所

① YAGLOM A M，YAGLOM I M. Challenging Mathematical Problems with Elementary Solutions：vol. 1 combinatorial analysis and probability theory[M]. New York：Dover Publications. Inc.，1964.

谓从 A 到 B 的关系是指 $A\times B$ 的一个子集合 Θ。如果 $(x, y)\in\Theta$，记作 xRy。

定义 15.1 设 S 是一个集合。在 S 上定义一种关系 R，如果 S 中的元素 x，y 满足关系 R，记作 xRy。如果 R 满足以下 3 个公理，则称 R 是 S 的一个等价关系：

(1) 自反性：$\forall x\in S$，xRx；

(2) 对称性：x，$y\in S$，$xRy \Leftrightarrow yRx$；

(3) 传递性：x，y，$z\in S$，xRy，$yRz \Rightarrow xRz$。

例如，三角形集合的全等、相似是等价关系；n 阶方阵的等价、相似和合同都是等价关系及实数集合的相等是等价关系。但是实数集合的小于关系不是等价关系。等价关系的一个重要作用就是可以对集合中的元素进行分类。

定义 15.2 设 S 是一个集合。S 的一个子集合族 $\Omega\subset 2^S-\{\varnothing\}$ 称为 S 的一个划分，如果 $\forall A$，$B\in\Omega$，$A\cap B=\varnothing$，$S=\bigcup\limits_{X\in\Omega}X$。

定理 15.2 设 S 是一个集合。S 的划分与 S 的等价关系相互确定。

定义 15.3 R 是 S 的一个等价关系。定义

$$S/R=\{[x]|x\in S,[x]=\{y\in S|xRy\}\},$$

称 S/R 是 S 的商集。

定理 15.3 设 S 是一个有限集合，且 $|S|=n$。记 S 上的不同等价关系的数量或者说 S 不同划分数量是 B_n，则

(1) $B_n=\sum\limits_{k=1}^{n}C_{n-1}^{k-1}B_{n-k}$，$B_0=B_1=1$；　　(15-19)

(2) $B_n=\dfrac{1}{e}\sum\limits_{k=1}^{n}\dfrac{k^n}{k!}$。　　(15-20)

定义 15.4 设 A，B，C 是 3 个集合，$R_1\subseteq A\times B$，$R_2\subseteq B\times C$，定义 $R_1\circ R_2\subseteq A\times C$ 是如下的关系，

$$R_1\circ R_2=\{(x,z)\in A\times C|\exists y\in B,(x,y)\in R_1,(y,z)\in R_2\}。$$

称为复合关系。

例 15.1 设 $A=\{1,2,3,4\}$，$B=\{w,x,y,z\}$，$C=\{5,6,7\}$。

$$R_1=\{(1,x),(2,x),(3,y),(3,z)\}，R_2=\{(w,5),(x,6)\}。$$

则

$$R_1\circ R_2=\{(1,6),(2,6)\}。$$

容易证明关系的复合运算满足结合律，但是不满足交换律。称一个矩阵 $\boldsymbol{E}=(e_{ij})_{m\times n}$ 是 $(0,1)$-矩阵，如果 e_{ij} 是 1 或者 0。对于给定的一个关系，可以定义一个 $(0,1)$-矩阵，称之为关系矩阵。例如，例 15.1 中

$$M(R_1)=\begin{pmatrix} & w & x & y & z \\ 1 & 0 & 1 & 0 & 0 \\ 2 & 0 & 1 & 0 & 0 \\ 3 & 0 & 0 & 1 & 1 \\ 4 & 0 & 0 & 0 & 0 \end{pmatrix},\ M(R_2)=\begin{pmatrix} & 5 & 6 & 7 \\ w & 1 & 0 & 0 \\ x & 0 & 1 & 0 \\ y & 0 & 0 & 0 \\ z & 0 & 0 & 0 \end{pmatrix}。$$

容易证明复合关系的关系矩阵等于对应关系矩阵的乘积。

$$M(R_1 \circ R_2)=\begin{pmatrix} & 5 & 6 & 7 \\ 1 & 0 & 1 & 0 \\ 2 & 0 & 1 & 0 \\ 3 & 0 & 0 & 0 \\ 4 & 0 & 0 & 0 \end{pmatrix}=M(R_1)M(R_2)。$$

定理 15.4 设集合 A 有 n 个元素，R 是 A 的一个关系，$\boldsymbol{M}(R)$ 是其关系矩阵，则

(1) $R=\varnothing \Leftrightarrow M(R)=\boldsymbol{O}$；

(2) $R=A\times A \Leftrightarrow M(R)=\boldsymbol{E}$；

(3) $\boldsymbol{M}(R^m)=\boldsymbol{M}(R)^m$。

定义 15.5 V 是一个有限集合。一个有向图（Directed Graph）G 是指一个有序对（V，E），其中 V 称为 G 的点集，$E\subseteq V\times V$ 称为 G 的有向边集。设（a，b）$\in E$，则意味着有一条从 a 到 b 的边，a 叫作起点（Source），b 叫作终点（Terminus）。a 到 a 的边叫作圈（Loop），环（Cycle）是指点数和边数相同的图，它们围成一个圆。当不强调边的方向的时候，所对应的图叫作无向图。一个图 $G=\langle V, E\rangle$ 称为是连通的，如果对于 V 中任意两点之间都有一条路相连。所谓路是指两个点之间有边，或者通过其他的点和边相连。树（Tree）是不含环的连通图。单点集可以看成一棵树。一个图 G 的生成树（Spanning Tree）是指与 G 具有相同顶点且是树的子图。一个图 G 的顶点的度（Degree）是连接这个顶点的边数。度是 1 的顶点叫作叶子（Leaf），度是 0 的顶点叫作孤立点。

例 15.2 图 15-4（a）是无向图，而图 15-4（b）是有向图。

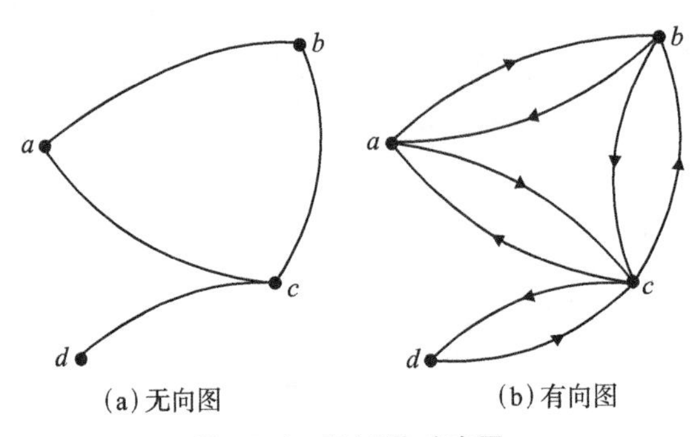

图 15-4 无向图与有向图

下面给出有关图与组合相关的简单性质。

命题 15.1 具有 n 个顶点的集合共有 $2^{C_n^2}$ 个图。

证明 因为一条边需要 2 个顶点。一个图需要从 n 个顶点任取 2 个决定一条边，这样就有 C_n^2 个点对，也就是共有 C_n^2 条边。对于某条边在某个图中要么存在要么不存在，也就是有 2 种可能，总共就是 $2^{C_n^2}$ 种可能。

命题 15.2 每个连通图都有生成树。

证明 设 G 是一个连通图。因为单点集可以看成树，将 G 的所有树构成的类记作 Ω，设 T 是 Ω 的极大元。如果 $|T|\neq|G|$，对于不在 T 的某个点 u，因为 G 是连通图，所以一定存在从 T 的点到 u 的路。设第一条不在 T 中的边是 e。那么 T 与边 e 及 e 的顶点是一个树，并且是比 T 大的树。这跟 T 的极大性矛盾，于是 $|T|=|G|$。所以 G 有生成树。

命题 15.3 如果一个有向图 G 的所有顶点的度至少是 2，那么 G 一定有环。

证明 因为 G 是有向图，所以 G 一定有极大路 P。设 P 的终点是 v，因为每个点的度是 2，所以 v 还有一条边 vu，$u\notin P$，但由 P 的极大性知道，边 $vu\in P$，这样就构成一个环。

下面的结论是显然的。

命题 15.4 每一个至少有两个顶点的树至少有两片叶子。删掉一片叶子得到一个点数少 1 的树。n 个顶点的树有 $n-1$ 条边。

命题 15.5（凯莱定理） n 个顶点能构成 n^{n-2} 个不同的树。

证明 设 $V=\{f|f:\{1,2,3,\cdots,n\}\to\{1,2,3,\cdots,n\}$ 是映射$\}$，则 $|V|=n^n$，相当于给每一个点安排一个像，就有 n 种不同的可能。让 n 变动，共有 n^n 种不同的可能。如果要求 $f(1)=1$，$f(n)=n$，则

$$W=\{f|f:\{1,2,3,\cdots,n\}\to\{1,2,3,\cdots,n\}\text{ 是映射，}f(1)=1,\ f(n)=n\}$$

的基是 $|W|=n^{n-2}$。可以证明集合 W 与 n 个顶点的树的集合之间存在一一对应[①]。

① WEST D B. Combinatorial mathematics[M]. Cambridge：Cambridge University Press，2021.

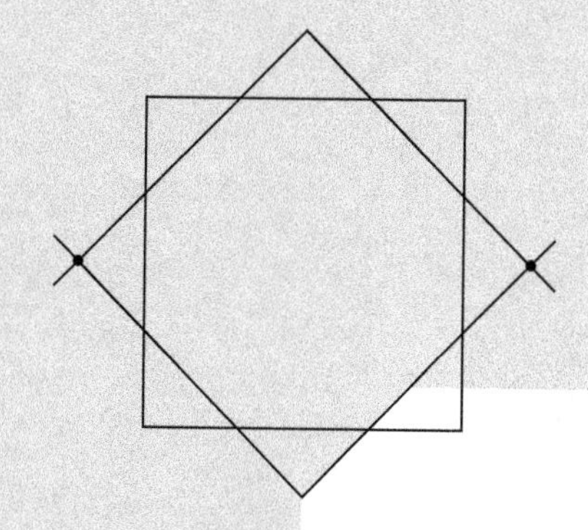

A mathematician who is not also something of a poet will never be a complete mathematician.

—Karl Weierstrass

不是诗人的数学家不是真正的数学家。

——卡尔·魏尔斯特拉斯

第十六讲 韦达定理与多项式

代数式是由数和表示数的字母经有限次加、减、乘、除、乘方和开方等代数运算所得的式子，或含有字母的数学表达式称为代数式。代数式分为有理式和无理式。有理式包括整式和分式。整式又包括单项式和多项式。多项式(Polynomial)是指由变量、系数及它们之间的加、减、乘、幂运算（非负整数次方）得到的表达式。它是由若干个单项式相加组成的，若有减法，则减一个数等于加上它的相反数。多项式中的每个单项式叫作多项式的项，这些单项式中的最高项次数，就是这个多项式的次数。多项式中不含字母的项叫作常数项。

代数式概念的形式与发展经历了一个漫长的历史发展过程，13 世纪，斐波那契就开始采用字母表示运算对象，但尚未使用运算符号。1584—1589 年，韦达(Viete，F.)引入数学符号系统，使代数成为关于方程的理论，因而人们普遍认为他是代数式的创始人，笛卡儿对韦达的字母用法作了改进，用拉丁字母表中前面的字母 a，b，c，…表示已知数，用末尾的一些字母 x，y，z，…表示未知数，莱布尼茨(Leibniz)对各种符号记法进行了系统研究，发展并完善了代数式的表示方法。

韦达定理 法国数学家弗朗索瓦·韦达在著作《论方程的识别与订正》中建立了一元二次方程根与系数的关系，称之为韦达定理。

一元二次方程的韦达定理 设一元二次方程中 $ax^2+bx+c=0(a\neq0)$ 的两个根是 x_1，x_2，则它们有如下关系：

$$x_1+x_2=-\frac{b}{a}，x_1x_2=\frac{c}{a}。$$

事实上，韦达定理不仅仅包含一元二次方程根与系数的关系，还可以推广到一元 n 次方程根与系数的关系。

定理 16.1（韦达定理） 设一元 n 次方程 $a_nx^n+a_{n-1}x^{n-1}+\cdots+a_0=0(a_n\neq0)$ 有 n 个根 x_1，x_2，…，x_n，则有如下关系：

$$x_1+x_2+\cdots+x_n=-\frac{a_{n-1}}{a_n},$$

$$\sum_{0<i<j\leqslant n}x_ix_j=x_1x_2+x_1x_3+\cdots+x_{n-1}x_n=\frac{a_{n-2}}{a_n},$$

……

$$x_1x_2\cdots x_{n-1}+x_1x_2\cdots x_{n-2}x_n+\cdots+x_2\cdots x_{n-1}x_n=(-1)^{n-1}\frac{a_1}{a_n},$$

$$x_1x_2\cdots x_n=(-1)^n\frac{a_0}{a_n}。\tag{16-1}$$

证明 设$f(x)=a_nx^n+a_{n-1}x^{n-1}+\cdots+a_0$。我们知道$f(a)=0$当且仅当$(x-a)|f(x)$。如果$x_1$，$x_2$，…，$x_n$是$f(x)=0$的根，则$f(x)=a_n(x-x_1)(x-x_2)\cdots(x-x_n)$，比较多项式的系数，可以得到公式(16–1)。

韦达在16世纪就得出这个定理，证明这个定理要依靠代数基本定理，而代数基本定理却是在1799年才由高斯做出第一个实质性的论证。

定理16.2也是韦达定理的一种形式。

定理16.2 设x_1，x_2，…，x_n是$a_nx^n+a_{n-1}x^{n-1}+\cdots+a_0=0(a_na_0\neq0)$的$n$个根。设$k$为整数，记$S_k=\sum_{i=1}^{n}x_i^k$，则有等式

$$a_nS_k+a_{n-1}S_{k-1}+\cdots+a_0S_{k-n}=0\tag{16-2}$$

成立。

本书仅以$n=3$说明本定理的意义，从这个说明中很容易看出本定理的证明过程。

例16.1 设x_1，x_2，x_3是$a_3x^3+a_2x^2+a_1x+a_0=0(a_3a_0\neq0)$的3个根，由于$a_0\neq0$，所以$x_1$，$x_2$，$x_3$都不等于0，且

$$a_3x_i^3+a_2x_i^2+a_1x_i+a_0=0\ (i=1,2,3),$$

设k为整数，用x_i^{k-3}乘以上式，得到

$$a_3x_i^k+a_2x_i^{k-1}+a_1x_i^{k-2}+a_0x_i^{k-3}=0\ (i=1,2,3)。$$

将这3个式子相加得到

$$a_3S_k+a_2S_{k-1}+a_1S_{k-2}+a_0S_{k-3}=0。$$

1. 代数基本定理

$x^2+x+1=0$是一个实系数一元二次方程，它在实数范围内没有根，但是在复数范围内却有2个根。因此，一般地一个实系数的n次方程在实数范围内不一定有n个根，但是在复数范围内任何一个n次方程一定有n个根。这就是代数基本定理。

定理 16.3（代数基本定理） 任何复系数一元 n 次多项式方程在复数域上至少有一根（$n\geqslant 1$）。

代数基本定理的证明方式很多，这里使用复变函数论中的刘维尔（Liouville）定理来证明。假设一个非常数的多项式 $f(x)\in C[x]$ 恒不为零。令 $g(x)=\dfrac{1}{f(x)}$。则 $g(x)$ 为解析函数。取一个适当大的圆盘 $D_k=(x|\lvert x\rvert<k)$。因为 $\lim\limits_{|x|\to\infty}\dfrac{1}{f(x)}=0$，所以当 k 充分大时，有

$$|g(x)|=\frac{1}{|f(x)|}<1,\ x\notin D_k。$$

也就是说 $g(x)$ 在 $\bar{D}_k$ 上有解，既然 $g(x)$ 在 D_k 上连续，因此也是有解的，这样就证明了 $g(x)$ 在 $\mathbf{C}$ 上是有界的，根据 Liouville 定理，$g(x)$ 是常值函数，因此，$f(x)$ 也是常值函数。

代数基本定理有许多等价的表示形式：

（1）一元 n 次复系数多项式方程在复数域内有且仅有 n 个根（重根按重数计算）；

（2）一元 n 次复系数多项式一定可以分解成一次多项式的乘积；

（3）次数大于 1 的复系数多项式一定是可约的。

代数基本定理在代数乃至整个数学中起着基础作用。关于代数基本定理的证明非常多，估计有上百种的证明方法，但是这些证明往往需要更加高深的数学理论，涉及不同的数学分支。这些证明均是所谓的非构造性证明，也就是能够证明 n 个根的存在性，但是却没有办法求出或者表示出这 n 个根来。

本讲将一元 n 次多项式方程的系数限定在实数域中，这是非常常见的。下面的一个命题也是一个非常有用的结果，其形式比较优美。

定理 16.4 设实系数一元 n 次方程 $a_nx^n+a_{n-1}x^{n-1}+\cdots+a_0=0\,(a_n\neq 0)$ 有一个复数根 $\alpha=a+b\mathrm{i}$，则它的共轭复数也是它的根。

这个定理的证明非常简单，只需要使用复数的共轭性质就可以证明。由定理 16.4 立即可以推出实系数奇数次方程必有一个实数根，因为虚数根是成对出现的。

2. 三次方程的根式解问题

古巴比伦人大约在公元前 1600 年用本质上相当于我们现在的“二次公式”的方法解决了二次方程问题。因此，一个自然而然的问题是三次方程是否可以用“类似”的公式求解。3000 年之后，这个问题的答案才被发现。16 世纪，数学家成功地用根式解决了三次和四次方程，这是代数学历史上一件伟大的事件。读者想了解更多有关三次和四次方程解法的历史，可以参考《古今数学思想》。这一成就非常符合文艺复兴时期的

历史特征——不仅需要吸收古人的经典著作，还要开拓新的方向。三次方程的成功解决无疑是一个意义深远的发现①。多项式方程的"根式解法"是指利用方程的系数以一个公式的形式给出方程的根。对系数的运算只能是四种代数运算（加法、减法、乘法和除法）和开方运算（平方根、立方根等，即"根式"）。例如，二次根式

$$x=\frac{-b\pm\sqrt{b^2-4ac}}{2a}$$

是方程 $ax^2+bx+c=0$ 的根式解。

三次方程的根式解最早是由西皮奥·德尔·费罗 (Scipione del Ferro) 和尼考洛·塔尔塔格里亚 (Niccolò Tartaglia) 发现的。西皮奥·费罗把他的方法给了吉罗拉莫·卡尔达诺 (Girolamo Cardano)，卡尔达诺答应不会发表，但是他却违背承诺，于 1545 年在他的《大衍术或代数学的规则》一书中发表了这个结果。读者可以参考奥伊斯滕·奥尔 (Oysten Ore) 的详尽描述②。卡尔达诺解释："几乎在 30 年前（即大约 1515 年），博洛尼亚的西皮奥·费罗发现了这个规律并把它交给了威尼斯的安东尼奥·玛利亚·菲奥雷 (Antonio Maria Fior)。菲奥雷与布雷西亚的尼可罗·塔尔塔格里亚的竞争给了尼可罗机会发现这个规律。在我的恳求之下，塔尔塔格利亚把它给了我，但没有给出证明。在这个规律的协助下，我找到了各种形式的证明。这是非常困难的。"③

我们所知道三次方程 $x^3+px+q=0$ 根式解的"卡尔达诺公式"是

$$x_1=\sqrt[3]{-\frac{q}{2}+\sqrt{\left(\frac{q}{2}\right)^2+\left(\frac{p}{3}\right)^3}}+\sqrt[3]{-\frac{q}{2}-\sqrt{\left(\frac{q}{2}\right)^2+\left(\frac{p}{3}\right)^3}}$$

$$x_2=\omega\sqrt[3]{-\frac{q}{2}+\sqrt{\left(\frac{q}{2}\right)^2+\left(\frac{p}{3}\right)^3}}+\omega^2\sqrt[3]{-\frac{q}{2}-\sqrt{\left(\frac{q}{2}\right)^2+\left(\frac{p}{3}\right)^3}}$$

$$x_3=\omega^2\sqrt[3]{-\frac{q}{2}+\sqrt{\left(\frac{q}{2}\right)^2+\left(\frac{p}{3}\right)^3}}+\omega\sqrt[3]{-\frac{q}{2}-\sqrt{\left(\frac{q}{2}\right)^2+\left(\frac{p}{3}\right)^3}},\qquad(16\text{-}3)$$

其中，$\omega=\frac{-1+\sqrt{3}\mathrm{i}}{2}$。其推导过程可以参考莫宗坚等编写的《代数学》一书④。用此方法容易求解下面的例子。

例 16.2 求方程 $x^3+3x+2=0$ 的的根。

解 根据上述公式，可解得方程 $x^3+3x+2=0$ 的 3 个根是

① 克莱因 . 古今数学思想：第 1 册 [M]. 北京大学数学系数学史翻译组，译 . 上海：上海科学技术出版社，1980.

② ORE O. Cardano：the gambling scholar[M]. New York：Dover Publications Inc.，1965.

③ KATZ V. A history of mathematics[M]. 3rd ed. Boston：Addison-Wesley，2009.

④ 莫宗坚，蓝以中，赵春来 . 代数学：上 [M]. 北京：高等教育出版社，2015.

$$x_1=\sqrt[3]{-1+\sqrt{2}}+\sqrt[3]{-1-\sqrt{2}},$$
$$x_2=\omega\sqrt[3]{-1+\sqrt{2}}+\omega^2\sqrt[3]{-1-\sqrt{2}},$$
$$x_3=\omega^2\sqrt[3]{-1+\sqrt{2}}+\omega\sqrt[3]{-1-\sqrt{2}}。$$

对于一般的一元三次方程 $ax^3+bx^2+cx+d=0\,(a\neq0)$，上式除以 a，设 $x=y-\dfrac{b}{3a}$，则方程可以化为如下的形式

$$y^3+py+q=0,$$

其中，

$$p=\frac{3ac-b^2}{3a^2},\ q=\frac{27a^2d-9abc+2b^3}{27a^3}。$$

于是先求出方程 $y^3+py+q=0$ 的三个根 y_1，y_2，y_3，则原方程的根是

$$x_1=y_1-\frac{b}{3a},\ x_2=y_2-\frac{b}{3a},\ x_3=y_3-\frac{b}{3a}。$$

例 16.3 求方程 $x^3+3x^2+x+1=0$ 的的根。

解 令 $x=y-\dfrac{b}{3a}=y-1$，则方程化为 $y^3-2y+2=0$。所以解得

$$x_1=-1+\sqrt[3]{-1+\sqrt{\frac{19}{27}}}+\sqrt[3]{-1-\sqrt{\frac{19}{27}}},$$

$$x_2=-1+\omega\sqrt[3]{-1+\sqrt{\frac{19}{27}}}+\omega^2\sqrt[3]{-1-\sqrt{\frac{19}{27}}},$$

$$x_3=-1+\omega^2\sqrt[3]{-1+\sqrt{\frac{19}{27}}}+\omega\sqrt[3]{-1-\sqrt{\frac{19}{27}}}。$$

当 $ax^3+bx^2+cx+d=0\,(a\neq0)$ 的系数是复数时，直接用上述公式求解比较麻烦，可以使用下面的方法。设

$$u=\frac{9abc-27a^2d-2b^3}{54a^3},\quad v=\frac{\sqrt{3\,(4ac^3-b^2c^2-18abcd+27a^2d^2+4b^3d)}}{18a^2}。$$

当 $|u+v|\geqslant|u-v|$ 时，$m=\sqrt[3]{u+v}$；当 $|u+v|<|u-v|$ 时，$m=\sqrt[3]{u-v}$。当 $|m|\neq0$ 时，$n=\dfrac{b^2-3ac}{9a^2m}$；当 $|m|=0$ 时，$n=0$。原方程的根是

$$x_1=m+n-\frac{b}{3a},\ x_2=\omega m+\omega^2n-\frac{b}{3a},\ x_3=\omega^2m+\omega n-\frac{b}{3a}。$$

3. 四次方程根式解

一元四次方程求根公式由意大利数学家费拉里首次提出，但比较复杂，这里给出的是由沈天珩给出的公式。

设一元四次方程 $ax^4+bx^3+cx^2+dx+e=0$，$a\neq 0$，a，b，c，d，$e\in\mathbf{R}$。以下公式称为重根判别式：

$$D=3b^2-8ac,$$

$$E=-b^3+4abc-8a^2d,$$

$$F=3b^4+16a^2c^2-16ab^2c+16a^2bd-64a^3e,$$

$$A=D^2-3F,$$

$$B=DF-9E^2,$$

$$C=F^2-3DE^2。$$

总判别

$$\varDelta=B^2-4AC。$$

(1) 当 $D=E=F=0$ 时，方程有一个四重实数根

$$x_1=x_2=x_3=x_4=-\frac{b}{4a}。$$

(2) $DEF\neq 0$，$A=B=C=0$ 时，方程有四个实根，其中有一个三重根

$$x_1=\frac{-bD+9E}{4aD},\ x_2=x_3=x_4=-\frac{-bD-3E}{4aD}。$$

(3) $E=F=0$，$D\neq 0$ 时，方程有两对二重根，$D>0$ 时，根为实根；$D<0$ 时，根为虚根

$$x_{1,2}=x_{3,4}=\frac{-b\pm\sqrt{D}}{4a}。$$

(4) $ABC\neq 0$，$\varDelta=0$ 时，方程有一对二重实根，若 $AB>0$，其余两根是不等实根，若 $AB<0$，其余两个是共轭虚根

$$x_{1,2}=\frac{-b+\frac{2AE}{B}\pm\sqrt{\frac{2B}{A}}}{4a},\ x_3=x_4=\frac{-b-\frac{2AE}{B}}{4a}。$$

(5) 当 $\varDelta>0$ 时，方程有两个不等实根和一对共轭虚根。令

$$z_{1,2}=AD+3\left(\frac{-B\pm\sqrt{B^2-4AC}}{2}\right),\ z=D^2-D(\sqrt[3]{z_1}+\sqrt[3]{z_2})+(\sqrt[3]{z_1}+\sqrt[3]{z_2})^2-3A。$$

$$x_{1,2}=\frac{-b+\operatorname{sgn}(E)\sqrt{\dfrac{D+\sqrt[3]{z_1}+\sqrt[3]{z_2}}{3}}\pm\sqrt{\dfrac{2D-(\sqrt[3]{z_1}+\sqrt[3]{z_2})+2\sqrt{z}}{3}}}{4a},$$

$$x_{3,4}=\frac{-b-\operatorname{sgn}(E)\sqrt{\dfrac{D+\sqrt[3]{z_1}+\sqrt[3]{z_2}}{3}}\pm \mathrm{i}\sqrt{\dfrac{-2D+(\sqrt[3]{z_1}+\sqrt[3]{z_2})+2\sqrt{z}}{3}}}{4a}。$$

(6)当$\varDelta<0$时，$D>0$，$F>0$，方程有4个不等实根，否则方程有两对不等共轭虚根。

①$E=0$，$D>0$，$F>0$时，

$$x_{1,2}=\frac{-b\pm\sqrt{D+2\sqrt{F}}}{4a},\quad x_{3,4}=\frac{-b\pm\sqrt{D-2\sqrt{F}}}{4a}。$$

②$E=0$，$D<0$，$F>0$时，

$$x_{1,2}=\frac{-b\pm \mathrm{i}\sqrt{D+2\sqrt{F}}}{4a},\quad x_{3,4}=\frac{-b\pm \mathrm{i}\sqrt{D-2\sqrt{F}}}{4a}。$$

③$E=0$，$F<0$时，

$$x_{1,2}=\frac{-2b+\sqrt{2D+2\sqrt{A-F}}}{8a}\pm\frac{\sqrt{-2D+2\sqrt{A-F}}}{8a}\mathrm{i}$$

$$x_{3,4}=\frac{-2b+\sqrt{2D+2\sqrt{A-F}}}{8a}\pm\frac{\sqrt{-2D+2\sqrt{A-F}}}{8a}\mathrm{i}。$$

$E\neq0$时，令

$$\theta=\arccos\frac{3B-2AD}{2A\sqrt{A}},\quad y_1=\frac{D-2\sqrt{A}\cos\dfrac{\theta}{3}}{3},\quad y_{2,3}=\frac{D+\sqrt{A}\cos\left(\dfrac{\theta}{3}\pm120^\circ\right)}{3}。$$

④当$E\neq0$，$D>0$，$F>0$时，

$$x_{1,2}=\frac{-b+\operatorname{sgn}(E)\sqrt{y_1}\pm(\sqrt{y_2}+\sqrt{y_3})}{4a},\quad x_{1,2}=\frac{-b-\operatorname{sgn}(E)\sqrt{y_1}\pm(\sqrt{y_2}-\sqrt{y_3})}{4a}。$$

⑤当$E\neq0$，D，F有非正值时，

$$x_{1,2}=\frac{-b-\sqrt{y_2}\pm(\operatorname{sgn}(E)\sqrt{-y_1}+\sqrt{-y_3})\mathrm{i}}{4a},$$

$$x_{3,4}=\frac{-b+\sqrt{y_2}\pm(\operatorname{sgn}(E)\sqrt{-y_1}-\sqrt{-y_3})\mathrm{i}}{4a}。$$

该公式体现了事物的内在联系性、数学的复杂性、数学解决问题的一般性，也体现了数学的形式美、统一美、对称美与简洁美[①]。

① 有关三次和四次方程的历史可以参考：伊夫斯．数学史上的里程碑[M]. 欧阳绛，戴中器，赵卫江，等，译．北京：北京科学技术出版社，1990.

在找到三次和四次方程的根式解之后，数学家们转向寻找五次多项式的根式解——一个持续了将近 300 年的探索之旅。17 世纪和 18 世纪一些杰出的数学家都探讨过这个问题，这些人中包括弗朗索瓦·韦达、勒内·笛卡儿、戈特弗里德·威廉·莱布尼茨、利昂哈德·欧拉和埃蒂安·贝佐特等。其策略是寻求三次和四次方程新的解法，并希望其中至少有一个能推广到五次方程。但历史证明这是徒劳的。保罗·鲁菲尼（Paolo Ruffini）和尼尔斯－亨利克·阿贝尔（Niels-Henrik Abel）证明了“一般五次方程”不具有根式解。事实上，他们证明了次数大于 4 的“一般方程”的不可解性。他们之所以能做到这一点是基于拉格朗日有关预解方程的开拓性思想。拉格朗日已经证明了一般 n 次多项式方程可解的必要条件是它的预解方程次数小于 n。鲁菲尼和阿贝尔证明了次数大于 4 的一般方程不存在这样的预解方程。

虽然次数大于 4 的一般多项式方程没有根式解，但是一些特殊情形是有根式解的；例如，$x^n-1=0\,(n>4)$ 是有根式解的，且这 n 个根为

$$x_k=\cos\frac{2k\pi}{n}+\mathrm{i}\sin\frac{2k\pi}{n},\ k=0,1,\cdots,n。$$

伽罗瓦利用群论刻画了有根式解的方程。

定理 16.5 一个多项式 $f(x)\in K[x]$ 可以根式解当且仅当它的“伽罗瓦群”是“可解”的。这里的伽罗瓦群是指 $G(L/K)$，其中 L 是 $f(x)$ 对 K 的分裂域。

为了证明这个结果，伽罗瓦建立了置换群理论的基本原理，并且引入了许多重要的概念，如伽罗瓦群、正规子群和可解群。这意味着自 1545 年卡尔达诺为开端到 19 世纪 30 年代早期次数大于 2 的方程的可解性问题的解决为标志的伟大时代的结束[①]。

为了理解这个定理，本书列举出涉及的概念和结论。

定义 16.1 （1）设 G 是一个群。G 中的一系列子群 $G=G_n \triangleright G_{n-1} \triangleright\cdots\triangleright G_0=\{e\}$ 称为 G 的正规群列，如果所有 G_i 是 G_{i+1} 的正规子群，且不等于 G_{i+1}。

（2）集合 $\{G_i/G_{i+1}|i=n-1,\cdots,0\}$ 称为这个正规群列的商群集。

（3）如果群 G 有一个正规群列，并且其商群集为交换群集，则称群 G 是一个可解群。

例 16.4 群 $Z/6Z$ 有 3 个正规群列：$Z/6Z \triangleright \{6+6Z\}$，$Z/6Z \triangleright 2Z/6Z \triangleright \{6+6Z\}$，$Z/6Z \triangleright 3Z/6Z \triangleright \{6+6Z\}$，它们的商群集分别是 $\{Z/6Z\}$，$\{Z/2Z, 2Z/6Z\}$，$\{Z/3Z, 3Z/6Z\}$。

定理 16.6 设 $H \triangleleft G$，则 G 是可解群的充要条件是 H 和 G/H 是可解群。

① GRANT H，KLEINER I. Turning points in the history of mathematics[M]. New York：Birkhauser，2015.

定义 16.2 (1)设 L 是域 K 的扩域。如果 L 的元素 α 是 $K[x]$ 中一个非零多项式 $f(x)$ 的根，则称 α 是 K 的代数元。如果 α 不是 $K[x]$ 中任何非零多项式的根，则称 α 是超越元。如果 L 的元素都是 K 的代数元，则称 L 是 K 的代数扩域。

(2)设 L 是 K 的代数扩域。如果 L 是代数封闭的，则称 L 是 K 的代数闭包。

(3)设 L 是域 K 的扩域。如果 $K[x]$ 中一个多项式 $f(x)$ 在 K 的代数闭包中没有重根，则称 $f(x)$ 是可分离多项式。如果 $\alpha\in L$ 是 K 的代数元，而且极小多项式（指首一的在 $K[x]$ 中不可约的且以 α 为根的多项式）是可分离的，则称 α 是 K 的可分离代数元。

(4)设 L 是域 K 的扩域。如果 L 的元素都是 K 的可分离代数元，则称 L 是 K 的可分离代数扩域。

(5)设 L 是域 K 的代数扩域。如果对于 $K[x]$ 中任意一个不可约多项式 $f(x)$，只要 $f(x)$ 在 L 中有一个根，则 $f(x)$ 就可以在 $L[x]$ 中分解成一次式的乘积，则称 L 是 K 的正规扩域。

(6)设 L 是域 K 的扩域，用符号 $[L: K]$ 表示 L 作为 K 向量空间的维数，如果 $[L: K]<\infty$，则称 L 是域 K 的有限扩域。

(7)如果 L 是域 K 的有限的、可分离的正规扩域，则称 L 是 K 的伽罗瓦扩域。

(8)设 L 是 K 的伽罗瓦扩域，L 在 K 上的伽罗瓦群是 L 的 K 自同构，记作 $G(L/K)$，即 $G(L/K)=\{\sigma|\sigma$ 是 L 的自同构，且 σ 在 K 上的作用是恒等映射$\}$。

(9)设 L 是 K 的代数闭包，非零多项式 $f(x)\in K[x]$ 在 L 中分解如下：

$$f(x)=a_0\prod_{i=1}^{n}(x-\alpha_i),$$

则称 $K[\alpha_1, \alpha_2, \cdots, \alpha_n]$ 是 $f(x)$ 的分裂域。

例 16.5 (1)我们知道实数域 $\mathbf{R}$ 是有理数域 $\mathbf{Q}$ 的扩域，$\sqrt{2}\in\mathbf{R}$ 是多项式 $f(x)=x^2-\sqrt{2}\in\mathbf{Q}[x]$，所以 $\sqrt{2}$ 是 $\mathbf{Q}$ 的代数元。$\mathrm{e}\in\mathbf{R}$ 是 $\mathbf{Q}$ 的超越元。复数域 $\mathbf{C}$ 是实数域 $\mathbf{R}$ 的代数扩域。因为 $\forall a+b\mathrm{i}\in\mathbf{C}$，则它是

$$f(x)=(x^2+b^2-a^2)^2+4a^2b^2\in\mathbf{R}[x]$$

的根。

(2)$f(x)=x^2+1\in\mathbf{R}[x]$ 是首项系数为 1 的不可约多项式，由于 $f(\mathrm{i})=0$，故 i 是 $\mathbf{R}$ 的可分离代数元。$\mathbf{C}$ 是 $\mathbf{R}$ 的可分离代数扩域。

(3)$[\mathbf{R}[a+b\mathrm{i}]: \mathbf{R}]=2$，$[\mathbf{Q}[\sqrt{2}]: \mathbf{Q}]=\infty$。

(4) $f(x)=x^2+1\in\mathbf{R}[x]$ 在 $\mathbf{C}$ 可以分解为 $f(x)=(x+\mathrm{i})(x-\mathrm{i})$，所以 $\mathbf{C}=\mathbf{R}[\mathrm{i}]$ 是 $f(x)$ 的分裂域。

例 16.6 举一个不能用根式求解方程的例子。设 $f(x)=2x^5-10x+5$。可以证明

$G(L/Q)=S_5$。因为 S_5 的子群 5 次交错群 A_5 是非交换的，而 $S_5 \triangleright A_5 \triangleright \{1\}$ 是 S_5 的正规群列。所以 $G(L/Q)=S_5$ 是不可解群，因此 $f(x)$ 不能用根式求解。

有时候需要考虑实系数多项式的有理根，下面的定理 16.7 提供了一个非常简单的方法。再使用分解因式的方法降次，就有可能求出其他的根来。

定理 16.7 设 $f(x)=a_0x^n+a_1x^{n-1}+\cdots+a_n$ 是一个整系数多项式，若既约分数 $\frac{u}{v}$ 是一个根，则 $v|a_0$，$u|a_n$，$x-\frac{u}{v}\Big| f(x)$ 且商式是一个整系数多项式。

对于给定的多项式，对首项系数和常数项进行因数分解，再组合成既约分数 $\frac{u}{v}$ 的形式代入 $f(x)=a_0x^n+a_1x^{n-1}+\cdots+a_n$ 检验看是否为零，为零即为它的有理根，这样就可以求出 $f(x)$ 的所有有理根来。

对称多项式 对称多项式的研究源于高次方程的根式解法的研究，从韦达定理可以看出，一个 n 次方程的系数实际上是它 n 个根的对称多项式。拉格朗日的杰出洞察力已经注意到这一点，他在对 n 次方程根式解的研究中运用到这一重要的观察结果。例如，对于一元四次方程，如果设 4 个根为 x_i，$i=1$，2，3，4。这 4 个根的函数 $y=x_1x_2+x_3x_4$ 在 4 个根的所有 24 种置换下只有 3 种不同的值，于是他推断应当有 y 所满足的一个三次方程，它的系数是原方程系数的有理函数。类似地，对于函数 $y=x_1+x_2+x_3+x_4$ 而言，在 4 个根的所有 24 种置换下只有 1 种不同的值。在拉格朗日之后的天才们，如鲁菲尼、阿贝尔和伽罗瓦都接受了他的思想，拉开了解决高次方程可解性问题的序幕。

定义 16.3 设 $x_i(i=1, 2, \cdots, n)$ 是 n 个文字，a 是一个数，k_1，k_2，…，k_n 是非负整数，称 $ax_1^{k_1}x_2^{k_2}\cdots x_n^{k_n}$ 是一个单项式。有限个单项式的和叫作这 n 个文字的 n 元多项式，用 $f(x_1, x_2, \cdots, x_n)$ 来表示。

定义 16.4 设 $f(x_1, x_2, \cdots, x_n)$ 是一个 n 元多项式，如果对于 $\{1, 2, 3, \cdots, n\}$ 施行任意置换以后所得到的多项式还是原来的多项式，则称 $f(x_1, x_2, \cdots, x_n)$ 是一个对称多项式。

之所以叫作对称多项式，是因为它跟对称群有关。设 $\rho \in S_n$，定义

$$\rho(f(x_1, x_2, \cdots, x_n))=f((x_{\rho(1)}, x_{\rho(2)}, \cdots, x_{\rho(n)}))。$$

$f(x_1, x_2, \cdots, x_n)$ 是对称多项式当且仅当任意给定 $\rho \in S_n$，

$$\rho(f(x_1, x_2, \cdots, x_n))=f(x_1, x_2, \cdots, x_n)。$$

定义 16.5 以下 n 个 n 元对称多项式

$$
\begin{gathered}
\sigma_1=x_1+x_2+\cdots+x_n,\\
\sigma_2=x_1x_2+x_1x_3+\cdots+x_{n-1}x_n,\\
\cdots\cdots\\
\sigma_{n-1}=x_1x_2\cdots x_{n-1}+x_1x_2\cdots x_{n-2}x_n+\cdots+x_2\cdots x_{n-1}x_n,\\
\sigma_n=x_1x_2\cdots x_{n-1}x_n,
\end{gathered}
\tag{16-4}
$$

叫作初等对称多项式。

初等对称多项式有非常重要的意义，如在前面提到的一个 n 次方程的系数实际上可以由它 n 个根的对称多项式表示。还有如下对称多项式基本定理。

定理 16.8 任何一个 n 元对称多项式 $f(x_1, x_2, \cdots, x_n)$ 都可以表示成初等对称多项式 σ_1，σ_2，$\cdots$，σ_n 的多项式。

这里没有给出本定理的证明，感兴趣的读者可以自己给出证明。

例 16.7 请将 $f(x_1, x_2, x_3)=x_1^2+x_2^2+x_3^2$ 表示成 σ_1，σ_2，σ_3 的多项式。

解 方法一：采用配方的方法

$$
\begin{aligned}
f(x_1, x_2, x_3)&=x_1^2+x_2^2+x_3^2\\
&=x_1^2+x_2^2+x_3^2+\sigma_1^2-\sigma_1^2\\
&=\sigma_1^2-2\sigma_2。
\end{aligned}
$$

方法二：采用待定系数的方法，考虑到 $f(x_1, x_2, x_3)=x_1^2+x_2^2+x_3^2$ 的最高次数是 2，所以不可能出现 σ_3。设 $f(x_1, x_2, x_3)=x_1^2+x_2^2+x_3^2=a\sigma_1^2+b\sigma_2$，展开比较系数即可得到 $a=1$，$b=-2$。

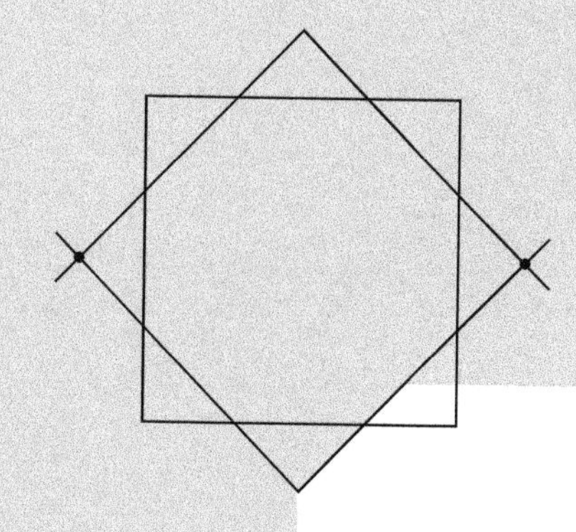

Large parts of modern mathematical research are based on a dexterous blending of axiomatic and constructive procedures.

—Hermann Weyl

大部分现代数学的研究都是基于公理化和建设性程序的巧妙融合。

——赫尔曼·外尔

第十七讲 从《几何原本》到公理化，再到范畴论

几何学的发展，也是伴随着人类文明的发展而发展的。在原始社会中，人类没有系统的几何学理论。由于生存的需要，人类逐渐积累着有关物体的形状、大小和相互位置关系的知识。随着社会的不断发展，人类对于这些认识的积累越来越丰富，逐渐形成了较为系统的几何学知识。几何这个词最早来自于阿拉伯语，拉丁语将其音译为Geometria。英语中“几何学 Geometry”一词，是从希腊语演变而来的，而汉语中的“几何学”一词是由我国明朝的徐光启翻译而来的。依据大量历史研究发现，创造几何学的是埃及人，其本意是方便进行土地测量。

但是，几何学的继承与发展得益于古希腊人。古希腊人对几何学的贡献是巨大的。古典时期几何学工作者们的成就在欧几里得和阿波洛尼乌斯（Appollonius）两个人的著作中得以流传至今。大约成书于公元前 300 年的《几何原本》是欧几里得最为出名的著作，也是历史上第一个演绎证明体系。欧几里得在全面吸收他之前的古希腊已有成果的基础上，选择特定的公设和公理，按照内在逻辑将定理排列起来，完善了前人的定理和证明，使得已有成果更加严密，论证更加精彩。

欧几里得的《几何原本》手稿已经失传，读者今天所看到的《几何原本》都是其他作者的修订本、评注本。根据 T. Heath 的 *The Thirteen Books of the Elements*（《几何原本》）共有 13 章。第一章是关于全等形的定理、平行线、毕达哥拉斯（Pythagoras）定理、初等作图法、等价形和平行四边形。其中，给出了许多读者熟知的命题，如若两个三角形的两边和夹角对应相等，它们就全等；直角三角形斜边上的正方形面积等于两直角边上的两个正方形面积之和；若三角形一边上的正方形面积等于其他两边上的正方形面积之和，则其他两边的夹角是直角。后面两个命题是毕达哥拉斯定理和逆定理。第二章的突出内容是几何代数法。用几何的方法处理了代数问题，如乘法对加法的分配性、完全平方式等。第三章给出了 37 个命题，讨论了圆及弦、切线、割线、圆心角和圆周角等。第四章讨论了圆的内接和外切多边形；第五章讨论了比例；第六章讨论了相似形；第七章到第九章讨论了数论；第十章讨论了不可公度量的分类；第十一章到第十三章讨论了

立体几何。

欧几里得在《几何原本》开篇给出了23个定义，如“点是没有部分的东西”、“线是没有宽度的长度”及“面是只有长度和宽度的那种东西”等。克莱因认为这些概念是未经定义的，不起什么逻辑作用，但欧几里得可能自己未曾意识到这些概念是未经定义的，只是不自觉地用物理概念来解释它们。

大约在公元前384—公元前322年的亚里士多德（Aristotle）认为逻辑证明必须从一些“不被证明的”基本命题和一些“不被定义的”最基本对象开始[①]。一个演绎体系中不被证明的最基本的命题叫作公设或者公理。欧几里得采用亚里士多德的做法对公设和公理加以区分。公理是适用于一切科学的真理。而公设是只适用于几何的真理。欧几里得在《几何原本》中列举5个公设（如“从任一点到另外一点可以作直线”）和5个公理（如“跟同一件东西相等的一些东西彼此也相等”）。详细内容读者可以参考第十三讲。

欧几里得伟大的功绩在于收集了过去约3个世纪的数学知识，并在《几何原本》的宏伟公理体系中分别在13章中进行了出色的安排。从5个公设和5个公理出发，推导出了467个命题（定理）。

自《几何原本》问世以来，几何在西方文明中的传播基本上就像欧几里得在《几何原本》中所写的那样进行着。数学处理抽象的对象，而证明是从明确陈述的公设出发进行演绎推理，最后得出结论，这是数学的基础，现在我们称之为公理化，明确认识到公理化方法的意义确实是一个非常了不起的进步。公理化方法无疑是古希腊对数学最重要的贡献，而欧几里得的《几何原本》给出了古希腊公理化的典范。这极大地影响着西方文明，是后世诸多光辉著作的灵感源泉，如牛顿以公理化的形式撰写了他的物理学和宇宙学的杰作——《原理》，斯宾诺莎以同样的风格创作了他的哲学巨著《伦理学》[②]。

两千年来人们所学的几何就是欧氏几何，所采用的体系就是欧几里得的《几何原本》。《几何原本》的公设和公理似乎没有太大问题，即使是欧几里得所给的定义有许多值得商榷的地方，但似乎对于整个欧氏几何来讲也没有太大的影响。但欧几里得不经意之间使用物理的概念来定义诸如点、线、面和线段，毕竟会给数学的严谨性带来挑战。同时，《几何原本》中逻辑上的缺陷得到了确认。例如，他的第一个命题给出了构造等边三角形的方法，但却是一个错误的证明：欧几里得隐含地假定彼此经过对方

① 范后宏．数学思想要义[M]．北京：北京大学出版社，2018.

② 格兰特，克莱纳．数学史上的转折点[M]．黄朝凌，孙艳琴，译．北京：中国农业出版社，2019.

圆心的2个圆相交，这种观察需要连续性公理，是由大卫·希尔伯特（David Hilbert）在2000年后给出的。高斯（Gauss）指出被欧几里得自由直观地使用的概念，诸如“介于”，必须给出一个公理化的构想。另外，克莱因指出欧几里得在不经意之间使用了十几个他未曾提出的假定性论断，如他关于直线和圆的连续性的假设，以及使用了运动的概念，还经常使用重合法，这些也都令人们对《几何原本》的严谨性提出了质疑。

一 接合公理

1. Two distinct points A, B always completely determine a straight line a. We write $AB=a$ or $BA=a$.（两个不同的点A，B总是可以完全确定一条直线a。我们记作$AB=a$或者$BA=a$。）

2. Any two distinct points of a straight line completely determine that line; that is, if $AB=a$ and $AC=a$, where $B \neq C$, then is also $BC=a$.（一条直线完全被它上面的任意两个点所确定，也就是说，如果$AB=a$，$AC=a$，$B \neq C$，则$BC=a$。）

3.Three points A, B, C not situated in the same straight line always completely determine a plane α. We write $ABC=\alpha$.（不共线的三个点A，B，C总是可以确定一个平面α。我们记作$ABC=\alpha$。）

4. Any three points A, B, C of a plane α, which do not lie in the same straight line, completely determine that plane.（一个平面α完全被它上面的任意三个不共线的点A，B，C所确定。）

5. If two points A, B of a straight line a lie in a plane α, then every point of a lies in α. In this case we say: “The straight line a lies in the plane α,” etc.（如果直线a上有两个点A，B在平面α，则直线a上的每个点都在α上。在这种情况下，我们说“直线a在平面α上”。）

6. If two planes α, β have a point A in common, then they have at least a second point B in common.（如果平面α，β有一个公共点A，则它们至少还有一个公共点B。）

7. Upon every straight line there exist at least two points, in every plane at least three points not lying in the same straight line, and in space there exist at least four points not lying in a plane.（每一条直线至少有两个点，每一个平面至少有三个点不共线，空间上至少有四个点不共面。）

二 顺序公理

1. If A, B, C are points of a straight line and B lies between A and C, then B lies also between C and A.（如果 A，B，C 是一条直线上的三个点，B 介于 A 和 C 之间，那么 B 也介于 C 和 A 之间。）

2. If A and C are two points of a straight line, then there exists at least one point B lying between A and C and at least one point D so situated that C lies between A and D.（如果 A 和 C 是一条直线上的两个点，则至少存在一个点 B 介于 A 和 C 之间，至少存在一个点 D，使得 C 介于 A 和 D 之间。）

3. If any three points situated on a straight line, there is always one and only one B which lies between the other two.（直线上的任意三个点，必有唯一的一个点 B 介于另外两个点之间。）

4. Any four points A, B, C, D of a straight line can always be so arranged that B shall lie between A and C and also between A and D, and, furthermore, that C shall lie between A and D and also between B and D.（直线上的任意四个点 A，B，C，D，总是可以使得 B 介于 A 和 C 之间，以及介于 A 和 D 之间，而且使得 C 介于 A 和 D 之间，以及介于 B 和 D 之间。）

5. Let A, B, C be three points not lying in the same straight line and let a be a straight line lying in the plane ABC and not passing through any of the points A, B, C. Then, if the straight line a passes through a point of the segment AB, it will also pass through either a point of the segment BC or a point of the segment AC.（设 A，B，C 是不共线的三个点，a 是平面 ABC 上不经过 A，B，C 的一条直线。如果 a 与线段 AB 相交，则它将与线段 BC 或者 AC 相交。）

三 平行公理

In a plane α there can be drawn through any point A, lying outside of a straight line a, one and only one straight line which does not intersect the line a. This straight line is called the parallel to a through the given point A.（在平面 α 上，经过一条直线 a 外一点 A 有且仅有一条直线不与 a 相交。这条直线叫作直线 a 的经过点 A 的平行线。）

四 合同公理

1. If A，B are two points on a straight line a, and if A' is a point upon the same or another straight line a', then, upon a given side of A' on the straight line a', we can always find one and only one point B' so that the segment AB (or BA) is congruent to the segment $A'B'$. We indicate this relation by writing $AB \equiv A'B'$. Every segment is congruent to itself; that is, we always have $AB \equiv AB$.（如果 A，B 是直线 a 上的两个点，A' 是直线 a' 上的一个点，则在直线 a' 上 A' 的指定一侧，有且仅有一个点 B' 使得线段 AB（或者 BA）与 $A'B'$ 合同。我们用 $AB \equiv A'B'$ 来表示这种关系。每条线段与它本身合同，也就是 $AB \equiv AB$。）

2. If a segment AB is congruent to the segment $A'B'$ and also to the segment $A''B''$, then the segment $A'B'$ is congruent to the segment $A''B''$; that is, if $AB \equiv A'B'$ and $AB \equiv A''B''$, then $A'B' \equiv A''B''$.（如果线段 AB 合同于线段 $A'B'$，也合同于线段 $A''B''$，则线段 $A'B'$ 合同于线段 $A''B''$。也就是说，如果 $AB \equiv A'B'$ 和 $AB \equiv A''B''$，则 $A'B' \equiv A''B''$。）

3. Let AB and BC be two segments of a straight line a which have no points in common aside from the point B, and, furthermore, let $A'B'$ and $B'C'$ be two segments of the same or of another straight line a' having, likewise, no point other than B' in common. Then, if $AB \equiv A'B'$ and $BC \equiv B'C'$, we have $AC \equiv A'C'$.（如果 AB 和 BC 是直线 a 上两条线段，除了 B 以外没有其他公共点，$A'B'$ 和 $B'C'$ 是直线 a' 上两条线段，除了 B' 以外没有其他公共点，如果 $AB \equiv A'B'$ 和 $BC \equiv B'C'$，则 $AC \equiv A'C'$。）

4. Let an angle (h, k) be given in the plane α and let a straight line a' be given in a plane α'. Suppose also that, in the plane α', a definite side of the straight line a' be assigned. Denote by h' a half-ray of the straight line a' emanating from a point O' of this line. Then in the plane α' there is one and only one half-ray k' such that the angle (h, k), or (k, h), is congruent to the angle (h', k') and at the same time all interior points of the angle (h', k') lie upon the given side of a'. We express this relation by means of the notation $\angle(h, k) \equiv \angle(h', k')$. Every angle is congruent to itself; that is, $\angle(h, k) \equiv \angle(h, k)$ or $\angle(h, k) \equiv \angle(k, h)$.（设 (h, k) 是平面 α 上的角，a' 是平面 α' 上的直线。并在 α' 上指定直线 a' 的一侧，将直线 a' 上有以 O' 为原点的一条射线记为 h'，则在平面 α' 上恰有一射线 k'，使 (h, k) 或者 (k, h) 合同于 (h', k')，且 (h', k') 的所有内点都在 a' 指定的一侧。我们用 $\angle(h, k) \equiv \angle(h', k')$ 来表示这种关系。任何一个角与它本身合同，即 $\angle(h, k) \equiv \angle(h, k)$ 和 $\angle(h, k) \equiv \angle(k, h)$。）

5. If the angle (h, k) is congruent to the angle (h', k') and to the angle (h'', k''), then the angle (h', k') is congruent to the angle (h'', k''); that is to say, if $\angle(h, k) \equiv \angle(h', k')$ and $\angle(h, k) \equiv \angle(h'', k'')$, then $\angle(h', k') \equiv \angle(h'', k'')$.（如果角 (h, k) 合同于角 (h', k')，也合同于角 (h'', k'')，则角 (h', k') 合同于角 (h'', k'')，也就是说，如果 $\angle(h, k) \equiv \angle(h', k')$ 和 $\angle(h, k) \equiv \angle(h'', k'')$，则 $\angle(h', k') \equiv \angle(h'', k'')$。）

6. If, in the two triangles ABC and $A'B'C'$ the congruences $AB \equiv A'B'$, $AC \equiv A'C'$, $\angle BAC \equiv \angle B'A'C'$ hold, then the congruences $\angle ABC \equiv \angle A'B'C'$ and $\angle ACB \equiv \angle A'C'B'$ also hold.（在三角形 ABC 和 $A'B'C'$ 中，如果 $AB \equiv A'B'$, $AC \equiv A'C'$, $\angle BAC \equiv \angle B'A'C'$，则 $\angle ABC \equiv \angle A'B'C'$，$\angle ACB \equiv \angle A'C'B'$。）

就像帕施所认为的那样，使用未定义的术语，即所谓的原始术语是至关重要的。为什么需要这些术语呢？因为正如人们不能证明一切，所以需要公理一样；因为人们不能定义一切，所以需要未定义的术语。它们不是唯一确定的；希尔伯特的选择是“点”、“直线”和“平面”。欧几里得却定义了这 3 个术语，如“点”就是“没有部分的东西”——这并没有太多的信息。

欧几里得认为他的公理是不言而喻的真理，但希尔伯特的公理既不是不言而喻的也不是真理，它们仅仅是理论的出发点和基本构建模块——是关于公理系统原始术语之间关系的假设。原始术语被认为是由公理“隐含”定义的。早在 1891 年希尔伯特就强调了原始术语的任意性，用现在经典的话说就是“It must be possible to replace in all geometric statements the words point，line，plane by table，chair，mug。（在所有几何描述中，点、线、面一定可以被诸如桌子、椅子和杯子所替代）”[1]。

希尔伯特的《几何基础》提出了数学的真理性等价于系统的相容性（无矛盾性），即在某个公理体系下推不出任何互相矛盾的命题。这是对数学系统（或数学理论）的唯一要求。希尔伯特从研究几何基础开始提出了他的“形式主义”数学哲学观，即数学是关于形式系统的科学[2]。

在数学中，所谓公理系统是指一些公理的集合，以及从这些公理出发，经过逻辑论证推导出一系列的逻辑命题构成的系统。所谓公理是对基本概念相互关系的规定，这些规定必须是必要的而且是合理的。首先，公理系统要具有相容性，也就是不允许同时能证明某一命题及其否命题；其次，公理系统要具有独立性，也就是说公理系统中的每一

① WILDER R. Evolution of mathematical concepts：an elementary study[M]. New York：Wiley & Sons，1968.

② 王申怀. 从欧几里得《几何原本》到希尔伯特《几何基础》[J]. 数学通报，49(1)，2010，1-7，21.

条公理都必须是独立的，不允许有一条公理能用其他公理把它推导出来；最后，公理系统要具有完备性，必要的公理不可或缺。公理化方法是指建立公理系统的方法，就是从一组不加定义的原始概念和一组不加证明的公理出发，由原始概念逻辑定义其他概念，再由公理逻辑推导其他命题，从而建立起一个演绎证明系统的方法。正如前面所说，欧几里得的《几何原本》是历史上第一个比较完备的公理化系统，而希尔伯特的《几何基础》是现代意义下的真正的公理化系统。

公理化的另外一种方法是从代数开始的，其结果是导致了目前人们所熟知的群、环、域、向量空间、模等代数结构的出现。这些结构的产生主要是由于数学家们无法用旧方法解决旧问题，必须采用新的结构。拓扑空间、赋范环、希尔伯特空间和格等是其他由公理系统定义的数学结构的例子。这些结构，不像（比方说）欧几里得几何、自然数或实数那样刻画唯一的数学实体，而是将许多（通常无限多的）不同对象归入同一组公理的屋檐之下。这里给出线性空间的定义和若干例子，以飨读者。

定义 17.1 令 V 是一个非空集合，P 是一个数域。在集合 V 的元素之间定义了一种代数运算，叫作加法；这就是说给出了一个法则，对于 V 中任意两个向量 $\boldsymbol{\alpha}$ 与 $\boldsymbol{\beta}$，在 V 中都有唯一的一个元素 $\boldsymbol{\gamma}$ 与它们对应，称为 $\boldsymbol{\alpha}$ 与 $\boldsymbol{\beta}$ 的和，记为 $\boldsymbol{\gamma}=\boldsymbol{\alpha}+\boldsymbol{\beta}$。在数域 P 与集合 V 的元素之间还定义了一种运算，叫作数量乘法；这就是说，对于数域 P 中任一个数 k 与 V 中任一个元素 $\boldsymbol{\alpha}$，在 V 中都有唯一的一个元素 $\boldsymbol{\delta}$ 与它们对应，称为 k 与 $\boldsymbol{\alpha}$ 的数量乘积，记为 $\boldsymbol{\delta}=k\boldsymbol{\alpha}$。如果加法与数量乘法满足下述规则，那么 V 称为数域 P 上的线性空间。

加法满足下面四条规则：

1) $\boldsymbol{\alpha}+\boldsymbol{\beta}=\boldsymbol{\beta}+\boldsymbol{\alpha}$；

2) $(\boldsymbol{\alpha}+\boldsymbol{\beta})+\boldsymbol{\gamma}=\boldsymbol{\alpha}+(\boldsymbol{\beta}+\boldsymbol{\gamma})$；

3) 在 V 中有一个元素 $\mathbf{0}$，$\forall \boldsymbol{\alpha}\in V$，都有 $\boldsymbol{\alpha}+\mathbf{0}=\boldsymbol{\alpha}$（具有这个性质的元素 $\mathbf{0}$ 称为 V 的零元素）；

4) $\forall \boldsymbol{\alpha}\in V$，$\exists \boldsymbol{\beta}\in V$，使得 $\boldsymbol{\alpha}+\boldsymbol{\beta}=\mathbf{0}$（$\boldsymbol{\beta}$ 称为 $\boldsymbol{\alpha}$ 的负元素）。

数量乘法满足下面两条规则：

5) $1\boldsymbol{\alpha}=\boldsymbol{\alpha}$；

6) $k(l\boldsymbol{\alpha})=(kl)\boldsymbol{\alpha}$。

数量乘法与加法满足下面两条规则：

7) $(k+l)\boldsymbol{\alpha}=k\boldsymbol{\alpha}+l\boldsymbol{\alpha}$；

8) $k(\boldsymbol{\alpha}+\boldsymbol{\beta})=k\boldsymbol{\alpha}+k\boldsymbol{\beta}$。

在以上规则中，k，l 等表示数域 P 中任意的数；$\boldsymbol{\alpha}$，$\boldsymbol{\beta}$，$\boldsymbol{\gamma}$ 等表示集合 V 中任意元素。

例 17.1 (1) 数域 P 上一元多项式环 $P[x]$，按通常的多项式加法和数与多项式的乘法，构成一个数域 P 上的线性空间。如果只考虑其中次数小于 n 的多项式，再添上零多项式也构成数域 P 上的一个线性空间，用 $P[x]_n$ 表示。

(2) 元素属于数域 P 的 $m\times n$ 矩阵，按矩阵的加法和数与矩阵的数量乘法，构成数域 P 上的一个线性空间，用 $P^{m\times n}$ 表示。

(3) 全体实函数，按函数加法和数与函数的数量乘法，构成一个实数域上的线性空间。

(4) 数域 P 按照本身的加法与乘法，即构成一个自身上的线性空间。

线性空间是由公理化方法给出的最为简单的代数结构，因为一个线性空间完全由它的维数所确定，一个数域 P 上的 n 维线性空间从同构意义上讲本质上只有一个，那就是 $P^n=\{(a_1, a_2, \cdots, a_n)|a_i\in P, i=1, 2, \cdots, n\}$，或者说一个数域 P 上的 n 维的线性空间一定同构于 $P\oplus P\oplus\cdots\oplus P$（$n$ 重）。

现代公理化是现代数学最显著的特征之一，它的兴起是渐进的和缓慢的，19 世纪的大部分时间和 20 世纪初的前几十年一直持续发生着。在 20 世纪 20 年代，公理化方法在许多主要的数学分支中得到了很好的确立，这些领域包括代数、分析、几何和拓扑，并且在接下来的 30 年里蓬勃发展。尼古拉·布尔巴基（Nicolas Bourbaki）是其中最能干的实践者和推动者，他在 1950 年公理化方法发展的鼎盛时期对公理化方法的本质进行了雄辩的描述："建立公理化方法的本质目的正是建立逻辑形式主义本身所不能提供的对数学深刻的可理解性。正如实验方法是从对自然法则的持久的先天的信念开始一样，公理化方法的基石在于人们相信数学不仅不是三段论简单串联的随机发展，不是一些或多或少狡猾的把戏，不是靠诸多幸运组合而取得的结果，也不是靠纯粹的技术聪明而赢得的天下。肤浅的观察者只看到两三个相当明显的理论，以及通过天才数学家的介入，得到彼此意想不到的支持。公理化方法教会我们寻找这种发现的深层原因，发现埋藏于这些理论中的某个理论诸多细节之下的共同思想，提出这些想法并付诸实施。"①

在哲学中，范畴是指把事物进行归类所依据的共同性质。范畴是一种抽象程度最高的命题结构性概念，是哲学及其逻辑系统中最重要、最核心的概念。在数学中，范畴代表着一堆数学实体和存在于这些实体间的关系。范畴在现代数学的每个分支之中都会出

① BOURBAKI N. The architecture of mathematics[J]. American mathematical monthly，1950，57：221–232.

现，而且是统合这些领域的核心概念。集合论有不同集合，群论有不同的群，拓扑学有各种拓扑空间，环论有各种环……。这些对象彼此关联，集合通过映射关联，群通过群同态关联，拓扑空间通过连续映射关联，环通过环同态关联……。这条共同的线索贯穿了整个地图，将各领域统一到一起。范畴论将这种统一形式化了。简单地讲，范畴是一组对象及其关系的集合（或许更为准确一点称为类，有可能不构成集合），这些对象之间的关系称为态射（Morphism），能够合成（Composition）且具有结合性（Associativity）。这样就为数学提供了一个模板，将不同内容输入模板，就能重建一个数学领域：集合范畴由集合和它们之间的关系（映射）组成；群范畴由群和它们之间的关系（群同态）组成；拓扑空间范畴由拓扑空间和它们之间的关系（连续映射）组成。

下面一幅精美的数学地图（图 17–1）是由马丁·库佩（Martin Kuppe）绘制的。在图中有拓扑、分析、逻辑、几何、代数几何、微分几何，还有代数、泛代数等，但是可以看到范畴论就像月亮一样高高的悬挂于地图的顶端。有人说“数学是科学的基础，而代数是数学的基础”，而“范畴是数学的数学”是不无道理的。

图 17–1 位于顶端的范畴论

定义 17.2 一个范畴 Γ 是一个三元组 $(Obj\Gamma, Hom\Gamma, \circ)$ 满足如下条件：

(1) $Obj\Gamma$ 称作 Γ 的对象类。用 $A \in Obj\Gamma$ 或者 $A \in \Gamma$ 表示 A 是 Γ 中的对象；

(2) 对于任意对象的有序对 (X, Y)，定义了一个态射集 $Hom_\Gamma(X, Y)$ 满足条件：如果 $(X, Y) \neq (X', Y')$，则 $Hom_\Gamma(X, Y) \cap Hom_\Gamma(X', Y') = \varnothing$；

(3) 对于任意对象的有序三元组 X, Y, Z，定义了一个集合之间的运算

$$\circ: Hom_{\Gamma}(Y, Z) \times Hom_{\Gamma}(X, Y) \to Hom_{\Gamma}(X, Z),$$
$$(g, f) \mapsto g \circ f,$$

称为态射的合成运算，常常我们省去符号∘，并且满足如下两个性质：

(i) 满足结合律，即对于任意给定的态射 $f \in Hom_{\Gamma}(X, Y)$，$g \in Hom_{\Gamma}(Y, Z)$，$h \in Hom_{\Gamma}(Z, U)$ 有 $h(gf) = (hg)f$；

(ii) 对于任意的对象 X，存在态射 $Id_X \in Hom_{\Gamma}(X, X)$ 称为恒等态射，使得 $fId_X = f$，$Id_X g = g$，对于任意的 $f \in Hom_{\Gamma}(X, Y)$，$g \in Hom_{\Gamma}(Y, X)$ 成立。

定义 17.3 设 Γ 是一个范畴。范畴 Ω 称为 Γ 的子范畴，如果下面 4 个条件成立：

(1) $Obj\Omega$ 是 $Obj\Gamma$ 的子类；

(2) 如果 X, $Y \in Obj\Omega$，则 $Hom_{\Omega}(X, Y) \subseteq Hom_{\Gamma}(X, Y)$；

(3) Ω 中态射的合成运算就是 Γ 中态射的合成运算；

(4) 如果 $X \in Obj\Omega$，则 $Hom_{\Gamma}(X, X)$ 与 $Hom_{\Omega}(X, X)$ 的恒等态射是一致的。

范畴 Γ 的子范畴 Ω 称为 Γ 的全子范畴 (Full)，如果对于 Ω 中的任意对象 X, Y 有 $Hom_{\Omega}(X, Y) = Hom_{\Gamma}(X, Y)$。

设 X, Y 是 Γ 的对象。$Hom_{\Gamma}(X, X)$ 中的元素叫作 X 的自同态。一个态射 $m \in Hom_{\Gamma}(X, Y)$ 称为是单态射 (Monomorphism)，如果对于 Γ 中任意对象 Z 和任意的态射 f, $g \in Hom_{\Gamma}(Z, X)$，可以由 $mf = mg$ 推出 $f = g$。态射 $e \in Hom_{\Gamma}(X, Y)$ 称为是满态射 (Epimorphism)，如果对于 Γ 中任意对象 Z 和任意的态射 f, $g \in Hom_{\Gamma}(Y, Z)$ 可以由 $fe = ge$ 推出 $f = g$。态射 $m \in Hom_{\Gamma}(X, Y)$ 称为是同构 (Isomorphism)，如果存在态射 $n \in Hom_{\Gamma}(Y, X)$ 使得 $nm = Id_X$ 和 $mn = Id_Y$，此时 n 被 m 唯一确定，我们称它是 m 的逆，记作 m^{-1}。如果 $m \in Hom_{\Gamma}(X, Y)$ 是同构，我们也称 X, Y 是同构的，记作 $X \cong Y$。

显然同构既是单态射也是满态射，但是反之不一定成立。例如，设 $\mathbf{Z}$ 和 $\mathbf{Q}$ 是自然数环和有理数环，$\rho: \mathbf{Z} \to \mathbf{Q}$ 是自然嵌入映射，则 ρ 既是单态射也是满态射，但它不是同构。

范畴 Γ 的一个对象称作零对象，记作 0，如果对于 Γ 中的任意对象 X，$Hom_{\Gamma}(X, 0)$，$Hom_{\Gamma}(0, X)$ 都只有一个元素。在同构意义下，零对象是唯一的。$Hom_{\Gamma}(X, 0)$ 和 $Hom_{\Gamma}(0, X)$ 中的唯一元素我们用 $0_{X,0}$ 和 $0_{0,X}$ 来表示，在不致引起混淆的情况下，用 0 表示。对于任意的对象 X, Y，用 $0_{X,Y}$ 或 $X \xrightarrow{0} Y$ 来表示 $0_{0,Y}0_{X,0}$。

设范畴 Ω 是 Γ 的子范畴，这里有一个非常有趣并且非常有价值的构造范畴的方法，所得到的范畴称之为 Γ 的商范畴，记作 Γ/Ω。其中 $Obj\Gamma/\Omega = Obj\Gamma$，$X$, $Y \in Obj\Gamma$ 的态射

$Hom_{\Gamma/\Omega}(X, Y)=Hom_{\Gamma}(X, Y)/I$，其中

$$I=\{f\in Hom_{\Gamma}(X, Y)|f\text{可以通过}\Omega\text{中的对象分解}\}。$$

设 $X\in Obj\Gamma$，$Y\in Obj\Omega$，则从 X 到 Y 及从 Y 到 X 的态射都只有一个零态射，所以当 Γ 是一个有零对象的范畴时，Ω 的对象在 Γ/Ω 中都变成了零对象。

例 17.2 (1)所有预序关系的范畴 Ord，其态射为单调函数。

(2)所有偏序集构成的范畴 Poset，其态射为保序映射。

(3)所有原群的范畴 Mag，其态射为原群间的同态。

(4)所有群的范畴 Group，其态射为群间的群同态。

(5)所有阿贝尔群的范畴 Ab，其态射为群间的群同态。

(6)所有环的范畴 Ring，其态射为环同态。

(7)域 P 上的所有向量空间的范畴 $Vect_P$，其态射为线性映射。

(8)所有拓扑空间的范畴 Top，其态射为连续函数。

(9)所有度量空间的范畴 Met，其态射为度量映射。

(10)所有一致空间的范畴 Uni，其态射为一致连续函数。

(11)所有光滑流形的范畴 Man，其态射为 p 次连续可微映射。

定义 17.4 范畴 Γ 到范畴 Ω 的一个共变函子 $F:\Gamma\to\Omega$ 是由以下信息组成的一个对象：

(1)其中 F 是 $Obj\Gamma$ 到 $Obj\Omega$ 的映射，即对任意的 $X\in Obj\Gamma$，存在唯一的一个对象 $F(X)\in Obj\Omega$。

(2)设 $X\in Obj\Gamma$，$Y\in Obj\Gamma$，F 定义了如下的映射

$$Hom_{\Gamma}(X, Y)\to Hom_{\Omega}(F(X), F(Y)),$$
$$f\mapsto Ff,$$

对任意的对象 $X\in Obj\Gamma$，满足 $F(Id_X)=Id_{F(X)}$。并且若 gf 有定义，则 $F(gf)=F(g)F(f)$。

定义 17.5 设 Γ 是一个范畴。Γ 的反范畴 Γ^{op} 是如下定义的一个范畴，$Obj\Gamma^{op}=Obj\Gamma$；对于任意对象的有序对 (X, Y)，$Hom_{\Gamma^{op}}(X, Y)=Hom_{\Gamma}(Y, X)$，并且 Γ^{op} 的态射的合成由 Γ 中态射的合成给出。

定义 17.6 范畴 Γ 到范畴 Ω 的一个反变函子 $F:\Gamma\to\Omega$ 是范畴 Γ 到范畴 Ω^{op} 的一个共变函子 F，即

(1)对任意 $X\in Obj\Gamma$，存在唯一的一个对象 $F(X)\in Obj\Omega$；

(2)设 $X\in Obj\Gamma$，$Y\in Obj\Gamma$，F 定义了如下的映射

$$Hom_{\Gamma}(X, Y)\to Hom_{\Omega}(F(Y), F(X)),$$

$$f \mapsto Ff,$$

对任意的对象 $X \in Obj\Gamma$，满足 $F(Id_X)=Id_{F(X)}$。并且若 gf 有定义，则 $F(gf)=F(g)F(f)$。

本书使用自然变换 (Natural Transformation) 建立函子之间的联系。

定义 17.7 设 F，$G:\Gamma \to \Omega$ 是 2 个函子。F 到 G 的一个自然变换 η：$F \to G$ 是一个态射类 $\{\eta_X | \eta_X: FX \to GX,\ X \in Obj\Gamma\}$，且对任意的对象 $X \in Obj\Gamma$，$Y \in Obj\Gamma$ 和任意的态射 f：$X \to Y$，有如下的交换图：

$$\begin{array}{ccc} FX & \xrightarrow{\eta_X} & GX \\ \downarrow Ff & & \downarrow Gf \\ FY & \xrightarrow{\eta_X} & GY \end{array}$$

F 到 G 的一个自然变换 η：$F \to G$ 称为自然等价 (Natural Equivalence)，如果对于每个 $X \in Obj\Gamma$，η_X 都是同构。此时也称 F 和 G 是自然等价的，记作 $F \cong G$。

例 17.3 P 是一个数域，用符号 $Vect_P$ 表示所有 P 上的向量空间构成的类。容易检验 $Vect_P$ 与向量空间之间的线性映射构成一个线性空间。设 $X \in Vect_P$，容易检验 $Hom_{Vect_P}(X, -)$ 是一个从 $Vect_P$ 到阿贝尔群的范畴的共变函子，而 $Hom_{Vect_P}(-, X)$ 是一个从 $Vect_P$ 到阿贝尔群的范畴的逆变函子。而 $Hom_{Vect_P}(P, -)$ 与恒等函子是自然等价的，这是因为下图是交换的

$$\begin{array}{ccc} Hom_{Vect_P}(P, X) & \xrightarrow{\eta_X} & X \\ Hom_{Vect_P}(P, f)\downarrow & & \downarrow f \\ Hom_{Vect_P}(P, Y) & \xrightarrow{\eta_X} & Y \end{array}$$

其中，$\eta_X: Hom_{Vect_P}(P, X) \to X$，$\varphi \mapsto \varphi(1)$ 是一个向量空间的同构。

不同学科中存在许多的范畴结构，根据范畴的特点可以将范畴分为加法范畴、阿贝尔范畴、三角范畴、导出范畴、同伦范畴、奇点范畴、遗传范畴和函子范畴等。感兴趣的同学可以阅读有关范畴论的文献，如章璞老师的《三角范畴与导出范畴》一书[①]。范畴论的美在于它的高度统一性和一般性，它将不同的数学对象建立在范畴这样统一的语言框架之内，用范畴特别是函子化的方法研究不同范畴所具有的共同属性。

① 章璞 . 三角范畴与导出范畴 [M]. 北京：科学出版社，2015.